KB194420

우연의 일치와 카오스 등
그 모든 수학 재즈

수학 재즈

우연의 일치와 카오스 등
그 모든 수학 재즈

수학 재즈

에드워드 B. 버거, 마이클 스타버드 지음 | 승영조 옮김

Coincidences, Chaos,
and All That Math Jazz

승산

무거운 수학 개념을 가볍게 다룬 수학 재즈 책!

"각종 책으로 우리를 모질게 괴롭힌 수학 선생님이 계셨는데, 그 책들이 이런 책만 같았다면!"

벤 롱스태프, 〈뉴사이언티스트〉

"유익하고, 지적이며, 참신하게 발칙한 책이다. 롤러코스터 같은 이 책은 현대 첨단 수학의 세계를 누빈다. 누구나 여기 탑승할 수 있다. 나는 무진장 재밌었다."

이언 스튜어트, 『플래터랜드』의 저자

"수학이 딱딱하다고? 이 책은 그런 고정관념을 확 뒤집어 놓을 것이다. 현대 수학의 세계를 유쾌하게 활보하는 이 책은 굽이굽이마다 깜짝 놀랄 일이 도사리고 있어 이상적인 통찰의 세계를 실감나게 보여 준다."

〈사이언티픽 아메리칸 북 클럽〉

"스타버드와 버거는 일상생활에서 흔히 경험할 수 있는 일들에 뿌리를 내리고 있는 수학을 풀이해 주는 다채로운 방법을 찾아낸다. 두 저자는 흥겨운 대화체로 깜짝 놀랄 만한 사실들은 물론이고, 음악과 미술 등의 이야기까지 끌어들여서 흥미진진하게 수학을 제시한다."

〈텍사스 주립대학〉 신문 특집 기사

"계산에 젬병인 내가 수학책에 푹 빠질 줄은 꿈에도 몰랐다. 버거와 스타버드는 수학을 재미있게 만드는 매력적인 이야기꾼이다. 우연의 일치, 카오스, 황금비율, 피보나치 수와 같은 주제를 명석하고 재치 있게 설명함으로써 두 저자는 무거운 주제에 발랄한 조명을 비춘다."

"버거와 스타버드는 마치 코미디 무대에 서기라도 한 듯, 평소에 수학책을 읽지 않는 사람을 웃길 수 있는 재치 있는 말과 우스꽝스러운 시나리오를 동원한다……. 풍부한 삽화와 함께 즐겁고 독특하게 수학을 소개한다."

"수학자 에드워드 B. 버거와 마이클 스타버드가 공저한 이 책은 발칙하고 유쾌하고 술술 읽힌다. 무거운 개념들을 완벽하게 이해할 수 있도록 설명해 준다."

"수학의 재미와 아름다움을 여실히 보여 주는 반가운 책."

"수학이란 쉬운 길을 찾는 아주 힘든 작업이다. 이 책은 수많은 일상의 사례와 알듯 말듯 한 수수께끼들을 엮어서 그런 힘든 노력의 결실을 진지하면서도 흥미진진하게 제시한다."

존 캐스티, 『20세기 수학의 다섯 가지 황금률』의 저자

"수학이 순박한 직관과 어긋날 때, 사람들은 대개 제 탓을 하거나, 옛 수학 선생 탓을 하거나, 아니면 둘 다 탓한다. 이럴 때는 기초 가정을 찬찬히 다시 살펴보고 그 전개 과정을 명확히 짚어 볼 필요가 있다. 버거와 스타버드는 확률, 위상수학, 카오스 이론, 암호의 분야 등에서 직관과 어긋나는 사례들을 독자에게 두루 소개하고, 일견 이상야릇해 보이는 것들이 다만 발상의 전환을 필요로 할 뿐이라는 사실을 유도로 메치기 하듯 보여 준다."

데니스 샤샤, 〈사이언티픽 아메리칸〉의 퍼즐 칼럼 집필자 겸 『퍼즐 모험』의 저자

"나는 학창시절 수학이라면 넌더리가 났지만, 이 책은 진짜 재밌다!"

〈유니언-프로스펙터〉

Contents

차 례

옮긴이의 글

이 수학 이야기는 재즈처럼 자유분방하고 흥겹다.

저자가 "우연의 일치와 카오스 등 그 모든 수학 재즈"라고 명명한 이 책은 우연의 일치와 카오스, 프랙털, 4차원, 무한대 등 묵직한 수학 주제를 가볍게 우리 일상의 삶의 이야기로 풀어서 들려준다. 그래서 중등학교 수학을 까맣게 잊어버린 사람이라도 흥겹고 편안하게 귀를 기울일 수 있도록 꾸며져 있다. 재즈가 음악으로 삶을 이야기하듯, 이 책은 수학으로 삶을 이야기한다. 그러면서 독자로 하여금 고정관념을 깨고 새로운 눈으로 삶과 세계를 더욱 깊이 있게 바라보며 통찰을 얻을 수 있도록 이끌어 준다.

학교 수학을 다 잊어버린 일반인 독자라도 이 책을 통해 삶과 세계를 더욱 깊이 있게 이해할 수 있을 것이다. 물론 이 책은 중고등학생에게도 꼭 읽도록 권하고 싶은 책이다. 수학 문제집만으로 수학 공부를 한다는 것은 정말 끔찍한 일이다. 수학으로 무한한 상상력을 기를 수 있는데, 우리의 수학 교육 현실은 그와 반대로 오히려 상상력을 죽인다. 이 책에서 저자는 줄곧 독자의 상상력을 일깨우고, 수학의 경이와 아름다움을 맛보여 준다.

저자의 말처럼 이 책에 나오는 모든 수학 모험의 공통점 하나는 "놀랍다!"는 것이다. 우연의 일치, 카오스, 프랙털, 4차원, 무한대 등에 관해 저자는 정말 놀랍고 흥미진진한 이야기를 들려준다. 그런 이야기는 흥미에서 그치는 것이 아니다. 수학 지식을 얻는 데서 그치는 것도 아니다. "……수학 개념을 탐구해 보면, 예술적이고 미적인 통찰을 얻을 수 있는 추상적 패턴을 발견할 수 있을 뿐만 아니라, 자연에 내재한 아름다움을 더욱 깊이 느낄 수 있다." 저자는 또 이렇게 말한다. "수학적 발견을 통해 자연을 더 잘 이해할 수 있고, 예술의 아름다움을 감상하는 심미안도 높일 수 있다는 것을 알 수 있다." "수학 안에 아름다움이 있고, 아름다움 안에 수학이 있다." 다른 한편으로 이 책은 "틀에 갇힌 사고에서 벗어나" "세계를 어떻게 생각하고, 어떻게 이해할 것인가에 대한 통찰"을 안겨 준다.

저자는 마지막으로 이렇게 말한다. "수학은 갇혀서 억눌려 있는 사고가 용수철처럼 튀어 오르는 것에 관한 것이다. 수학의 세계는 경이로운 이야기로 가득 차 있다. 우리는 간단한 개념을 음미함으로써 이 세계에 접근한다는 원칙을 길잡이로 삼았다. 이러한 기본 전략은 수학적 사고에만 유용한 것이 아니라 일상생활에서도 우리를 올바르게 이끌어 줄 수 있다. 이 책을 통해 우리는 인간의 정신이 창조할 수 있는 광활하고 풍요로운 세계를 살짝 엿보았다. 수학과 우리의 상상력에는 한계가 없고, 끝이 없고, 종점이 없다. 지평선에 이르는 순간 우리 앞에는 더욱 빛나는 새 지평선이 열린다."

옮긴이 승 영 조

첫머리 생각

호기심만 있다면 누구나 위대한 수학 개념들을 쉽게 이해하고 즐길 수 있다고 우리 두 저자는 믿는다. 그렇고 그런 학교 수학을 다시 들춰 보거나 아리송한 대수 문제를 새삼 풀어 볼 필요 없이 말이다.

선뜻 믿기지 않는 묘한 수학 개념들이 상상력을 자극하고 우리의 정신을 일깨워 줄 수도 있다.

수학을 사랑하는 사람이든, 수학 공포증을 지닌 사람이든, 똑같이 가벼운 마음으로 신선한 수학의 모험을 즐길 수 있도록 이 책을 만들고자 했다.

이 책은 방정식만 보면 잠이 쏟아지는 이들을 위한 수학책이기도 하다! 탐구 정신을 지닌 사람이라면 누구나 우연의 일치와 카오스, 4차원 등 흥미진진한 개념을 이해하고 즐길 수 있다. 언뜻 보기에 이해가 안 되고 가까이하기도 어려운 무한대, 모호한 공개키 암호 같은 개념도 누구나 쉽게 이해할 수 있다. 이 책에서 우리는 지고한 개념들을 아래로 끌어내려, 이해하기 쉽고 (지나친 말일지 모르겠지만) 심지어 재미나게까지 만들고자 한다.

그 모든 수학 재즈의 진짜 정수를 이해하는 방법은 무엇보다도 우리 일상 세계의 단순하고 친숙한 특징들을 꼼꼼히 살펴보는 것이다.

보통 때라면 눈여겨보지 않고 지나치는 일상의 평범한 모습들을 주목하며 그것의 중요성을 음미함으로써 우리 두 저자는 "무거운 수학 개념을 가볍게" 가지고 논다. 심오한 수학 개념으로 이끄는 것은 무엇인가? 예컨대 파인애플과 솔방울의 까칠한 표면의 소용돌이 꼴을 세어 보는 것, 또는 종이를 여러 번 접어서 생긴 혼돈스러운 주름을 자세히 살펴보는 것이 그것이다.

우리는 그러한 관찰로부터 심오한 수학적 통찰로 훌쩍 뛰어넘을 수 있다. 이때 사소한 논리적 사고가 큰 도움이 된다. 솔방울 표면의 **패턴**을 관찰한 후, 거기서 간단히 몇 단계만 더 나아가면 유기적 생명을 지닌 수 **패턴**을 발견하기에 이른다. 그림이나 건축, 음악에도 나타나는 그런 패턴 말이다. 우리는 흥미진진한 개념으로 모습을 드러내는 명백한 사실들을 발견하기를 좋아한다. 지고한 수학 개념은 접근 불가능한 것도, 이해 불가능한 것도 아니다. 심오한 개념은 아주 단순한 데서 비롯한 경우가 많기 때문이다.

경험으로 미루어 볼 때, 우리가 이런 글을 보여 주면 사람들은 이렇게 반응한다. "정말 마음에 쏙 든다. 그런데 수학은 어디 있지?" 우리가 보여 주는 것은 수학처럼 보이지 않을 수도 있다. 그 이유는 오묘한 방정식이나 공식, 그래프 따위를 내세우지 않기 때문이다. 그런 것들만이 수학인 줄 알고 그것을 두려워하는 사람이 많다. 사실 가까이하기 어려운 외국어 같은 수학을 상징하는 것이 바로 그런 기호들이긴 하다. 하지만 수학 언어는 그런 것만으로 이루어진 것이 아니다. 그것은 수학의 핵심도 아니다.

수학이 기계적으로 방정식을 푸는 일인 줄로만 아는 사람이 많지만, 실은 수학은 예술적인 것을 추구한다.

수학자에게는 수학이 **진리**의 세계다. 이 진리의 세계는 명석한 논리의 씨실과 날실로 상상력 넘치는 증명이라는 피륙을 짜 냄으로써 확립될 수 있다.

이 책에서 우리는 "무거운 개념을 가볍게" 다룸으로써 녹자로 하여금 상상과 추상의 세계를 실감나게 여행케 한다. 진지한 수학 개념이 때로 발칙하게 제시되기도 할 것이다. 그러나 어투가 가볍다고 해서 우리가 지고의 목표를 추구하지 않는다는 뜻은 결코 아니다. 실은 그 안에 진정한 수학이 담겨 있다.

대부분의 내용이 상당한 고등수학이지만, 이 수학은 우리의 (그리고 독자의) 일상생활 경험을 토대로 해서 제시된다. 여기 나오는 여러 수수께끼와 이야기, 삽화들이 저녁 식사 때나 술을 한 잔 할 때 멋진 토론 주제이자 이야깃감이 되기를 우리는 바란다.

이 책에 나오는 모든 모험의 공통점 하나는 "놀랍다!"는 것이다. 자못 흥미로운 이 놀라움은 인간이 경험하는 네 가지 기본 상황에서 자연스레 발생한다. 즉, 불확실성에 휘말릴 때, 거대한 수량을 헤아릴 때, 잘 보이지 않는 물질계를 시각화할 때, 우리의 일상 세계를 초월할 때가 그것이다. 이 수학 모험을 통해 우리는 진정으로 놀라운 것이 무엇인가를 발견하게 될 것이다. 예컨대 우리의 직관은 때로 진실을 진실로 받아들이지 못한다. 이 책에서 우리는 그처럼 어긋난 우리의 직관을 바로잡게 될 것이다.

이 책에는 우리 저자가 선호하는 주제를 여러 가지 포함시켰는데, 그것은 여러 해 동안 우리는 물론이고 수학을 잘 모르는 독자들도 흥미롭고 재미있어한 것들이다. 불확실성은 우리가 살아가면서 매순간 맞닥뜨린다. 우연의 일치, 카오스, 통계 등의 개념은 우리를 자못 놀라게 한다. 불안정한 무작위 우연의 세계에서 그 개념들은 우리 직관과 크게 어긋나면서도 우리에게 참된 통찰을 안겨 준다.

수량 헤아리기는 우리의 세계를 좀 더 정확하게 바라보는 기본적인 방법이다. 그러나 암호의 비밀 세계를 엿보거나, 헤아릴 수 없이 큰 수를 다루거나, 파인애플 표면의 수 패턴을 발견하는 것 등은 그처럼 기본적이고 세속적인 일을 뛰어넘는다. 우리의 시각 세계는 아름다움과 형태, 그리고 그 세부를 보여 준다. 황금 직사각형, 불꽃같은 용 모양의 곡선, 프랙털, 무제한의 신축성을 지닌 뒤틀린 세계, 이 모든 것이 우리에게 시각적인 흥미를 자아낸다. 이 책은 현실 초월에 대한 이야기로 대단원의 막을 내린다. 거기서 우리는 낯선 4차원과 무한대 세계를 여행하게 될 텐데, 부디 미치지 않고 무사히 귀환하기를 바란다.

수학의 비밀을 발견하는 데 동원된 단순 명료한 사고는 실생활의 수수께끼를 푸는 데도 도움이 될 수 있다. 수학으로 구현되는 창조적인 사고방식으로 우리는 일상 세계를 더 깊이 관조할 수 있다.

따라서 추상적인 사고와 거침없는 상상의 세계를 여행함으로써 우리는 파란만장한 인생 항해를 위한 아름답고도 감동적인 등대를 발견하게 된다.

2005. 2. 1

– 에드워드 버거 & 마이클 스타버드

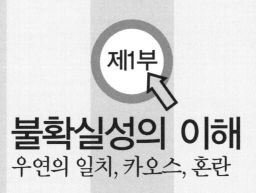

제1부

불확실성의 이해

우연의 일치, 카오스, 혼란

PART 1

롤러코스터를 타듯 무작위와 우연의 세계를 누비며 거칠게 질주하는 것으로 우리의 이야기는 시작된다.

우연이 판을 치는 세계, 그런데 놀랍게도 그런 우연을 길들이는 것이 가능한 세계. 이 세계에서 우리의 운명은 변덕스러운 무작위의 운에 크게 좌우된다. 흔히 우리가 눈먼 행운이라고 여기는 것에 말이다. 이번 제1부에서는 운의 세 얼굴을 살펴보게 될 것이다. 우연의 일치(뜻밖의 수렴 현상을 수반하는), 카오스(뜻밖의 발산 현상을 수반하는), 통계(불확실한 것을 제대로 측량하고자 하는), 이 세 가지가 그것이다. 이들 각각의 주제는 우리의 직관을 짐짓 우롱하는 놀라운 사실들로 가득 차 있다. 우리가 인생이라고 알고 있는 무작위 롤러코스터, 그 청룡열차를 타고 여행할 때 우리의 직관은 왕왕 헛다리를 짚기 일쑤다.

무작위와 우연이 판을 치는 일상생활에서 우리는 끊임없이 우연의 일치와 맞닥뜨린다. 다음 장에서 살펴보겠지만, 만일 우리가 길거리에서 무작위로 35명을 유괴한다고 하자. 물론 우리는 당장 체포되겠지만, 덤으로 놀라운 우연의 일치를 경험하게 될 것이다. 35명 가운데 두 명은 생일이 같다! 어떻게 그럴 수가 있을까? 모든 출판업자의 인내심이 동이 난 뒤로도 오랫동안, 그러니까 영원히, 원숭이들에게 닥치는 대로 컴퓨터 자판을 두드리게 해 보라. 그러면 원숭이들은 이 책과 완벽하게 똑같은 책을 만들어낼 수 있다. 이제 우리는 그 이유를 살펴보게 될 것이다. 그래서 놀라운 일이 결코 놀랄 일이 아닌 이유를 알고, 뜻밖의 일을 예상했어야 한다는 것도 알게 될 것이다.

이런 우연의 일치 외에 우리 삶의 밑바탕을 이루고 있는 것으로 카오스가 있다. 카오스는 예견치 못한 발산 현상을 보여 준다. 많은 사람들, 특히 부모들의 경우 자녀들에 대한 통제력을 죄다 잃어버렸을 때 아마 "카오스"를 느낌 직하다. 그러나 여기서 우리가 만나고자 하는 것은 수학적 카오스다. 수학적 카오스는 놀랍도록 질서 정연하고 충분히 이해 가능하지만 전적으로 예측 불가능하다.

여기서 우리는 오류가 없는 컴퓨터라도 때로 전혀 틀린 답을 내놓는 이유도 알아보게 될 것이다. 감지할 수 없을 만큼 작은 초기의 차이가 곧잘 눈덩이처럼 불어나서 그 결과가 극적으로 달라질 수 있다. 그래서 우리는 TV 뉴스에서 고작 5일 동안의 날씨만을 예보하고, 좀 더 유익한 30일치의 일기 예보는 하려고 하지 않는 이유를 이해하게 될 것이다. 나비가 부드럽게 날갯짓을 계속하면 아주 뛰어난 기상 전문가라도 골치깨나 썩게 될 것이다. 카오스는 날씨에만 영향을 미치는 것이 아니다. 우리가 미래를 예견하기 위해서는 현재의 조건을 적용할 필요가 있는데, 그럴 경우의 거의 모든 상황에서 카오스가 딴죽을 건다. 그리하여 카오스가 지배한다.

우연의 일치와 카오스의 세계에서 아무리 눈이 핑핑 돌더라도 우리는 단호히 미래의 지뢰밭을 향해 나아가지 않을 수 없다. 지뢰를 밟지 않기 위해 우리는 데이터와 통계적 추리에 의지해서 우리의 생각을 전달하고자 한다. 그러나 데이터에서 의미를 우려내는 것은 위험한 일일 수 있다. 우리는 대통령 선거부터 항공기 추락에 이르기까지 갖가지 통계의 크나큰 실수에 대해 살펴보게 될 것이다.

대학 졸업생의 평균 수입을 안다고 해서 보통의 대학 졸업생이 얼마나 버는지 알 수 없다는 것을 우리는 알게 될 것이다. 또한 중요한 의료 검사를 포기하는 것이 보기보다 중요한 일이 아닐 수 있다는 것도 알게 될 것이다. 문제점을 잘 헤아려서 수량화하면 삶의 불확실성을 확률로 바꿀 수 있고, 인생이라는 도박판을 잘 짜 나갈 수 있다.

우리는 날마다 무작위적이고 불확실하며 종잡을 수 없는 일들을 겪는다. 다음 장에서 살펴볼 수학적 사고 방법들을 통해 우리는 복잡한 우리 세계를 더 정확히 이해하고, 더 나은 미래로 가는 더 나은 길을 찾을 수 있다. 삶의 우연한 측면을 음미하며 놀라고 즐거워하는 사이 우리의 정신에는 명석한 사고의 거푸집이 만들어질 것이다. 산만한 정보 중에서 핵심만 추려 내는 방법을 배움으로써, 처음에는 두려워 보이는 미지의 세계에 환한 빛을 던질 수 있다.

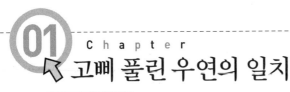

고삐 풀린 우연의 일치

가능성과 운

> 고삐가 풀린 채 날뛰는 것만 같은 우연도 알고 보면 법칙에 의해
> 고삐가 죄어진 채 법칙의 지배를 받는다.
>
> ─보이티우스(로마의 철학자)

'보나마나……' 뱅글뱅글 도는 디스코볼에서 흘러나온 갖가지 색깔의 불빛이 너울거리는 동안, 반짝이는 세퀸 의상을 걸친 여급들은 엉덩이를 흔들며 북적거리는 도박꾼들 사이로 돌아다니면서 소심한 사람을 화통하게 만드는 칵테일을 자꾸 권한다. 반짝이는 모든 것들이 라스베이거스 빅휠 카지노의 분위기를 더욱 뜨겁게 달군다.

중앙 무대에 오르면, 거대한 행운의 바퀴가 특유의 리듬으로 따다다닥 소리를 내며 돌아가다가 서서히 회전속도가 떨어지며 360개의 슬롯 가운데 하나에 멈춘다.

원형 360도 가운데 1도에. 당신이 배팅을 하고, 행운의 바퀴를 마흔다섯 번 돌린다고 하자. 마흔다섯 번 가운데 두 개가 특정 슬롯에 멈추면 카지노가 따고, 모두 다른 슬롯에 멈추면 당신이 딴다. 슬롯은 360개인데 그중 특정의 슬롯 하나에 멈출 가능성은 매우 희박해 보인다. 승산이 썩 높은 것 같다. 손님은 가진 것을 몽땅 건다.

'놀랍게도……' 손님은 홀랑 다 잃고 만다. 그런 믿기지 않는 우연의 일치가 일어날 확률은 무려 94%가 넘는다. 놀라운 우연의 일치는 놀랍도록 자주 일어난다. (카지노의 행운의 바퀴, 곧 빅휠의 최고 배당은 40배다. 40배당짜리에 45번 연속 배팅하면 한 번 딸 확률이 94% 남짓이다. 즉, 손님 입장에서 이런 도박을 계속해서는 결코 딸 수 없다: 옮긴이)

어떻게 이런 우연의 일치가!

너무 으스스해서 사실 같지 않지만…….

링컨이 처음 연방의회 의원이 된 것은 1847년이다.
존 F. 케네디는 1947년이다.

링컨이 대통령이 된 것은 1861년이다.
존 F. 케네디는 1961년이다.

링컨의 비서 성씨는 케네디였다.
케네디의 비서 성씨는 링컨이었다.

링컨의 뒤를 이은 앤드루 '존슨'이 태어난 것은 1808년이다.

케네디의 뒤를 이은 린든 '존슨'이 태어난 것은 1908년이다.

링컨을 암살한 존 윌크스 부스가 태어난 것은 1808년이다.
케네디를 암살한 리 하비 오즈월드가 태어난 것은 1908년이다.

링컨이 저격당하기 일주일 전에 있던 곳은 메릴랜드 주 먼로.
케네디가 저격당하기 일주일 전에 있던 곳은…… 음, 그건 여러분도 알 것이다.

　(마릴린 먼로 옆에 있었다: 옮긴이)

믿기지 않는다! 이 무슨 우연의 일치인가? 어떻게 된 일일까? 엄청난 음모가 도사리고 있는 것이 아닐까? 이것이 단순한 우연일 수는 없지 않은가!
　사실 우연의 일치는 실제로 발생한다. 그럴 때 우리는 우연의 일치를 주목하게 된다. 어떤 우연의 일치는 정말 희귀하다. 그러나 곧 알게 되겠지만, 그보다 더 희귀한 일은 우리가 우연의 일치를 경험하지 못하는 것이다. 뜻밖의 일을 예상해야 한다는 것, 그것이 여기서 우리가 배울 점이다.

우연의 일치 다루기

실제로 직접 해 봐야 할 일이 있다. 혼자서도 할 수 있지만, 둘이 하면 더욱 재미있다. 52장의 카드 두 벌을 준비한다. 한 벌은 친구에게 준다. 각자

원하는 만큼 카드를 골고루 섞는다. 그런 다음 둘이 동시에 맨 위 카드를 까서 서로 맞춰 본다. 각자 지닌 카드가 다 떨어질 때까지 맨 위 카드를 까서 맞춰 보는 일을 계속한다. 한 번이라도 카드가 일치할까? 그러니까, 두 사람이 동시에 같은 카드를 뒤집을 수 있을까? 예를 들어 카드가 둘 다 스페이드 에이스이거나 둘 다 다이아몬드 퀸일 수 있을까? 기분 내키는 대로 다시 카드를 섞어서 되풀이해 보라. 여러 번 해 보면, 놀랍게도 세 번 가운데 두 번은 한 장이라도 카드가 일치한다. 기가 막히게도 말이다.

우연의 일치 때문에 우리가 놀라는 이유는 결코 그런 일이 일어나지 않을 거라고 보는 우리의 직관이 너무나 부정확하기 때문이다. 카드가 일치할 확률은 놀랍도록 높다(수학적 풀이를 여기서 다루지는 않겠다). 이면에 깔린 원리를 간단히 말하면 이렇다. 즉, 아무리 희귀한 일이라도 그것을 목격할 기회가 많으면, 언젠가 한 번은 결국 목격하게 된다는 것. 카드의 경우, 단 한 번 뒤집어서 일치할 가능성은 매우 낮지만, 52번의 기회가 있다면 가능성이 상당히 높아진다. 확률을 알게 되면 우연의 일치에 대해 눈이 휘둥그레질 일이 없고, 삶에 대한 예측을 좀 더 정확히 할 수 있다.

대통령 비교

기막힌 링컨-케네디 대통령 비교 결과를 좀 더 면밀히 살펴보자. 그건 정말 말 그대로 기막힌 일일까? 섬뜩한 그 일련의 비교 결과가 정말 기막힌 일인지 아닌지는 중요한 문제다. 그러한 비교가 강렬하게 호기심을 자극하는 것은 분명하다. 그런데 정작 우리가 알고 싶은 것은 이것이다. 즉, 무작위로 그런 우연의 일치가 성발 가능한가? 그런 유사성이 존재한다는 섯이 혹시 딴 세계에서 보낸 섬뜩한 초자연적 메시지는 아닌가?

먼저 이 상황을 올바르게 바라보기 위해, 카리스마를 지닌 대통령이 암살되면 주목을 받게 된다는 것을 염두에 두자. 링컨과 케네디에 대해서는 말 그대로 수십만, 어쩌면 수백만 가지의 사실이(그리고 신화가) 축적되었다(그리고 창조되었다). 그들의 생애와 대통령 시절의 일, 암살 등에 대해서 말이다. 링컨과 케네디는 평균적인 보통의 시민이 아니다. 우연의 일치를 검색해 볼 수 있는 시시콜콜한 자료의 양이 그야말로 막대하다. 살펴볼 수 있는 생애 자료의 양이 한없이 많다는 점을 생각해 보라. 링컨이나 케네디와 관련된 사람은 얼마나 많겠는가? 그들의 생애, 그들이 평생 만난 사람들과 관련된 자료는 또 얼마나 많겠는가? 그 엄청난 가능성 속에서 날짜와 이름의 우연의 일치가 어떻게 없을 수 있겠는가? 우연의 일치가 없을 가능성은 전혀 없다.

대통령의 생활은 매사가 자료와 관련된다. 링컨과 케네디가 똑같은 일상 사건을 경험했다면, 우리가 살펴볼 수 있는 한 쌍의 자료가 있는 셈이다. 두 사람의 삶이 대충 100년의 간격을 두고 있다면, 생애의 수많은 사건과 날짜들 한 쌍 가운데 정확히 100년 차이가 나는 날짜가 있을 수밖에 없다. 장차 대통령이 될 사람이 처음 연방의회 의원이 되는 연도와 같은 특별한 우연의 일치는 예측할 수 없지만, 무슨 일이 되었든 반드시 일치하는 연도가 있으리라는 것쯤은 누구나 예측할 수 있다. 그러니 연도를 따져서 뭐든 우연의 일치를 발견할 수 있으리라는 것은 확실히 예측할 수 있다. 링컨과 케네디의 생애 연도 가운데 정확히 100년 간격을 둔 것이 '엄청나게' 많다면, 100년 후 환생한 듯한 또 다른 유명 인물을 생각해 볼 수도 있을 것이다. (영화배우 셜리 맥레인은 어떨까?)

그러나 꼼꼼히 살펴보면 100년 주기 개념은 설득력이 없다. (미안해요, 셜리.) 우리가 살펴볼 수 있는 링컨-케네디 연도의 대부분은 우연의 일치를 보이지 않는다. 예를 들어, 태어난 해, 졸업한 해, 결혼한 해, 죽은 해, 부모 형제 자녀 손자 친척들이 태어난 해 등은 전혀 일치하지 않는다. 가족에게 생긴 모든 일, 직업과 관련된 모든 일, 모든 국가적인 사건, 모든 삶의 중대 시점이 정확히 100년 차이를 보일 가능성은 늘 있다. 우리는 얼마나 많은 우연의 일치를 예측할 수 있을까? 그것은 우리가 얼마나 많은 사건을 검색해 보느냐에 달려 있다.

우연의 일치를 올바르게 인식하는 열쇠 가운데 하나는 이런 사실을 깨닫는 것이다. 즉, 그야말로 우연히 우연의 일치를 알게 되기 전에, 우리가 어떤 유형의 우연의 일치를 찾고 있었는지 미리 결정하지 않았다는 사실을. 대통령 비교의 경우, 중대 시점의 일치가 반드시 같은 '연도'여야 한다고 꼭 집어 말한 사람은 아무도 없다. 연도 대신 요일이나 날짜를 살펴볼 수도 있었다(예를 들어 링컨과 케네디는 모두 금요일에 사망했다: 옮긴이). 연도보다 날짜, 예를 들어 3월 23일에 우연의 일치가 있었다면, 그날 일어난 사건들 역시 놀라운 우연의 일치로 기록되었을 것이다. 1년의 날수인 366가지 경우의 수만 존재한다면, 점성술사나 대통령 전기 작가, 대중잡지 기자들이 솔깃해할 우연의 일치가 출현할 수밖에 없다는 것을 이제 우리는 안다.

개인의 이름에 관해서도 비슷한 이야기가 가능하다. 누구나 다수의 사람과 관계를 맺고 살아가게 마련인데, 하물며 유명한 대통령은 얼마나 많은 사람과 관계를 맺겠는가? 신뢰힐 수 있는 사람이 수없이 많으면 기기서 우연의 일치가 발생할 가능성도 높아진다. 수백만의 가능성 가운데서 단지 한 가지만을 꼭 집어 우연의 일치를 찾으려 한다면 그것은 전혀 다른 문제다. 예컨대 링컨과 케네디가 암살당했는데, "나는 그들의 비서 이름 외에는 아무것도 알고 싶지 않다."고 했다면, 비서 이름이 일치하는 것에 깊은 인상을 받을 수 있을 것이다. 비서들 이름이 스미스와 우즈였다면 "기막힌" 우연의 일치 목록에 오르지 않았을 것이다. 그러나 이름이 스미스와 웨슨이었다면 목록에 올랐을 것이다. 둘을 합하면 총 이름이기 때문이다. 이런 일 역시 가능성이 적긴 해도 충분히 있을 수 있는 일이다.

링컨-케네디와 관련된 우연의 일치가 주목을 받고 널리 알려진 것은 그들이 유명하기 때문이다. 임의의 평범한 두 사람을 선택해서 역사가나 기자처럼 일생을 깊이 파고들면, 거기서도 기막힌 우연의 일치를 발견하게 될 것이다. 그들이 유명해서 우연의 일치가 발생하는 것은 아니다. 수많은 질문을 던짐으로써 우연의 일치를 발견할 수 있는 아주 많은 기회가 주어질 때, 바로 그때 우연의 일치가 발생한다. 링컨-케네디의 유사성은 은밀한 우주적 음모에서 비롯한 것이 아니라, 우연의 일치가 발생할 수밖에 없는 수학적 확실성에서 비롯한 것이다.

쌍둥이 유전자 연못에 풍랑 일으키기

　일란성 쌍둥이의 묘한 점은 그들이 너무나 닮았다는 것이다. 무엇보다도 외모가 닮았다. 그들의 유전자는 동일하다. 그런데 개인적인 버릇은 얼마나 닮게 될까? 이 질문은 심리학자들의 관심을 끈다. 심리학자들은 유전적으로 타고난 성격과 양육으로 형성된 성격, 곧 선천과 후천을 구분하고 싶어 한다. 그러한 영향력을 연구하는 최선의 방법은 갓 태어난 일란성 쌍둥이 천 쌍을 따로 떼어 놓고 다른 가정에서 양육해 보는 것이다. 그리고 나중에 둘 사이의 다른 점과 닮은 점을 알아보면 된다. 하지만 이기적인 우리 사회에서 20년 동안의 실험을 위해 신생아 쌍둥이 자녀를 포기하겠다는 부모를 찾을 수 있을까? (그러나 쌍둥이가 끔찍한 불구라도 된다면 기증자를 찾기가 덜 어려울 거라는 점을 강조하고 싶다.) 그래서 심리학자들은 고민이다. 그러니까, 천 쌍의 신생아를 유괴해서 윤리적으로 의문스러운 실험을 하지 않고 어떻게 자료를 얻을 것인가?

　이런 딜레마 때문에 심리학자들은 수많은 사람들 가운데서 그런 사례를 찾는 방법을 쓰지 않을 수 없다. 즉, 눈먼 행운에 의지한다. 극히 희귀한 일이지만, 일란성 쌍둥이가 실제로 태어나자마자 따로 떨어져서, 서로 만난 적 없이 다른 가정에서 양육되는 일이 있다. 그런 쌍둥이는 미국에서 육회 요리만큼이나 찾기 힘들다. 그래서 그런 쌍둥이가 발견되면, 심리학자들은 환호성을 올리며 한 보따리의 질문서를 들고 쳐들어간다.

　태어나자마자 헤어진 일란성 쌍둥이의 유명한 사례 하나는 믿기지 않는

조사 결과를 보여 주었다. 39세가 되어서야 서로의 존재를 알게 된 두 형제는 알고 보니 으스스할 만큼 공통점이 많았다.

- 둘 다 이름이 제임스였다.
- 둘 다 각자의 앞마당 나무 둘레에 하얀 금속 벤치가 있었다.
- 둘 다 첫 아내 이름이 린다, 둘째 아내 이름이 베티였다.
- 둘 다 토이라는 이름의 개를 길렀다.
- 둘 다 시보레를 몰았다.
- 둘 다 샐럼만 피운 골초였고, 맥주는 밀러라이트를 마셨다.
- 둘 다 아들이 하나 있었는데, 아들 둘 다 이름이 제임스 앨런(한 명은 Alan, 다른 한 명은 Allen)이었다.
- 둘 다 같은 날 밤 조니 카슨의 '투나잇 쇼' 에 출연했다!

이것은 유전자가 성격에도 영향을 미친다는 증거일까? 아마 그럴 것이다. 그러나 유전자가 성격에 영향을 미친다는 견해를 뒷받침하는 증거로 이것을 해석하기 위해서는 좀 더 많은 정보가 필요하다. 링컨-케네디 우연의 일치에서 보았듯이 말이다. 그렇다면 얼마나 많은 질문을 해야 할까? 그들 쌍둥이와 비슷한 환경에서 양육된 비슷한 연령의 사람들을 무작위로 길거리에서 찾아, 그들의 생애와 관심사, 선호하는 브랜드, 가족, 내면의 욕망 들에 대해 수많은 질문을 해 보면 어떨까? 임의의 두 사람에게 수천 가지 질문을 한다면, 얼마나 많은 우연의 일치를 발견할 수 있을까? 쌍둥이의 경우와 비슷하지 않을까? 만일 그렇다면, 유전자설은 옳지 않을 수도 있다. 그런데 자녀를 둔 사람들 대부분은 유전자가 성격에 큰 영향을 미친다고 확신한다.

일란성 쌍둥이의 자료는 어떻게 해석해야 타당할까? 배우자나 아들 이름의 우연의 일치를 유전적 영향의 사례로 보기에는 어설픈 데가 있다. 베타라는 이름은 워낙 흔해서, 그런 이름의 여자와 결혼하겠다는 욕망이 유전자에서 비롯한다고 보기에는 아무래도 신빙성이 떨어진다. 쌍둥이의 이름이 같다는 우연의 일치도 명백히 무작위의 운일 뿐이다. 그들이 스스로 자기 이름을 지은 것이 아니기 때문이다. 선호하는 맥주 브랜드가 같은 것은 의미 있는 사례일 수도 있고 아닐 수도 있다. 입맛은 부분적으로 미각 세포의 구조에 의해 결정되지만, 다른 한편으로 보면 선택할 맥주의 브랜드 수가 많지 않다. 그러니 길거리에서 아무나 두 사람을 붙잡고 물어봐도 선호하는 맥주가 우연히 일치하는 일은 허다할 것이다. 우리는 쌍둥이의 우연의 일치와 일반인의 우연의 일치를 면밀히 비교해 봐야 한다. 무작위로 선택한 사람들의 경우에도 같은 우연의 일치가 발생할 수 있을 것으로 예측되기 때문이다.

쌍둥이 연구에서 나타난 우연의 일치는 의미가 있을 수도 있고 없을 수도 있다. 그러나 분명한 것은, 그러한 연구를 해석하기 위해서는 단순한 우연의 일치 목록 이상의 많은 정보가 필요하다는 점이다.

원숭이에게 퓰리처 수상 작품 쓰게 하기

진짜 무작위로 우연의 일치를 발생시키는 어떤 과정이 있다면, 그런 과정을 거쳐 놀라운 결과가 나와도 그것이 정말 놀라운 결과인지 확인할 수가 없다. 당연한 결과일 수도 있는 것이다. 그래서 우리는 순전히 무작위로 실험을 해 봐야 한다. 포커를 할 때 잡게 되는 패는 언제나 다르니까 사실상 모든 패가 특별한 셈이다. 따라서 논리적으로는 이렇게 말해야 한다. 우리가 스페이드 로열 플러시를 잡는 것과 마찬가지로 하필이면 3♣, 5♦, 8♣, 9♠, Q♠ 따위를 잡는 것도 놀라운 일이 아닐 수 없다고. 우리는 어떤 패든 잡을 가능성이 있다는 점에서, 포커를 충분히 많이 하기만 하면 언젠가는 로열 플러시를 잡게 될 것이다. (죽기 전에 꼭 그걸 잡아 봐야 한다는 법은 없지만 말이다.) 이것을 더욱 극적으로 알아보려면 워드프로세서 앞에 원숭이를 앉혀 놓으면 된다.

워드프로세서와 원숭이를 실내에 잔뜩 들여놓고, 원숭이들이 무작위로 '영원히' 자판을 두드렸다고 하자. 그러면 단 한 글자도 오타가 없는 『햄릿』 전막 대본이 입력될 것이다. 왜? 왜냐하면 그럴 가능성이 있기 때문이다. 무작위로 자판을 두드리면서도 정확한 순서대로 올바르게 입력해서, 순전히 우연으로 『햄릿』 대본을 완성할 가능성은 그야말로 희박하지만 그래도 가능성은 있다. 원숭이들이 마구잡이로 입력한 결과 가운데 가끔 보석 같은 문학 작품이 나올 테고, 『햄릿』도 『한여름 밤의 꿈』도 가능하다.

실제로 이 원숭이들은 교정을 보기 전의 『햄릿』을 잔뜩 찍어 낼 것이다. 예를 들어 셰익스피어의 원래 원고에 나오는 "To be or not to be? That is the question(사느냐 죽느냐? 그것이 문제다)."라는 햄릿의 독백을 이렇게 쓰기도 할 것이다. "Two bee or not two bee? That is the query that buzzeth(벌 둘이냐 아니냐? 그것이 닝닝거릴 문제로다)."

아무튼 영원이란 길고도 긴 시간이다. 그러니 이 원숭이들이 무작위로 자판을 계속 토닥거리기만 하면, 낱말 수 3만 1,281자의『햄릿』을 올바르게 입력한다는 있음 직하지 않은 일이 이윽고 일어날 것이다. 본문을 다 입력하고 마지막에 "끝The Enb"이라고 치는 바람에 처음부터 다시 시작해야 한다는 것을 알게 되면 젠장 울화통이 터지지 않을까? 그러나 영원은 끝없는 인내심을 낳는다. 아울러 마지막 한 글자만 오타인 원고를 비롯해서 수없이 많은 원고를 낳는다. 사실 이 원숭이들은 이제까지 집필된 세상의 다른 모든 책도 깡그리 다 찍어 낼 것이다. 집필될 모든 책, 모든 다른 판본까지 말이다. 예를 들어 에드워드와 마이클이라는 이름의 두 원숭이만으로도 이 책을 너끈히 찍어 낼 것이다.

　무작위로 자판을 두드려『햄릿』을 만든다는 것은 실제로 결코 있음 직하지 않은 일이다. 우리 평생 그런 일이 현실에서 일어나지는 않을 테고, 심지어 우리 우주의 수명이 다할 때까지도 그런 일은 일어나지 않을 것이다. 그래서『햄릿』을 입력한다는 가상의 무작위 행위는 다만 추상적으로 생각해 본 것이다. 그러나 실제로 결코 있음 직하지 않고 믿기지도 않는 일들이 줄곧 일어나고 있다. 우리들 각자가 탄생한 것을 생각해 보라. 탄생을 하기 위해 필요한 정확한 타이밍을 충족시킨다는 것, 지금과 같은 두뇌 세포를 갖는다는 것, 지금처럼 인생이 펼쳐진다는 것, 이 모든 것은 결코 있음 직하지 않고 결코 되풀이될 수 없는 무작위의 사건이다. 그런데도 사건이 일어났다. 그런 관점에서 바라보면, 우리 각자의 삶은 원숭이가『햄릿』을 완성하는 것만큼이나 놀라운 기적이 아닐 수 없다.

좋은 행운, 나쁜 생각

정말 믿기지 않는 "주차 행운"을 누린다는 사람들이 있다. 예를 들어 쇼 타임 몇 분 전에 극장으로 차를 몰고 갔는데 언제나 바로 입구 곁에 주차를 할 수 있었다는 식이다. 이와 달리 줄서기 불운이라는 질곡에 시달린다는 사람들도 있다. 그들은 대형 매장에서 항상 제일 느린 줄에 서거나, 고속도로 톨게이트에서 제일 느린 줄에 선다. 신호등도 그렇다. 하필이면 시간에 쫓길 때 꼭 잇달아 빨간 신호등에 걸리는 것은 왜일까? 자동차 후드 장식에 걸터앉은 장난꾸러기 자동차 천사들이 선량한 운전자에게는 필요한 주차 공간을 싹싹 비워 주고, 나머지 사람들에게는 빨간 신호등을 딥다 켜 대는 것일까?

그런 공상을 믿고 싶어 하는 한, 인과 관계는 모두 사라지고 사실에 대한 해석은 더욱 세속적이 된다. 현실에서 우리는 누구나 여느 사람과 마찬가지로 자주 느린 줄에 서고, 가끔은 누구나 행운을 누린다. 다른 점이 있다면 각자 인상 깊게 기억하는 사건이 다르다는 것뿐이다.

예를 들어 우리가 기나긴 줄을 지켜보며 운전석에 앉아 있다고 하자. 다른 줄은 강물처럼 순탄하게 흘러가는데, 우리 앞의 줄은 주차장이 되어 있다. 오래 멈춰 있는 동안 우리는 앉아서 생각할 시간이 남아돈다. 이럴 경우 험한 말을 뱉어 대는 사람도 많다. 이때 불쾌한 경험이 우리 기억에 낙인처럼 새겨질 시간적 여유가 생긴다. 불운의 기억은 거기서 비롯한다. 그러나 전혀 정체되지 않고 통행이 순조로울 때는 다르다. 멋진 행운을 누렸으면서도 미처 주목할 틈이 없어서 행운을 자축할 기회를 놓치게 된다. 비관적이거나 자기 연민에 빠지는 경향이 있는 사람은 오래 기다린 시간을 기억하며 불운하다는 생각을 하게 된다. 낙관적이면서도 운이 좋은 소수의 사람은 행운의 순간을 기억하고, 늘 운이 좋다는 착각에 빠져 마냥 행복해한다. 요컨대 입구 바로 옆에 모든 사람을 위한 기막힌 주차 공간이 실제로 비어 있다, 어쩌다 한 번은!

그러나 엘리베이터 불운은 이야기가 다르다. 우리가 20층 건물의 3층에서 일하는데, 매력적인 임원에게 눈도장을 받기 위해 정기적으로 17층에 올라갈 일이 있다고 하자. 3층에 도착하는 첫 번째 엘리베이터는 거의 항상 내려가는 중이라는 건 정말 짜증나는 일이다. 이건 불운일까? 실은 그렇지 않다. 우리의 아래보다 위로 더 많은 층이 있어서, 엘리베이터는 위에 있을 가능성이 높을 수밖에 없다. 엘리베이터가 3층에 도착했을 때, 그건 올라가기보다 내려가는 엘리베이터일 가능성이 월등히 더 높은 것이다. 그러니 엘리베이터 불운이란 실은 불운이 아니다.

조금만 추리를 해 보면 가물거리는 영감에 의지하는 것보다 신빙성이 더 높은 결론에 이를 수 있다. 일견 설명할 수 없는 현상들 가운데 "아하! 그게 그렇구나!" 하는 범주에 넣을 수 있는 현상이 얼마나 많은지 알면 놀랄 것이다. 수학을 한다면 말이다! 그렇게 미지를 이해하고 넘어가는 것이 능사는 아니라고 생각하는 사람도 있을 것이다. 신비하고 불가해하고 놀라운 현상이 따분한 일상의 추리 속에 매몰되고 말 것만 같아서. 그러나 하등 걱정할 것 없다. 이 세계에는 진짜 신비한 일이 아직 무궁무진하게 남아 있다.

대박 종목을 찾아라

— 증권 전문가, 점술가, 어중이떠중이, 원숭이, 다트

원숭이의 문학적 능력, 불운과 행운을 생각해 보았으니, 내친 김에 주식 투자 도사들의 지혜라는 것을 짚어 보지 않을 수 없다. 증권시장의 미래를 예측하는 사람은 수없이 많다. 금융계의 박사, 사업가, 점술가, 어중이떠중이, 원숭이, 그리고 다트dart까지도 예측을 한다. 점술가나 원숭이는 얼마나 예측을 잘할까? 먼저 등락을 진짜 적중시키는 증권 전문가의 시나리오부터 이야기해 보자.

월요일 아침 컴퓨터를 켜자 달갑지 않은 새 이메일이 잔뜩 쌓여 있다. 그런데 청하지도 않은 편지 가운데 E. F. 너팅의 증권투자 상담사가 보낸 게 있다. 이 편지를 열어 보고 다른 편지는 모두 삭제한다. 내용은 짧다. "이번 주에는 델 주가가 오를 것입니다." 물론 우리는 코웃음을 치고 이 스팸 메일을 삭제한다.

다음 주 월요일 아침, 우리는 이메일을 삭제하는 의식을 되풀이한다. 또다시 너팅의 메일이 눈에 띈다. "지난주 우리는 델 주가가 오를 거라고 정확히 예측했습니다. 이번 주에는 델 주가가 하락할 것입니다." 우리는 다시 삭제키를 누른다. 하지만 자신도 모르게 정말 지난주 예측이 맞았는지 주가를 확인한다. 맞았다.

다음 주 월요일 아침, 우리는 청하지 않은 너팅의 메일을 또 받고도 눈살을 찌푸리지 않는다. 내용은 역시 짧다. "우리는 지난 2주 연속 델 주가의 변동을 정확히 예측했습니다. 이번 주에는 델 주가가 오를 것입니다." 우리

는 그들의 예측이 적중했는지 확인해 보고, 다음 주 조언을 기다리게 된다.

이런 의식이 연속 9주 동안 되풀이되고, 너팅의 예측은 완벽하게 적중한다. 처음부터 그들의 조언을 받아들였더라면 우리의 행운은 날개를 달았을 것이다. 10주째 월요일, 우리는 의식이 변한 것을 알고 놀란다. 너팅의 이번 편지는 다르다. "우리는 지난 9주 연속 델 주가를 정확히 예측했습니다. 이번 주의 조언을 받으려면 1,000달러를 입금하시기 바랍니다. 투자 격려 차, 환불 보장을 해 드립니다. 즉, 예측이 빗나갈 경우 1,000달러를 전액 환불해 드립니다."

'보나마나' 우리는 그리 과하지 않은 1,000달러 상담료를 흔쾌히 입금 하고, 평생 최고의 투자를 했다는 기분이 든다. 우리는 열렬히 예측을 기다 리고, 당연히 답장이 온다. 이번 주 투자 전략은 명백하다. 추천받은 대로 단기 매도를 하거나 매수를 하면 된다.

'놀랍게도' 연속 적중한 너팅의 예측은 조직적인 사기였고, 그들의 조언 은 무가치했다. 어떻게 그처럼 인상적인 100% 적중률을 보였는지 알아보자.

첫 주에 너팅은 1,024명에게 1,024통의 메일을 보냈다. 512명에게는 델 사의 주가가 오를 거라고 써 보내고, 512명에게는 떨어질 거라고 써 보냈 다. 둘째 주에는 512명이 메일을 받게 된다. 물론 그들은 첫 주에 올바른 예 측 메일을 받은 사람들이다. 그중 256명에게는 델 주가가 오를 거라고 써 보내고, 256명에게는 떨어질 거라고 써 보냈다. 그래서 256명은 2주 연속 올바른 예측 메일을 받았다. 3주째에 128명에게는 주가 상승, 128명에게 는 주가 하락을 예측했다. 4주째에는 128명에게 메일을 보냈는데, 64명에 게는 주가 상승, 64명에게는 주가 하락을 예측했다. 5주째에는 64명에게,

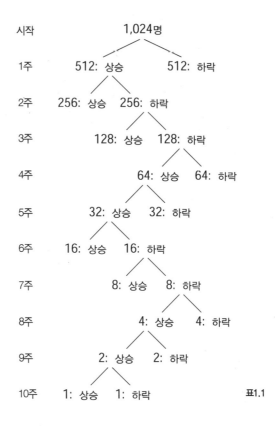

시작		1,024명	
1주	512: 상승		512: 하락
2주	256: 상승	256: 하락	
3주		128: 상승	128: 하락
4주			64: 상승	64: 하락
5주		32: 상승	32: 하락
6주	16: 상승	16: 하락	
7주		8: 상승	8: 하락
8주			4: 상승	4: 하락
9주		2: 상승	2: 하락
10주	1: 상승	1: 하락	표1.1

6주째에는 32명에게, 7주째에는 16명에게, 8주째에는 8명에게, 9주째에는 4명에게 메일을 보냈다.

　10주째에 2명이 메일을 받았다. 그들은 이제까지 한 번도 틀린 적이 없이 9주 연속 올바른 예측 메일을 받았다! 너팅은 두 사람에게 1,000달러를 요구했다. 물론 틀릴 경우 환불을 보장했다. 계속 예측이 적중해 온 것을 아는 두 사람이 어떻게 나올지는 누구나 쉽게 짐작할 수 있다. 두 사람 다 1,000달러를 보낸다. 한 사람에게는 상승, 다른 한 사람에게는 하락을 예측한다. 예측이 빗나간 불운한 투자자에게는 1,000달러를 환불해 주고, 다른 1,000달러는 주머니에 챙긴다. 한 사람은 그들의 기막힌 주가 예측 기술로 대박을 터트렸다.

이런 사기는 단순하고 효과 만점인데, 당연히 불법이다. 그런데 이와 정확히 똑같은 원리가 우리도 모르는 사이에 늘 작용하고 있다. 증권시장의 미래를 예측하는 수많은 사람들을 생각해 보라. 물론 그들 모두 자기 예측이 건전한 추리를 토대로 했다고 생각한다. 어떤 사람은 투자 수익률을 보고(그게 무슨 뜻이든), 어떤 사람은 그래프 패턴을 보고, 어떤 사람은 회사에 대해 연구하고, 어떤 사람은 행성들의 배열을 이용해서 주식의 미래를 예측한다.

물론 대다수 사람들은 "증권 점술가는 다 사기꾼"이라고 냉소할 것이다. 그런데 점술가, 천리안을 가진 사람, 그리고 증권 중개인들도 더러 올바른 예측을 하는 게 사실이다. 왜? 왜냐하면 무작위 예측을 하는 사람의 수가 워낙 많기 때문이다. 그런 예측 가운데 일부는 전적으로 우연히 소름끼칠 만큼 정확히 적중한다. 예측과 실제가 전적으로 우연히 일치하게 되는 것이다. 이것은 이메일 사기와 정확히 같은 상황이다. 서로 다른 두 가지 예측을 내보내는 다수의 이메일 대신, 각자 한 가지씩 예측을 하는 수많은 사람이 있다는 것이 다를 뿐이다. 물론 일부 예측은 타당한 근거가 있을 수 있다. 그런 소수의 예측자와 다트를 던지듯 예측을 해 대는 사람들 사이의 차이를 판별하는 것은 투자자의 몫이다. 그런데 우리는 다트와 원숭이의 예측을 추천한다. 그들의 예측도 때로 적중할 뿐만 아니라, 상담료를 내지 않는다는 이점이 있다. 사실 원숭이는 값싼 바나나로 고용할 수 있다.

복권

잃는 것은 언제나 기분 나쁘다. 따라서 복권은 기분 나쁘다. 미국 정부에서 발행하는 복권은 대개 1부터 50까지의 숫자 중 여섯 개를 선택한다. 우리가 우둔하게도 거기에 돈을 건다면, 추첨 후 번호 선택을 잘못한 자신을 탓하게 된다. 당첨 번호를 보며 이렇게 주절대기도 한다. "이런, 넨장, 다 나하고 관계가 있는 숫자들이잖아! 하나는 내 전화번호 중간 숫자이고, 하나는 이모 생일이야. 왜 그걸 선택하지 않고 맞지도 않을 숫자를 선택했담!" 50개의 숫자 중에서 여섯 개의 숫자가 적중할 확률은 약 1,600만 분의 1이다(45개 숫자 가운데서 여섯 개를 선택하는 한국 로또복권의 경우는 당첨 확률이 약 800만 분의1: 옮긴이). 이런 확률을 못 맞췄다고 해서 자책을 할 일은 아니다. 사실 이런 확률을 적중시킨 사람은 기막히게 운이 좋은 사람이다. 1,600만 개 가운데 하나를 골랐는데 그게 당첨이라니 말이다.

매번 당첨자가 있다는 사실이 참 놀랍다. 당첨자는 분명 소스라치게 놀라서 가슴이 쿵쾅거렸을 것이다. 그러나 우리는 놀라지 않는다. 처음 시작했을 때는 당첨금이 몇 백만 달러였다가, 누적되어 당첨금이 5,000만 달러에 이르게 되면, 팔린 복권의 액수는 그 두 배에 이른다는 것을 알고 있기 때문이다. 수천만 명의 사람이 확률 1,600만 분의 1인 게임을 한다면, 누군가는 승자가 될 거라는 사실을 우리는 직관으로 알아맞힐 수 있다. 승자는 행운의 양말이나 행운의 속옷을 평생 소중히 간직할 것이다(이제는 깨끗한 속옷을 얼마든지 살 수 있게 되었는데도). 하지만 누군가는 승자가 된다는 이 기막힌 우연의 일치가 실은 전혀 기막힌 게 아니라는 사실을 우리는 알고 있다.

어쨌든 충분한 시도를 하기만 한다면, 아무리 가능성이 희박한 일이라도 일어나게 마련이라는 것이 이 얘기의 핵심이다. 눈가리개를 하고 대충 과녁을 향해 다트를 계속 던지면, 언젠가는 반드시 정중앙에 꽂히게 된다. 복권 이야기의 교훈은 이렇다. 당첨 가능성을 높이고 싶다면, 복권을 딱 한 장이 아니라 수백만 장을 사야 한다는 것. 확실히 당첨되고 싶다면 1,600만 달러를 투자해서 가능한 모든 숫자 조합의 복권을 사기만 하면 된다.

깜짝 생일잔치

사람들은 많은 면에서 서로 다른데, 태어나면서부터 삶이 시작된다는 점에서는 똑같다. 평년 한 해는 365일, 윤년은 366일이다. 누구나 366일 가운데 하루에 태어난다. 우리는 다들 자기 생일을 축하한다(적어도 인생의 쓴 맛을 알기 전까지는). 그래서 특별한 날이 돌아오면, 왕이나 여왕처럼 호사를 누리고 싶어 한다. 그런데 생일의 호사를 날강도 같은 다른 사람과 나누어 누려야 한다면 좀 언짢아진다. 안타깝게도, 그리고 꽤 놀랍게도, 비교적 소규모의 집단에도 혼자 특별한 날을 누리지 못하는 사람들이 있다. 생일이 우연히 일치할 가능성은 생각보다 훨씬 더 높다. 좋은 쪽으로 생각해 보자. 소집단에서 생일이 일치할 가능성이 매우 높다는 것을 정확히 이해하면, 그럴 리가 없다는 직관을 믿는 사람, 그러니까 우리보다 더 순박하고 어수룩한 사람과 내기를 해서 재미를 볼 수 있다.

훗날 한 장소에 45명이 모일 기회가 있으면, 기막힌 우연의 일치를 알아맞혀 보겠다고 한번 큰소리를 쳐 보라. 즉, 그 소집단에서 적어도 두 명은 생일이 같다는 게 육감으로 느껴진다고 선언하는 것이다. 의심 많은 사람이나 쌀알로 점을 치는 점술사와 내기를 해도 좋다. 그리고 모든 사람이 생일을 밝힌 후, 믿기지 않는 우연의 일치를 확인하고 판돈을 긁어 가면 된다. 그러면 의심 많은 자들은 대박이 날 주식을 찍어 주길 바랄 테고, 점술사는 인기스타 커플들이 언제 깨질지 점쳐 주길 바랄 것이다.

그리 많지도 않은 사람들 가운데 "기막히게" 생일이 일치하는 사람들이 있다는 것을 어떻게 그토록 확신할 수 있을까? 얼핏 보기에는 45명 중 두 명의 생일이 같을 확률은 희박해 보인다. 366일 가운데 하루가 겹쳐야 하니 말이다. 그러나 알고 보면, 그 정도 규모의 무작위 집단에서 생일이 겹칠 가능성은 약 95퍼센트에 이른다.

거짓말 같은 이 수수께끼를 풀기 위해, 몇 가지 실험을 먼저 해 보자. 최선의 실험 방법은 366면으로 이루어진 주사위 45개를 굴려 보는 것이다(각 면에 월일을 적어 놓고서). 그래서 적어도 한 쌍의 주사위가 일치할 확률을 알아보는 것이다. 스무 번 던지면 줄잡아 열아홉 번은 한 쌍이 일치한다! 물론 나중에 내기에 써먹자고 366면으로 된 주사위 45개를 가지고 다닐 사람은 없을 테니, 우리는 추리를 해 보는 수밖에 없다.

우리의 목표는 다음 질문에 답하는 것이다. "무작위 45명의 인원 가운데 두 명 이상의 생일이 일치할 가능성은 얼마나 될까?" 이 질문을 뒤집으면 이렇게 된다. "45명 가운데 아무도 다른 사람과 생일이 일치하지 않을 가능성은 얼마나 될까?" 하나의 질문에 답할 수 있다면, 다른 질문에도 즉각 답할 수 있다. 그런데 생일이 일치하지 않을 가능성, 곧 45명 전부 생일이 다를 확률을 구하는 것이 더 쉽다.

45명을 한 줄로 세워 놓았다고 치자. 첫 번째 사람에게 물어본다. "생일이 언제지?" 대답을 기록한 후 두 번째 사람에게 물어본다. 생일이 일치하지 않으려면, 두 번째 사람의 생일은 첫 번째 사람과 달라야 한다. 다를 가능성은 매우 높다. 366분의 365, 곧 99.7퍼센트. 세 번째 사람도 생일이 다르려면, 앞서의 두 생일을 피해야 한다. 그럴 가능성은 366분의 364, 곧 99.4퍼센트다. 뒤로 갈수록 피해야 할 날이 점점 많아진다. 막바지로 접어들어 44번째에는 피해야 할 날이 43일에 이른다. 그 가능성은 366분의 323, 곧 88.3퍼센트다. 여전히 가능성은 높다. 마지막 사람의 생일이 앞서의 44일을 피할 가능성은 366분의 322, 곧 87.9퍼센트다. 다른 사람의 생일과 겹치지 않을 가능성이 개인적으로는 상당히 높다. 그러나 우리가 알고 싶은 것은 그것이 아니다. 모든 사람의 생일이 다른 모든 사람의 생일과 다를 가능성은 얼마인가! 알고 보면 그 가능성은 상당히 희박하다.

모든 사람의 생일이 다 다를 가능성을 계산하려면, 앞서 우리가 계산한 개인의 가능성을 전부 곱해야 한다. 즉, 365/366 × 364/366 × ······ 323/366 × 322/366. 각각의 수가 1보다 작은 분수라는 것을 주목하라. 1보다 작은 수를 곱하면 곱할수록 값은 더욱 작아진다. (곱한 값이 왜 그렇게 급격히 작아지는지 감이 잘 잡히지 않는다면 피자를 자른다고 생각해 보라. 반으로 자른 피자를 다시 반으로 자르고 또 자르면, 세 번만에 그 크기는 8분의 1로 줄어든다. $\frac{1}{2} \times \frac{1}{2} \times \frac{1}{2} = \frac{1}{8}$) 약식으로 계산해서, 모든 분수의 평균값은 약 0.935니까, 그것을 44번 곱한다고 하면 그 값은 $0.935^{44} \fallingdotseq 0.05$, 곧 5퍼센트다. 그러니까 모든 사람의 생일이 다를 가능성이 약 5퍼센트다. 따라서 생일이 두 명이라도 일치할 가능성은 약 95퍼센트가 된다. 이렇게 셈을 해 보면, 비교적 규모가 작은 집단에서도 생일잔치를 같이해야 할 사람이 있다는 것을 알 수 있다. 이런 우연의 일치는 거의 틀림없이 발생한다!

마법

우연의 일치가 빈번하게 일어난다는 사실은 우리의 직관과 사뭇 어긋난다. 각 개인에게는 우연의 일치가 매우 희귀하게 일어나기 때문이다. 희귀한 우연의 일치를 경험하게 되면 우리는 무작위로 일어난 그 일을 마법같이 여기며 의미를 부여하고 싶어진다. 무작위로 일어난 일에 의미를 부여하는 것은 초자연을 믿는 모든 어리석음의 크나큰 원천이 된다. 실제로 각 개인의 인생은 있음 직하지 않고 믿기지도 않는 사건들의 기나긴 연속이다. 우리 인생의 길은 마법으로 가득 차 있다. 예를 들어 어쩌다 이 책, 이 페이지를 읽게 되었는지, 이제까지 독자에게 일어난 일련의 사건들이 얼마나 기막힌 우연의 연속인가를 생각해 보라. 바로 이 문장을 읽으면서, 하필 우연의 일치라는 주제를 생각하기에 이른 이 상황은 정말 얼마나 믿기지 않는 우연의 일치인가! 너무나 우연한 이 자리에서 우리는 기막힌 우연을 얘기하고 있다! 이 얼마나 기막힌 우연의 일치인가!

카오스가 지배한다

왜 우리는 미래를 예측할 수 없을까?

> 신은 대자연의 힘에 은밀한 기술을 부여해서, 카오스로부터 벗어나
> 완벽한 세계의 체계를 갖추도록 했다.
>
> —이마누엘 칸트

'보나마나……' 컴퓨터 실험실이 갑자기 쥐 죽은 듯 조용해졌다. 실험실 양쪽에 마주 서 있는 깡마른 두 프로그래머에게 일제히 눈길이 쏠리는 순간, 우리의 뇌리에는 〈하이눈〉의 주제가가 울려 퍼졌다. 두 프로그래머는 두꺼운 뿔테 안경 너머로 서로 성난 눈초리로 쏘아 보았다. 그들은 똑같은 계산에 대해 서로 값이 다르다고 주장했고, 이윽고 디지털 죽음의 결투를 할 태세였다. 신호가 떨어지자 그들은 케이스에서 계산기를 뽑아 들었다. 동일한 숫자(0.37)를 입력하고, 동일한 키 세 개를 차례로 눌렀다. 제곱(x^2), 빼기($-$), 다음에는 2. 물론 그들의 계산 결과는 일치했다. 또 그들은 세 개의 같은 키를 눌렀다. 똑같이 30회 연속 같은 키를 눌렀다. 두 계산기는 완벽하게 작동했다. 보나마나, 안정성과 확실성의 상징인 이 계산기 두 개는 30회 계산을 되풀이한 후 같은 답을 보여 줄 것이다.

'놀랍게도……' 두 계산기는 전혀 다른 결과를 보여 주었다. 게다가 '둘 다' 답이 틀렸다. OK 컴퓨터 실험실에서는 모든 게 엉망이었다. 카오스가 지배한다.

지난 제1장에서 우리는 무작위의 기회만 주어져도 기막힌 우연의 일치가 실제로 일어난다는 것을 살펴보았다. 우연의 일치는 뜻밖의 닮은꼴, 곧 뜻밖의 수렴convergence이다. 이번 장에서는 반대 현상을 탐구하게 될 것이다. 의외의 차이, 곧 의외의 발산divergence을. 난폭한 나비, 겉보기만 그럴 듯한 스프레드시트(컴퓨터 소프트웨어), 미친 계산기, 기묘한 진자, 대책 없이 튀어 오르는 공, 이 모든 것이 반직관적인 카오스로 우리의 직관을 좌절시킨다. 오늘 우리 세계의 대수롭지 않은 사소한 변화는 시간이 흐름에 따라 점점 확대되어 우리의 미래를 극적으로 바꿔 놓는다. 카오스 하면 떠오르는 나비 이야기부터 시작해 보자. 브라질에서 무심하게 팔랑거린 나비 한 마리가 『오즈의 마법사』에서 불어제친 토네이도보다 몇 곱절은 더 강력한 토네이도를 일으켜 미국 캔자스 주를 초토화시켰다는 비극적인 이야기.

브라질의 악명 높은 나비

이슬에 푹 젖은 브라질 우림에서 우리의 우화는 시작된다. 이야기의 주인공은 아름답고 섬세한 나비 한 마리다. 연약한 날개를 나른하면서도 우아하게 팔랑거릴 때, 날개 주위 대기가 살짝살짝 흔들린다. 살짝 흔들린 기류는 살짝 더 큰 기류를 살짝 민다. 공기 덩어리, 곧 기단氣團은 차례로 더 큰 다른 기단에 영향을 미친다.

시간이 흐름에 따라, 팔랑거린 나비 날개의 움직임은 단계별로 물결처럼 확산되어 점점 더 세력이 커져 가면서 점점 더 큰 기단에 영향을 미친다. 주인공 나비의 나른한 날갯짓은 곧이어 소나기구름을 형성하고, 심한 폭풍이 지구를 휩쓸게 된다. 이 폭풍은 엄청난 규모의 기단을 움직여, 토네이도가 캔자스 주를 휩쓸 불길한 조짐을 보이게 된다. 하늘은 캄캄해지고, 바람이 질주하고, 폭우가 퍼붓기 시작한다.

아무 생각 없는 브라질의 나비가 좀 더 지각이 있었다면, 그리고 팔랑거리려는 덧없는 욕망을 조금만 자제했다면, 캔자스 주의 날씨는 고요하고 따뜻하고 화창했을 것이다. 그 운명의 팔랑거림 때문에 역사의 흐름이 틀어져 버렸다. 재앙을 일으킨 이 나비로 인해 '나비 효과butterfly effect'라는 말까지 생겼다. 나비 효과는 현재의 사소한 변화가 미래의 엄청난 변화를 야기한다는 사실을 일컫는 말이다.

또 다른 관점에서 보면 이런 흥미로운 문제가 제기된다. 즉, 나비 효과가 존재한다면, 우리도 나비가 될 수 있지 않을까? 극적이면서도 통제 가능한 방식으로 미래의 날씨에 영향을 줄 미묘한 변화를 우리가 '의도적으로' 만들어 내는 방법을 알아낼 수는 없을까? 예를 들어 가뭄이 들었을 때 농작물을 구하기 위해 구름 씨앗을 뿌려 비를 내리게 하거나, 전쟁 때 적을 공격하는 허리케인을 만들 수도 있지 않을까?

우리가 미래에 어느 정도 날씨를 통제하는 능력을 갖게 되든 말든 간에, 나비 이야기에 따르면 한두 달 앞의 미래 날씨를 예측하는 방법을 결코 알아낼 수 없다는 것만큼은 확실하다. 우리가 측정할 수 없는 무수히 많은 작은 작용들이 늘 무수히 작은 영향을 미치면서 현재를 무수히 조금씩 바꾸고 있는데, 이 영향이 점점 확대되어 한 달 후에는 거대한 변화를 일으키게 된다. 컴퓨터가 수천 배 더 강력해지고, 휴대전화기를 우리 귀에 꽂을 수 있고, 완전한 세계 평화가 이루어질 수는 있겠지만, 그래도 우리는 날씨 변화를 예측하지는 못할 것이다. 예를 들어 6월 16일 야외 결혼식을 하려는 사람이 4월에 미리 날씨를 알아낼 수는 없다. 무심코 팔랑거려서 아무 생각 없이 우리의 결혼식을 망쳐 놓을 몰지각한 나비가 항상 어디나 존재하니까.

우리가 미래를 예측할 수 없다는 사실은 물론 새로운 이야기가 아니다. 세계 최대의 에너지 기업인 엔론이 파산하기 전에 그 주식을 사라고 권했던 증권 중개인에게 물어볼 필요도 없다. 실제 삶에서 시간과 공간의 작은 차이가 우리 인생의 극적인 차이로 이어진다는 것을 우리는 잘 알고 있다. 인생의 많은 갈림길에서 어떤 선택을 하느냐에 따라 우리의 목적지가 영영 바뀌고 만다는 것은 이제 진부한 이야기일 뿐이다. 그러나 그러한 단순 원리를 수학적 사고로 발전시키면 새로운 이야기가 가능해진다. 그럼으로써 진자의 움직임부터 인구 변동에 이르기까지 세상만사의 안정성을 우리는 다시 생각해 볼 수 있다.

삶에서 나온 수학

수학이 탄생한 것은 삶의 경험이나 관찰에서 비롯한 추상 개념 덕분이다.

예를 들어 나비 효과는 수학적 카오스를 탄생시켰다. 수학적 카오스는 초기의 사소한 변화들이 나중에 극적인 차이로 이어지는 단순한 수학적 과정을 일컫는 말이다. '카오스chaos'라는 말은 자못 혼돈스러워져서, 구구한 의미를 정리해 볼 필요가 있는 것 같다.

1. 일상 영어로서의 chaos: 사전에서는 이런 식으로 정의하고 있다. "극단적인 혼란이나 무질서 상태. 조직이나 질서의 전적인 결여." (표준국어대사전에서는 "혼돈"을 이렇게 정의한다. "마구 뒤섞여 있어 갈피를 잡을 수 없음. 또는 그런 상태.": 옮긴이)

2. 실세계의 카오스: 이 두 번째 의미는 나비와 날씨의 관계를 통해 이미 알아보았다. 이때 카오스는, 일순간의 사소한 상황 변화가 처음에는 파급 효과가 작아도, 잇달아 파급되는 과정에서 그 효과가 각 단계별로 거듭 확대되는 현상을 일컫는다. 최종 효과는 막대한데, 이론적으로는 그 미래를 예측할 수 있다. 다시 말하면 나비가 '무작위의random' 날씨를 야기하는 것이 아니라 '다른' 날씨를 야기한다. 이러한 개념과 관련된 말로 "초기 조건에의 민감성(혹은 민감한 의존성)"이라는 말이 있다.

3. 수학적 카오스: 이 세 번째 의미는 초기 조건에의 민감성이라는 속성을 지니고 되풀이되는 수학적 과정과 관계가 있다. 즉, 수학적 카오스는 실세계의 나비 효과를 외삽한 것이다('외삽extrapolation'이란 주어진 데이터들의 범위를 벗어난 곳까지 예측하는 것. 주어진 데이터들의 중간 값을 찾아내는 것은 '내삽interpolation'이라고 한다: 옮긴이). 이것은 1번의 의미와 다

른데, 그 이유는 여기에 무작위성도 불확실성도 없기 때문이다. 카오스를 나타내는 수학적 과정은 전적으로 정확하고 결정적이다. 하지만 그 과정은 살짝 다른 초기 시작점들로부터 얻어진 여러 결과로부터 아주 빠르게 발산한다('발산divergence'은 '수렴convergence'의 반대로, 일상적 의미는 '한데 모이지 않고 퍼져서 흩어지는 것'을 뜻한다. 수학적 의미도 그와 비슷하다: 옮긴이).

우리가 이제부터 탐구하고자 하는 것이 바로 이 세 번째 의미의 카오스, 곧 수학적 차원의 카오스다.

갈피를 잡을 수 없는 제곱 값

단순한 절차를 되풀이하면 복잡성을 띠게 된다. 그것이 얼마나 놀라운지 예를 들어 보겠다. 그지없이 간단한 수학적 과정 하나를 되풀이 수행할 때 무슨 일이 벌어지는지 보자. 숫자 하나를 선택해서 같은 수를 곱한다(곧, 제곱한다). 그런 다음 2를 빼고, 다시 제곱해서 2 빼기를 계속 되풀이한다. 우리의 통찰력으로 이 과정을 예측해 볼 수 있도록, 가장 간단한 숫자로 먼저 시작해 보겠다.

0에서 시작해 보자. 0의 제곱은 0, 2를 빼면 −2. 이것을 다시 제곱하면 4. 2를 빼면 2. 이때부터 과정은 안정된다. 즉, 2를 제곱하면 4이고, 2를 빼면 2가 되는 동일한 과정이 되풀이된다. 이 과정을 아무리 여러 번 되풀이해도 항상 그 값은 2가 된다. 이제 1에서 시작해 보자. 1의 제곱은 1. 2를 빼면 —1이 된다. —1을 제곱하면 1, 여기서 2를 빼면 역시 —1이 되어, 과정이 안정된다. 즉, 계산 결과는 영원히 —1이다. 마지막으로 3에서 시작해 보자. 3의 제곱은 9, 2를 빼면 7이 된다. 7의 제곱은 49, 2를 빼면 47. 47을 제곱하면 2,209, 2를 빼면 2,207. 처음에 3으로 시작하면 되풀이 계산 값이 점점 커진다. 세 가지 예를 볼 때, 한 가지만큼은 분명하다. 제곱과 빼기를 누가 하든 상관없이, 곱셈과 뺄셈을 정확히 할 수 있는 사람이면 누구나 정확히 동일한 결과를 얻게 된다는 것. 여기엔 카오스랄 게 없다. 그러나 아직 포기하기엔 이르다.

0.5 같은 소수로 시작하면 어떻게 될까? 스프레드시트 프로그램(예를 들어 엑셀)을 이용하면, 되풀이되는 수학적 과정을 간단히 처리할 수 있고, 손쉽게 우리가 직접 실험해 볼 수도 있다. 그러니 엑셀을 이용해서, 임의의 소수—예를 들어 0.5—를 첫 번째 셀, 곧 A1 칸에 입력한다. 아래 셀, 곧 A2에는 다음 수식을 입력한다. "=A1^2—2." A2 셀부터 아래로 50번째쯤의 셀까지 드래그해서 범위를 설정한다. 이때 A1 셀은 포함시키면 안 된다. 편집 메뉴에서 '채우기/아래쪽(Ctrl+D)'을 클릭하면 반복 계산된 값이 뜬다. 맨 위 셀에 다른 값을 입력하면 아래쪽 셀 값이 자동으로 변경된다.

0.5에서 시작해서, 엑셀로 하여금 디지털 마법을 부리게 해 보자. 엑셀로 수천 번 반복 계산을 시킬 수 있지만, 쉰 번 남짓만 계산한 결과를 보면 다음 표2.1과 같다. 이 숫자의 바다에서 우리가 보는 것은 무엇일까?

A열	B열
0.5	0.50001
1.75	1.74999
1.0625	1.062465
−0.87109375	−0.871168124
−1.241195679	−1.241066099
−0.459433287	−0.459754937
−1.788921055	−1.788625398
1.20023854	1.199180813
−0.559427448	−0.561965379
−1.687040931	−1.684194913
0.846107103	0.836512505
−1.284102771	−1.300246828
−0.351080073	−0.309358186
−1.876742782	−1.904297513
1.52216347	1.626349018
0.316981629	0.645011127
−1.899522647	−1.583960646
1.608186286	0.508931328
0.58626313	−1.740988903
−1.656295543	1.031042361
0.743314925	−0.936951651
−1.447482922	−1.122121604
0.09520681	−0.740843105
−1.990935663	−1.451151493
1.963824815	0.105840656
1.856607905	−1.988797755
1.446992912	1.955316512
0.093788487	1.823262662
−1.99120372	1.324286736
1.964892253	−0.24626464
1.860801568	−1.939353727
1.462582474	1.761092878
0.139147493	1.101448125
−1.980637975	−0.786812028
1.922926789	−1.380926832
1.697647434	−0.093041085
0.882006811	−1.991343357
−1.222063986	1.965448364
−0.506559614	1.86298727
−1.743397358	1.470721568
1.039434347	0.16302193
−0.919576239	−1.97342385
−1.154379541	1.894401693
−0.667407875	1.588757773
−1.554566728	0.524151261
0.416677713	−1.725265455
−1.826379683	0.976540891

1.335662748	-1.046367888	
-0.216005025	-0.905114242	
-1.953341829	-1.180768208	
1.815544302	-0.605786439	
1.296201113	-1.633022791	표2.1

우리가 보는 것은 카오스다. 사실 이것은 보기보다 카오스 상태가 훨씬 더 심하다. 눈에 안 띄는 카오스를 드러내기 위해, 제곱해서 2 빼기 과정을 B열에서 똑같이 수행해 보자. 하지만 이번에는 0.5와 거의 같은 값, 예를 들어 0.50001로 시작한다. B열에 나타난 결과는 표2.1과 같다. 아래로 몇 줄만 내려가면 A열과 B열의 값이 극적으로 달라진다. 이렇게 초기 값의 거의 무의미한 차이가 순식간에 전적으로 다른 결과를 낳는다.

우리는 당연히 이렇게 믿는다. 계산기나 컴퓨터 같은 전자 장비가 셈을 잘못할 리가 없다고. 즉, 두 수를 더하면 언제나 둘 다 똑같이 올바른 답을 내놓을 거라고 믿는다. 계산기와 컴퓨터는 계산을 정확히 수행하기 위해 태어났고, 그렇게 길러졌다. 그 점을 염두에 두고, 다소 곤혹스러울지도 모를 사례를 살펴보자. 엑셀 스프레드시트로 돌아가서, 전처럼 A1 셀에 0.5 를 입력하고, A2 셀에는 수식 "=A1^2−2"를 입력하고, 아래로 드래그한 후 편집 메뉴에서 '채우기/아래쪽(Ctrl+D)'을 클릭해서 A열에 계산 결과를 띄운다(표2.2).

A열	B열
0.5	0.5
-1.75	-1.75
1.0625	1.0625
-0.87109375	-0.87109375
-1.241195679	-1.241195679
-0.459433287	-0.459433287
-1.788921055	-1.788921055

1.20023854	1.20023854
− 0.559427448	− 0.559427448
− 1.687040931	1.687040931
0.846107103	0.846107103
− 1.284102771	− 1.284102771
− 0.351080073	− 0.351080073
− 1.876742782	− 1.876742782
1.52216347	1.52216347
0.316981629	0.316981629
− 1.899522647	− 1.899522647
1.608186286	1.608186286
0.58626313	0.58626313
− 1.656295543	− 1.656295543
0.743314925	0.743314925
− 1.447482922	− 1.447482922
0.09520681	0.09520681
− 1.990935663	− 1.990935663
1.963824815	1.963824815
1.856607905	1.856607905
1.446992912	1.446992912
0.093788487	0.093788487
− 1.99120372	− 1.99120372
1.964892253	1.964892253
1.860801568	1.860801568
1.462582474	1.462582474
0.139147493	0.139147493
− 1.980637975	− 1.980637975
1.922926789	1.922926789
1.697647434	1.697647434
0.882006811	0.882006811
− 1.222063986	− 1.222063986
− 0.506559614	− 0.506559614
− 1.743397358	− 1.743397358
1.039434347	1.039434347
− 0.919576239	− 0.919576239
− 1.154379541	− 1.154379541
− 0.667407875	− 0.667407875
− 1.554566728	− 1.554566728
0.416677713	0.416677713
− 1.826379683	− 1.826379683
1.335662748	1.335662748
− 0.216005025	− 0.216005025
− 1.953341829	− 1.953341829
1.815544302	1.815544302
1.296201113	1.296201113

표2.2

이제 B열에서 정확히 똑같은 과정을 되풀이한다. 말 그대로 똑같이 0.5를 B1 셀에 입력하고, B2 셀에 수식 "=B1^2−2"를 입력하고 아래쪽 채우기를 한다. 놀랄 것 없이, A 셀의 수치와 B 셀의 수치는 일치한다.

양쪽의 수치가 일치한다는 것을 다시 확인해 보라. 둘 다 제곱하고 2를 빼는 똑같은 과정을 되풀이했다. 둘 다 초기 값 0.5로 시작했다. 이제 다소 색다른 일을 해 보겠다. 임의의 한 행, 예를 들어 열두 번째 행을 선택한다. 여느 행과 마찬가지로 A12의 수치가 B12의 수치와 일치한다는 것을 주목하라. 이제 B12의 수치를 다시 입력한다. 즉, A12의 수치와 정확히 동일한 B12의 소수 수치를 입력해서, B열을 다시 반복 계산하게 하는 것이다. 이런 행동은 전혀 의미가 없어 보인다. 똑같은 수를 입력했으니 아무것도 한 일이 없는 것처럼 보이기 때문이다. 그래도 해 보자.

모든 숫자를 똑같이 입력하면, 엑셀은 12번째 셀의 수치를 기초로 해서 그 아래의 B열을 자동으로 다시 계산해서 보여 준다. 전과 동일한 수치를 입력했으니 그 아래의 수치도 전과 동일할 거라고 우리는 예상한다.

'놀랍게도' 두 열의 수치가 처음에는 동일하지만, 곧 크게 달라진다(표 2.3).

A열	B열
0.5	0.5
−1.75	−1.75
1.0625	1.0625
−0.87109375	−0.87109375
−1.241195679	−1.241195679
−0.459433287	−0.459433287
−1.788921055	−1.788921055
1.20023854	1.20023854
−0.559427448	−0.559427448
−1.687040931	−1.687040931
0.846107103	0.846107103

-1.284102771	-1.284102771
-0.351080073	-0.351080074
-1.876742782	1.876742782
1.52216347	1.52216347
0.316981629	0.316981629
-1.899522647	-1.899522647
1.608186286	1.608186287
0.58626313	0.586263134
-1.656295543	-1.656295538
0.743314925	0.743314909
-1.447482922	-1.447482946
0.09520681	0.095206878
-1.990935663	-1.99093565
1.963824815	1.963824764
1.856607905	1.856607704
1.446992912	1.446992167
0.093788487	0.09378633
-1.99120372	-1.991204124
1.964892253	1.964893865
1.860801568	1.860807899
1.462582474	1.462606037
0.139147493	0.139216419
-1.980637975	-1.980618789
1.922926789	1.922850786
1.697647434	1.697355144
0.882006811	0.881014484
-1.222063986	-1.223813479
-0.506559614	-0.502280569
-1.743397358	-1.74771423
1.039434347	1.054505031
-0.919576239	-0.88801914
-1.154379541	-1.211422008
-0.667407875	-0.532456719
-1.554566728	-1.716489842
0.416677713	0.946337377
-.826379683	-1.104445568
1.335662748	-0.780199986
-0.216005025	-1.391287981
-1.953341829	-0.064317753
1.815544302	-1.995863227

표2.3

예를 들어, A열 마지막 셀과 B열 마지막 셀은 수치가 전혀 다르다. 여기서 몇십 행 더 되풀이 계산을 하면 A와 B열의 값이 전혀 딴판이 될 것이다.

독자께서도 이 실험을 직접 해 보길 바란다. 이 컴퓨터 카오스가 결코 거짓이 아니라는 것을 스스로 확신할 수 있도록 말이다.

무슨 일이 벌어진 걸까? 컴퓨터 테크놀로지에 대한 우리의 믿음이 잘못된 것일까? 우리가 컴퓨터 하드웨어의 버그를 발견한 것일까? 아니면 마이크로소프트사의 개발자들이 엑셀 소프트웨어로 우리를 우롱한 것일까? 답: 아니다(아니다. 아니다).

엑셀은 화면에 뜬 것보다 더 많은 자릿수까지 수치를 저장한다. 우리가 화면에 뜬 수치를 새로 입력했지만, 안 보이는 상태로 감춰진 숫자들이 있다. 그러니까 우리가 B12에 입력한 수치는 엑셀이 안 보이는 상태로 저장하고 있는 A12의 수치와 살짝 다르다. 물론 소수점 이하 열 번째 자리쯤 되어야 수치가 달라지는데, 사소한 그 차이로 인해 이 계산 과정은 카오스 상태를 보이게 된다. 그래서 제곱을 하고 2를 빼는 반복 과정을 진행하다 보면 전혀 엉뚱한 답이 나오게 된다. 이런 일이 벌어지게 된 것은, 엑셀이 구태여 보여 주지 않는 소수점 이하 먼 뒷자리의 수를 반올림했다는 사소한 이유 때문이다. 그런데 실은 이보다 더 나쁜 소식이 있다.

두 열의 수치가 모두 틀렸다!

이 카오스의 놀라운 사례를 살펴본 김에, 두 열의 수에 대해 반드시 짚고 넘어가야 할 아주 중요한 얘깃거리가 있다. 몇십 단계를 지난 후에는 두 열의 계산 결과가 모두 오답이다. 소수점 이하의 더 많은 숫자를 저장하는 첫 번째 열의 수치는 맞고, 다른 열은 틀린 게 아니다. 둘 다 정답과 전혀 다르다. 정답은 물론 있다. 여기에 무슨 수학의 미법이 존재하는 깃은 아니다. 0.5에서 시작해서, 그것을 제곱하고 2를 빼는 계산의 정답은 하나뿐이다. 그 정답을 제곱해서 2를 빼는 계산도 역시 정답은 딱 하나뿐이고, 그 뒤로도 영원히 마찬가지다. 그런데 정답은 소수점 이하의 자릿수가 수천, 수백만, 수억, 수조에 이른다.

그저 재미로 컴퓨터를 부려서, 제곱을 해서 2를 빼는 되풀이 과정에 대한 완전한 정답을 뽑아 보았다. 처음 여덟 번의 계산 결과만.

1회 결과 = −1.75

2회 결과 = 1.0625

3회 결과 = −0.87109375

4회 결과 = −1.2411956787109375

5회 결과 = −0.4594332871492952108383178710937

6회 결과 = −1.78892105465919325208009812988585
4518761334475129842758178710937

7회 결과 = 1.2002385398029602910361694214655
9328229943855845199577494456527
8467473769130575839679010707822
0874080958310514688491821289062

8회 결과 = −0.5594274475716577051787212058664
17477679874667597665473626110642884

334781346473847550332353419823470

732944529826457618958240397529981

910451892249605033786733263178549

848545133739055585881701697668205

774693770834739194736107137373437

581118196249008178710937.5

　여덟 번째 계산 결과가 소수점 이하 256자리라는 것을 주목하기 바란다. 수를 정확히 나타내기 위해서는 모든 자릿수를 다 계산해야 한다. 앞서 살펴본 것처럼, 소수점 이하 먼 뒷자리 수의 오류도 매우 중요하다. 그러나 엑셀은 뒷자리 어디에선가 반올림을 하지 않을 수 없다. 그처럼 불가피한 반올림 오류가 번식을 해서 정답과는 동떨어진 결과를 낳게 된다. 앞서 우리가 본 엑셀의 값 중 수십 개는 전혀 무의미한 수치다. 그 수치는 단 하나만 존재하는 정답과는 전혀 무관한데, 그것을 정확히 계산해 낼 방법이 없다. 정확한 답을 보여 주기 위해서는 '모든' 숫자가 필요하기 때문이다.

　우연찮게도, 엑셀을 다룰 줄 모르는 이들도 이런 카오스를 직접 경험해 볼 수 있는 방법이 있다. 이번 장 서두에서 언급한 각본대로 해 보면 된다. 즉, 소수(小數)를 반올림하는 자릿수가 다른, 그러니까 제작사가 다른, 계산기 두 대를 이용해서 제곱을 하고 2를 빼는 과정을 되풀이하면 카오스 상태를 목격할 수 있다. 스프레드시트 실험의 경우와 마찬가지로, 처음 몇십 번의 계산 이후 두 계산기가 내놓는 답은 정답과 전혀 무관하다.

　우리의 엑셀 실험은 수학적 카오스가 우연히 처음 발견되었을 때 현장에서 수행하고 있던 계산과 본질적으로 동일하다.

우연히 발견한 카오스

이 세상의 카오스 하면 우리는 나비 효과에서 비롯한 토네이도를 연상한다. 수학적 카오스는 마치 운명처럼 기상학자에게 우연히 발견되었다. 1960년대에 MIT의 기상학자 에드워드 N. 로렌츠는 당시의 원시적인 컴퓨터를 이용해서 기상 예측용의 수학 모델을 만들고 있었다. 그는 먼저 수치 데이터 목록을 조합함으로써 날씨를 묘사했다. 그의 모델은 그런 데이터를 이용해서, 다음의 날씨 예측을 위한 새로운 목록을 만들었다. 그 후 그 수치 데이터를 그의 수식에 대입해서 다음번 예측을 위한 유사 수치를 만들어 냈다.

어느 운수 좋은 날, 로렌츠는 시스템을 돌려서 기상 예측을 하다가 중간에 작업을 중단하게 되었다. 다시 작업을 계속하기 위해 그는 이전의 수치 몇 가지를 입력하고, 이미 완료된 여러 차례의 반복 계산을 다시 해야 했다. 그는 수고를 덜기 위해 모든 자릿수의 수치를 입력하지 않고 반올림을 했다. 소수점 이하 예닐곱 번째 자리 이후 수치는 무시해도 별 차이가 없을 거라고 생각한 것이다. 그러나 작업을 마친 후 그는 반올림으로 인한 사소한 차이 때문에 기상 예측이 전혀 달라졌다는 사실을 발견하게 되었다.

자신의 날씨 모델에서 로렌츠는 브라질의 나비 구실을 한 셈이다. 다시 말하면, 소수점 이하 예닐곱 번째 자리에서 나비의 날갯짓과 같은 작은 변화를 주었는데, 그의 수학 모델은 몇 차례 반복 계산 후 극적으로 다른 결과를 내놓은 것이다. 그리하여 그는 반복 계산을 수행할 때, 소수점 이하 일정 자릿수의 수치를 반올림하는 관행이 전혀 엉뚱한 결과를 초래한다는 사실을 발견하게 되었다. 로렌츠는 계산을 반복하며 날씨를 묘사하는 그의 체계 덕분에 사실상 새로운 수학을 발견했다는 것을 깨달았다. 결국 뜻하지 않게 그는 카오스의 아버지가 된 것이다.

미래 예측

우리는 이제까지 '반복 체계'에 대해 탐구해 보았다. 여기서 반복 체계란 하나의 값을 취한 후, 몇 가지 계산을 해서 답을 구한 다음, 그 답을 다시 출발점으로 삼아 앞서의 계산 과정을 똑같이 계속 되풀이함으로써 일련의 수치를 만들어 내는 것을 일컫는 말이다. 우리가 처음 선보인 반복 체계는 제곱하기와 2 빼기를 되풀이하는 것으로, 일견 아무짝에도 쓸모가 없어 보이는 작업이었다.

그런데 실은 그와 비슷한 과정을 거쳐 세계 인구의 변화는 물론 행성 위치 변화에 대한 모델까지 만든다. 그러한 모델의 경우, 현재 인구나 현재의 행성 위치를 알 경우, 반복 체계를 적용해서 다음 단계의 인구나 행성 위치를 예측할 수 있다. 우리는 그런 과정을 몇 번이고 되풀이할 수 있다. 그러나 이제 우리는 알고 있다. 몇 번만 반복 계산을 하면 그 결과가 사실상 무의미할 수도 있다는 것을. 따라서 우리의 실세계에서, 날씨나 인구, 심지어 행성 움직임의 경우와 같은 반복 체계 모델은 혼돈스러운 무의미한 결과만 내놓기 쉽고, 믿을 만한 장기 예측은 내놓지 못한다. 결론을 말하자면, 아홉 시 뉴스에 나오는 기상 통보관의 한 달 날씨 예보는 들으나마나라는 것이다.

우리 주위 사물의 카오스

고전 역학은 움직이는 물체의 운동을 설명한다. 오락가락하는 진자나 통통 튀어 오르는 공, 자기장, 유체의 흐름에 이르기까지, 고전 물리학은 그것들이 어떤 움직임을 보일 것인지 정확하게 묘사한다. 그런 물리 체계를 모형화한 대수 수식은 정확함의 화신이다. 그러나 그처럼 대수로 표현된 것들은 우리의 엑셀 실험에서 살펴본 것과 비슷하다. 물리 체계는 움직임을 믿음직한 수식들로 묘사하는데, 실제로는 그 움직임이 카오스 상태를 보일 수도 있지 않을까? 즉, 우리가 물리적 카오스를 발견할 수 있지 않을까? 아니면 카오스는 추상적인 수학 재즈에서나 가능한 것일까? 실험해 보자.

〈진자〉 왕복하는 진자의 경로는 우리가 아는 그 무엇보다 더 규칙적인 패턴을 보인다. 사실 진자는 수 세기 동안 시계의 기초를 이루는 것이었다. 움직이는 진자 끝의 궤도를 추적해 보면, 오락가락하는 궤도가 예측 가능해 보인다(그림2.4). 이제 거기서 살짝 개량된 물건, 곧 이중 진자라는 것을 생각해 보자.

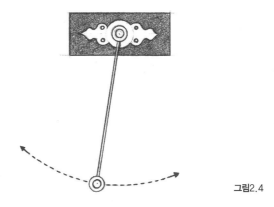

그림2.4

이중 진자는 진자의 한쪽 끝에서 또 다른 진자가 흔들리게 한 것이다(그림 2.5). 일견 그것도 규칙적인 패턴으로 움직일 것 같다.

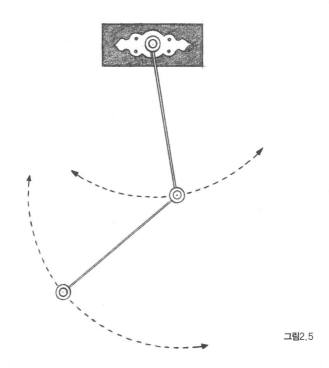

그림2.5

'놀랍게도' 카오스가 지배한다. 이중 진자 끝을 들었다 놓으면, 그 끄트머리가 움직인 길은 대단히 불규칙하다(그림2.6). 예측 가능한 단순 패턴은 존재하지 않는다. 살짝 다른 위치에서 놓기만 해도 카오스 상태의 움직임은 전혀 다른 양상을 띠게 된다(그림2.7). 그 움직임을 동영상으로 보고 싶다면 인터넷에서 "이중 진자double pendulum"를 검색해 보라.

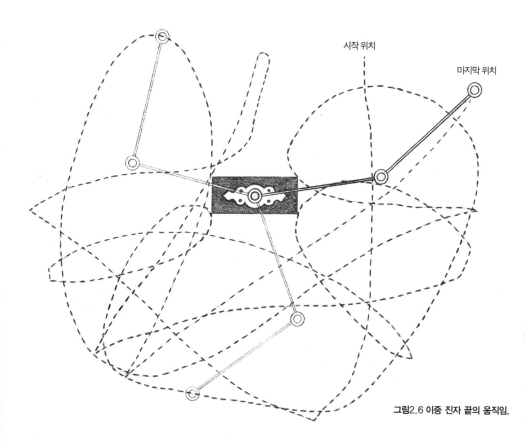

시작 위치

마지막 위치

그림2.6 이중 진자 끝의 움직임.

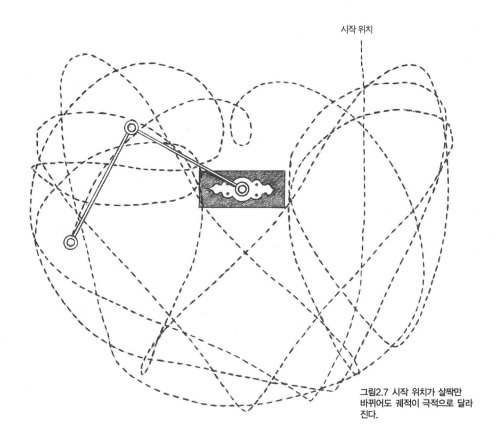

시작 위치

그림2.7 시작 위치가 살짝만 바뀌어도 궤적이 극적으로 달라진다.

〈물방울이 떨어지는 수도꼭지〉 싱크대 수도꼭지에서 물이 조금씩 흐르게 하면, 규칙적인 물소리를 듣게 될 것이다.

'놀랍게도……' 수도꼭지를 조금씩 조여 가면 어느 순간까지는 규칙적으로 물이 흐르지만, 거기서 더욱 조이면 물이 떨어지는 패턴을 예측할 수 없게 된다. 물방울이 떨어지는 간격이 불규칙한 카오스 상태에 이르게 되는 것이다.

〈자석〉 대롱대롱 매달려서 어느 방향으로든 자유롭게 흔들릴 수 있는 진사 끝에 사석이 달려 있는데, 밑바닥에도 진자를 끌어당기는 자석이 세 군데 장치되어 있다(그림2.8). 물론 진자가 어느 한 자석에 가까워지면, 그 자석이 당기는 힘은 더욱 강해진다. 이 진자만큼은 예측 가능한 규칙적인 패턴으로 움직일 것 같다.

그림2.8

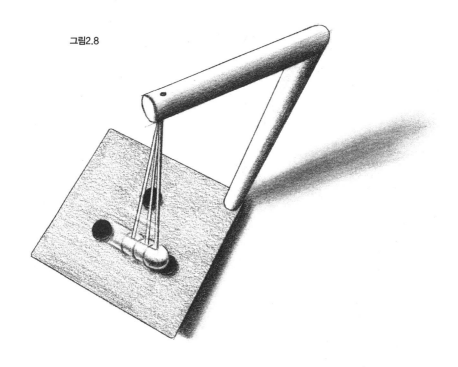

'놀랍게도' 우리는 다시 카오스와 맞닥뜨린다. 궤적 패턴은 불규칙하고 제멋대로여서 예측이 불가능하다. 시작 위치를 살짝만 바꾸어 세 차례 실험을 해 보면, 진자는 매번 다른 자석에 끌려서 그 궤적의 패턴이 전혀 달라진다(그림2.9).

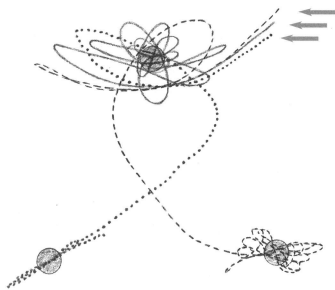

그림2.9 세 번의 비슷한 시작 위치. 이 세 차례의 모의실험은 시작 위치를 살짝만 바꾸었을 경우의 자석 진자가 보여 준 궤적을 나타낸 것이다. 진자는 매번 다른 자석에 끌려가 멈추었다.

〈튀어 오르는 공〉 공을 바닥에 떨어뜨려 튀어 오르게 하면, 튀어 오르는 높이가 점점 낮아지면서 규칙적인 패턴을 보일 것이다(그래프2.10). 그러나 규칙적으로 상하 운동을 하는 피스톤 튜브 안에 공을 떨어뜨려서, 그 위에서 공이 위아래로 튀어 오르게 해 보자(그림2.11). 이 공이 튀어 올라서 도달하는 높이 패턴은 규칙적일까?

'놀랍게도' 다시 카오스가 지배한다. 공이 튀어 오르는 높이 패턴은 카오스 상태를 이룬다(그림2.12). 물론 이쯤에서는 어떤 독자라도 더 이상 카오스를 보고 놀라지는 않을 것이다. 바로 그것이 중요하다.

정말이지 수학적 카오스는 실생활에 그대로 반영되어 있다. 진자, 수도

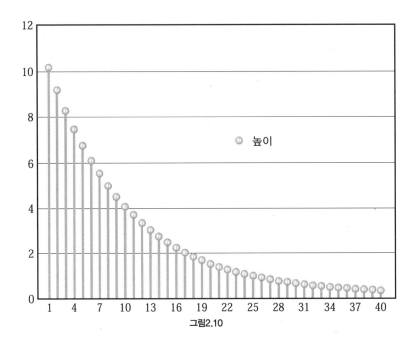

그림2.10

꼭지, 튀어 오르는 공 등의 카오스는 앞서 살펴본 수의 카오스가 물리적으로 표현된 것이다. 그런 사례는 무수한 카오스 현상의 극히 일부일 뿐이다. 로렌츠의 발견이 알려지기 전에 물리학자들이 다들 믿은 것은, 고전 역학으로 설명된 우리 세계가 꽤나 결정론적이라는 것이었다. 그러나 1970년대와 1980년대에 수학자와 물리학자 들은 카오스 개념이 지닌 의미를 탐구하기 시작했다. 카오스, 곧 초기 조건에 대한 민감성은 수학적으로 묘사한 세계에서든 세계 자체에서든 두루 공통된 현상이라는 사실이 이내 분명해졌다. 단순한 수학 체계조차도 카오스를 나타내며 예측 불가능한 모습을 보이기 때문에, 물리학자들은 카오스가 자연계의 기본 특성일 거라는 관점을 받아들이지 않을 수 없었다.

그림2.11

공이 튀어 오르는 높이

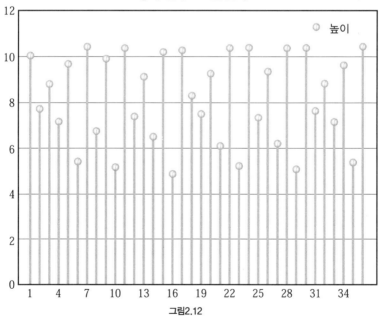

그림2.12

그러한 통찰은 크나큰 의미를 지니고 있다. 이 통찰은 우리의 과학 지식이 지닌 기본 한계에 대한 개념, 곧 과학적 인식론에도 큰 변화를 일으켰다. 지난날에는 양자물리학이 과학적 진실의 불확실성을 가장 심오하게 그려 보인다고 생각하는 물리학자들이 많았다. 기본적으로는 그런 생각이 얼마간 옳을 수도 있다. 그러나 카오스는 우리가 물질계의 미래를 예측할 수 있는 능력을 제한한다. 양자역학보다 훨씬 더 말이다. 우리는 세계의 물리적 측면을 측정할 때 언제나 부정확할 수밖에 없다. 그리고 그런 부정확성은 불가피하게 확대되어, 그리 멀지 않은 미래 예측에도 큰 차이를 드러낼 것이다. 단순한 물리 현상의 미래를 예측하는 우리의 능력에도 심각한 한계가 있다는 것을 카오스는 시사한다.

카오스에 대한 결론

세계를 이해하고자 할 때, 때로 우리는 미래를 엿볼 수 있는 합리적인 수학 모델을 발전시키고자 한다. 우리는 주변 조건과 영향력을 살펴봄으로써 세계의 흐름을 읽을 수 있기를 바란다. 현재 상황에 의해 결정된 미래가 출현하기를 바라는 것이다. 그러나 추상적인 순수 수학 논리의 세계, 곧 진리에서 결코 일탈하지 않고, 어떤 계산도 잘못이 없고 정확한 세계에서 그런 합리적인 수학 모델을 바라볼 때에도 그 미래는 짙은 안개 속이다. 반복되는 수학 과정에서 초기 조건에 대한 민감성은 카오스로 이어진다. 반복 체계는 많은 다른 분야에서 행동을 묘사하는 데 두루 쓰이고 있기 때문에, 카오스에 대한 이런 연구는 폭넓은 의미를 지니고 있다. 날씨, 인구, 유체 역학, 경제학, 증권시장, 변화무쌍한 화학 반응, 전기 회로, 심지어 심장 박동과 뇌파 등에 대한 우리의 이해에도 카오스는 큰 영향을 미친다.

우리가 먼 미래의 가물거리는 불빛조차 볼 수 없는 이유는, 사소한 변수가 축적됨으로써 자욱한 안개 속에서 최종 목적지를 잃어버리기 때문이다. 완벽하고 정확한 수학조차도 초기 조건의 사소한 변화에는 속수무책이다. 사소한 변화가 반복 적용됨으로써 증식하고 확대되어 결국 우리를 엉뚱한 곳으로 일탈케 한다. 거기서 우리는 무슨 위안을 얻을 수 있을까? 우리는 다만 예측 모델이 조금만 더 완벽해지기를 바랄 뿐이다. 불가피한 일탈은 다음 세대의 품에 떠넘긴 채 말이다. 카오스는 후예들의 손에 맡기자!

Chapter

03 일상 데이터의 요지경

통계의 놀라움

거짓말에는 세 종류가 있다. 거짓말, 고약한 거짓말,
그리고 통계.

—벤저민 디즈레일리

'보나마나……' 고환 혹은 난소가 하나인 미국인은 그리 많지 않다.

'놀랍게도……' 실은 '평균적인' 미국인은 고환 혹은 난소가 하나다. 통계학은 추세와 패턴에 대한 통찰을 안겨 줄 수 있는, 매우 쓸모가 많은 분야다. 그러나 통계 수식을 무차별 적용해서는 우리의 세계를 잘못 이해하게 되고, 통계상으로 무책임한 짓을 하게 된다.

데이터의 즐거움

섹스와 마약, 죽음에 대해 시시덕거리며 공개적으로 논의할 수 있는 자리는 어디일까? 통계의 세계에 오신 것을 환영한다. 우리가 세계를 이해하는 것은 대부분 통계상의 증거나 인상을 토대로 한 것이다. 우리는 경험을 토대로 해서 앞일을 예상한다. 때로 우리의 직관은 정확히 현실을 반영하고, 안타깝게도 때로는 전혀 반영하지 못한다.

타당한 통계를 통한 추론은 개인적으로나 사회적으로 무슨 결단을 내리는 데 자못 중요하다. 그러나 통계는 잘못 해석되기 쉽다. 데이터를 토대로 한 주장은 타당한 소리로 들리지만, 데이터가 실수로 만들어진 것일 수도 있고, 고의의 거짓일 수도 있다. 물론 우리 자신이 피해를 보지만 않는다면야 통계의 덫에 걸려도 웃어넘길 수 있을 것이다.

이번 장에서 우리는 미디어와 학교, 친구, 항공기 사고, 의료 검사, 심지어 동전 던지기에 이르기까지 갖가지 분야에서 숫자 속임수에 넘어가는 사례들을 탐구하게 될 것이다. 통계의 어리석음을 탐구하는 데에는 뜻밖의 실수와 고의의 거짓 둘 다로 유명한 미국 대통령 선거 통계보다 더 나은 것은 없을 것이다.

대선 여론 조사

잘 요약해 놓은 20세기 초 문헌을 원한다면 〈리터러리 다이제스트〉가 제격이다. 그런데 이 잡지는 1936년에 뜻하지 않게 크나큰 통계 실수를 저지른 것 때문에 지금도 유명세를 타고 있다. 수 세대에 걸쳐 통계학 교재에 실림으로써 지금도 쟁쟁히 살아 있는 것이다(이 잡지는 실수를 한 후 얼마 되지 않아 폐간되었다: 옮긴이). 때는 1936년 미국 대통령 선거 직전이었다. 〈리터러리 다이제스트〉의 임무는 결과를 예견하는 것이었다. 이 대선에서는 당시 대통령이었던 프랭클린 D. 루스벨트와 공화당 후보 앨프레드 랜든이 격돌했다.

〈리터러리 다이제스트〉는 지난 다섯 차례의 대선을 정확히 예측했고, 2~3퍼센트 포인트 오차 범위 내에서 득표차를 맞혔다. 1936년 대선 때 이 잡지가 미국 전역의 유권자에게 우편으로 보낸 설문지는 천만 통에 이르렀다. 증거가 명백하니, 자신만만하게 예측을 내놓았다. 랜든이 압승을 할 거라는 예측이었다. 이 잡지는 랜든이 선거인단을 뽑는 국민투표에서는 57퍼센트를 득표하고, 선거인단 투표에서는 370대 161로 압승을 거둘 거라고 예측했다.

미국 역사상 앨프레드 랜든이라는 대통령은 없다. 그거야 물론 랜든이 대선에서 승리하지 못했기 때문이다. 〈리터러리 다이제스트〉의 예측이 어느 면에서는 옳았다. 압도적인 차이가 날 거라는 것 말이다. 다만 승자와 패자가 바뀌었다. 루스벨트가 국민투표에서 압도적으로 62퍼센트를 득표하고, 선거인단 투표에서는 놀랍게도 523대 8로 압승을 거두었다. 잡지사 통계 관계자들은 곧 전 통계학자가 되고 말았을 텐데, 그들은 대체 어쩌다 그토록 지독한 실수를 저지르게 된 것일까? 간단하다. 그들은 설문지를 잘못 보냈다.

〈리터러리 다이제스트〉는 정기 구독자를 비롯해서, 자동차 등록부와 전화번호부에서 설문 대상자를 뽑았는데, 설문지 천만 통 가운데 돌아온 것은 2백만 통이었다. 그런데 1936년은 경제 대공황이 한창일 때였다. 각 가정에서는 불필요한 지출을 줄였고, 슬프게도 예산 삭감의 첫 피해자가 바로 자랑스러운 이 잡지였다. 정기 구독을 중단한 것이다. 더욱 허리띠를 조인 많은 가정에서는 자동차와 전화도 없이 살았다. 그러니 설문지를 받은 사람들은 전체 유권자를 대표할 수가 없었다. 더 나아가서 자발적으로 답해서 돌려보낸 설문지만 통계에 포함되었다. 설문지에 답한 사람들이 대표성을 지니고 있는지 누가 알겠는가? 어쨌든 설문은 심하게 왜곡되었고, 추론은 크게 빗나갔다.

〈조지 갤럽〉 〈리터러리 다이제스트〉의 대실수는 또 다른 흥미로운 결과를 낳았다. 젊은 통계학자에게 지속적인 명성을 안겨 준 것이다. 조지 갤럽은 〈리터러리 다이제스트〉에서 대선 여론 조사를 거창하게 하고 있다는 이야기를 들었다. 그런 조사 결과는 빗나갈 거라고 생각한 갤럽은 직접 5만 명에게 설문지를 보냈다. 그는 이후 좋은 여론조사의 기준이 된 방법, 곧 순수 무작위 추출 방법을 사용했다.

유권자 등록부에서 설문 대상자를 무작위로 추출한 그는 자신의 조사 결과가 〈리터러리 다이제스트〉와 전혀 다르다는 것을 알게 되었다. 그는 루스벨트의 압승을 예측했을 뿐만 아니라, 〈리터러리 다이제스트〉의 예측이 어떻게 될 것인가를 예측했다. 그래서 그는 그 잡지의 예측이 크게 빗나갈 거라고 미리 발표했다. 그의 발표는 옳았다. 조지 갤럽은 부유한 사람들에게 자료를 수집한 것이 잘못이라는 것을 알았다(그래서 덕분에 그는 큰 부자가 되었다). 그렇지만 "갤럽 여론조사"라는 말이 장차 상투적으로 쓰이는 말이 될 줄은 갤럽도 몰랐을 것이다.

〈리터러리 다이제스트〉는 편향된 정보 출처로부터 정보를 수집하는 잘못을 범했다. 오늘날 통계 전문가치고 그런 실수를 할 사람은 없다. 고의적인 실수라면 다르지만 말이다. 예를 들어 거의 모든 미국인이 위험하게 운전을 한다는 견해를 뒷받침하는 보고서를 작성하고자 한다고 치자. 그렇다면 그런 입장을 뒷받침하는 데이터를 수집하는 한 가지 방법은, 정지신호 위반 따위로 딱지를 뗀 사람들이 모이는 방어운전 학원의 주차장에서 관찰을 하며 자료를 수집하는 것이다. 물론 몸조심을 해야 할 것이다.

개인적인 편향

정치 각축장의 편향된 조사는 우스꽝스러울 수도, 심각할 수도 있다. 그런데 우리의 개인적인 인상은 지나치게 편향된 정보 출처에서 비롯한다는 것을 잠깐 생각해 볼 가치가 있다. 곧 친구와 이웃, 뉴스 따위로부터 주로 정보를 수집하는 것이다.

친구들이 참 놀라운 사람이라고 해도 그들이 인류의 단면을 보여 주는 것은 아니다. 친구들의 놀라운 점 한 가지는 그들이 우리와 의견을 같이하는 경향이 있다는 것이다. 물론 개인차가 있고 예외도 있다. 그러나 무엇보다도 우리의 마음을 끄는 사람들은 많은 점에서 우리의 공감을 자아내는 통찰력과 지혜를 지닌 사람들이다. 우리가 친구나 이웃들에게 의견을 물어보고, 신문에 보도된 견해와 그들의 견해를 비교해 보면, 우리는 종종 놀라게 된다. "나는 저렇게 어리석은 견해를 지닌 사람은 만난 적이 없어," 하는 생각이 드는 뉴스 인터뷰를 들었는데, 나중에 알고 보니 많은 사람이 그런 견해를 지녔더라는 경험을 해 본 적 있을 것이다.

신문과 텔레비전, 라디오, 기타 뉴스 보도 매체들은 죄다 극적으로 편향되어 있다. 그런 편향됨은 우리가 언뜻 생각하는 것과는 다르다. 물론 정치와 종교, 또는 문화적으로도 편향된 모습을 보이지만, 모든 매체가 공통으로 가장 얼토당토않게 편향된 점이 한 가지 있다. '색다른 것'을 지나치게 추구한다는 점이 그것이다. 우리가 뉴스를 볼 때, 실제로 보게 되는 것은 그날 일어난 사건들 가운데 가장 낯설고 가장 희귀한 사건에 대한 보도다. 신문을 통해서 우리는 "점쟁이가 낙첨될 복권번호를 예측했다."는 보도는 결코 보지 못한다.

뉴스가 또 명백히 편향된 점은 나쁜 소식을 지독하게 좋아한다는 것이다. 대중은 그런 소식에 더 귀가 솔깃해진다. 좋은 소식과 나쁜 소식을 의식하며 신문 1면을 보거나 텔레비전 저녁 뉴스를 시청해 보라. 뉴스만으로 이 세상을 파악한다면, 우리 주변에서 일어나는 거의 모든 일이 나쁜 일뿐이라고 생각하게 될 것이다. 어제 누군가 살인이나 강간을 저지르지 않았고, 자녀를 학대하지 않았고, 투자자를 속이지 않았다는 소식을 보도했다가는 신문 판매량이 뚝 떨어질 것이다. 요는 우리가 좋은 뉴스보다 나쁜 뉴스를 더 기대한다는 것이다. 즉, 나쁜 뉴스가 팔린다. 나쁜 뉴스 신드롬 탓에 흔히 우리는 세상에 대해 매우 부정확한 견해를 갖게 된다.

우리는 특히 "이색적인", 곧 우리의 일상 경험과는 동떨어진 뉴스를 듣고 싶어 한다. 그 실례로 우리는 여전히 불운한 상황에 놓여 있는 이스라엘에서 자행되는 테러 행위에 대해 수십 년 동안 들어 왔다. 예컨대 2002년에 테러리스트의 공격으로 이스라엘에서 238명이 사망했다. 그러나 그 숫자를 공정하게 바라보기 위해서는, 2002년 미국에서 자동차 사고로 사망할 위험이 2002년 이스라엘에서 테러로 사망할 위험보다 세 배는 더 높다는 것을 짚어 볼 필요가 있다. 즉, 백만 명당 사망자 수를 따져 보면, 이스라엘에서 테러로 사망한 것보다 미국에서 자동차 사고로 사망한 사람이 세 배는 더 많았다. 그런데 미국에서 자동차 사고 사망에 대한 뉴스는 별로 들을 수가 없다. 무엇보다 먼저 흥미롭고 이색적이고 나쁜 뉴스만 접하게 될 때, 우리는 현실에 대해 너무나 부정확한 견해를 지니게 된다.

통계로 나타난 현실에 대한 정확한 견해를 갖게 되면 살아가면서 우리가 처하게 될 위험을 간파하는 데 도움이 된다. 우리는 날마다 위험에 처한다. 그것은 불가피한 일이다. 즉, 우리는 위험에 처하지 않기를 선택할 수 없다. 왜? 왜냐하면 우리는 아무것도 하지 않기로 결정할 때조차 위험에 처하기 때문이다. 누구나 잘 알고 있듯이, 위험을 피해 그냥 방구석에 처박혀 있게 되면 심장에 좋지 않고 정신 건강에도 좋지 않다. 방구석에서 벗어나면 다른 위험이 달려든다.

예를 들어, 우리가 운전 솜씨는 뛰어난데 성가신 교통 법규를 지키는 중요성을 가볍게 여긴다고 치자. 노란 신호등과 우리의 관계는 빨간 망토와 투우의 관계와 같다. 우리는 노란색만 보면 냅다 달린다. 이런 소 같은 짓은 그래도 위험이 온건한 편에 속한다. 그러다가 사고가 날 확률은 천 번에 한 번 정도라고 치자. 하지만 날마다 한 번씩 그런 행동을 한다면, 천 번에 한 번의 확률이란 통계상으로 줄잡아 3년에 한 번은 사고를 낸다는 뜻이다. 그러니 겉보기에 대수롭지 않은 위험을 밥 먹듯 감수하는 운전자, 곧 천 번에 한 번이나 사고를 낼 사람이라도 실은 망나니나 다름없다는 얘기가 된다.

꿈의 학교

교육보다 더 중요한 것은 없다. 게으르게 게임에 빠져 살고 늘 돈을 밝히는 십대들을, 부모라면 누구나 바라 마지않는 세련되고 성공적이고 사회적으로 책임감 있는 사람으로 바꿔놓을 수 있는 것이 바로 좋은 교육이다. 어떤 학교가 말랑말랑한 찰흙을 세련된 황금 조각상으로 빚어낼 수 있을까?

현실에 민감하고 자녀를 사랑하는 부모라면 좋은 교육을 하는 학교를 찾게 된다. 교양 있고 세련되고 사랑을 할 줄 아는 인성을 기르는 것도 중요하지만, 좋은 교육의 가장 쉬운 척도는 소득 수준이다. 괜히 내숭 떨 것 없다. 학교에 다니는 것은 냉혹하고 빳빳한 현찰을 많이 챙기기 위해서다. 덤으로 교양 부스러기도 건지고 말이다.

미국인은 각 학교 졸업생의 평균 소득에 관심이 많다. 일반적으로 "더 좋은" 학교, 곧 명문이라고 소문이 난 학교는 졸업생의 연봉이 다른 학교보다 더 높은 것으로 나온다. 그런데 레이크사이드 스쿨(유치원부터 고등학교까지 있다: 옮긴이)의 통계를 본 부모라면, 바로 검색을 그만두고 그곳으로 자녀의 입학 지원서를 보낼 것이다. 레이크사이드 스쿨 졸업생의 최근 평균 연봉은 무려 2백만 달러에 이른다! 훗날 사랑하는 부모를 봉양하고 싶은 아이들이라면 마땅히 지원할 만한 학교다.

그러나 수많은 졸업생들을 실제로 만나 얘기를 들어보면 가슴이 철렁할 것이다. 그들 가운데 연봉이 2백만 달러에 근접하는 사람은 한 명도 없을 테니까 말이다. 미래의 경제적 축복을 바란 학부모는 소망이 물거품이 되고 만 뒤에야 비로소 잘못을 깨닫게 된다. 졸업생의 '평균' 소득을 살펴본 것이 잘못이다. 빌 게이츠와 폴 앨런이 레이크사이드 스쿨 출신이라는 것을 왜 몰랐던 말인가? 그들의 한 해 소득이 워낙 많아서, 다른 모든 졸업생이 땡전 한 푼 벌지 않아도 모든 졸업생의 평균 연봉은 여전히 2백만 달러가 넘을 것이다. 한 해에 수십 억 달러를 벌어들이는 두 사람을 평균 속에 집어넣으면 평균 소득은 아무런 의미가 없게 된다. 물론 레이크사이드 스쿨이 좋은 학교인 것은 사실이고, 졸업생들이 평균보다 더 성공적인 것도 사실이다. 그러나 평균 연봉이 2백만 달러라는 것은 순전히 허튼소리다.

SAT 점수 그래프의 고저 재현

미국 고등학교 2학년과 3학년생 수백만 명이 SAT라고 알려진 대학 수학 능력 시험을 보려고 해마다 여러 차례 벌 떼처럼 몰려든다. SAT는 인생의 첫 17년간의 성과를 400점에서 1600점 사이의 숫자로 요약한다. 토요일 오전, 대학을 지망하는 고등학생들은 생각을 집중하고 머리를 굴리고 답을 골라잡으며 필사적으로 연필을 놀린다. 부모의 피땀 어린 돈 수십 달러를 바쳐 SAT 어휘력 학원을 다닌 학생들 일부는 작문 점수가 박하게 나오면, "어떻게 뻥을 쳐야 될지 모르겠더라고요."라고 말하는 대신, "완곡하게 평하면 그때 내 명민함이 소산했지 뭐예요."라고 외칠지도 모른다.

아무튼 시험을 볼 때는 실력이 달리는 학생이라도 운이 따라 주기를 기대한다. 심령술의 점술판과 점막대기가 정말 신통방통하다면, 멍청한 연필이라도 까맣게 칠할 답란을 척척 찾아갈 수 있을 것이다. 마그마가 분출하는 구멍aperture과 항문과의사가 진찰하는 구멍orifice을 분간하지 못하는 학생이라도 마음이 텅 빈 상태에서 운명이 연필 끝을 이끌어 줄지 모른다는 실낱같은 희망을 품어 볼 수 있다. 그래서 모든 학생이 무작위로 답을 찍을 경우 평균 몇 점이나 나올까?

모든 문제가 오지선다형이라고 치자. 기존 통계로 미루어 보면, 무작위로 답을 고를 경우 정답을 고를 확률은 20퍼센트다. 물론 SAT 관계자들도 그걸 염두에 두고 있다. 오답에 대해 감점을 하는 것도 그래서다. 하지만 문제를 단순화시켜서, 순수한 추리 테스트를 한다 치고 답을 맞힐 확률이 몇 퍼센트나 될지 생각해 보자.

무작위 추측을 할 경우 적중률은 평균 20퍼센트일 것이다. 다섯 개 중의 하나를 선택하는 문제이기 때문이다. 하지만 눈먼 행운 덕에 적중률이 20퍼센트를 웃도는 사람도 있고, 밑도는 사람도 있을 것이다. SAT에 응시한 무식한 수험생 수천 명이 무작위로 답을 찍을 경우, 정답률 막대그래프를 그리면 20퍼센트를 정점으로 하는 종 모양의 곡선을 이룰 듯하다. 23퍼센트를 맞히는 학생도 있고, 18퍼센트를 맞히는 학생도 있을 것이다. 순전히 운만으로 70퍼센트를 맞힐 가능성도 없지는 않다. 사실 모든 문제에 대한 답을 정확히 찍을 가능성도 극히 조금은 있다. 그렇게나 운이 좋은 학생에게는 다음에 어떤 번호의 복권을 살지 물어보고 싶다.

수많은 학생이 선다형의 시험에서 무작위로 답을 선택한 결과는 '정규 분포normal distribution'와 비슷하다(정규 분포란 분포 곡선이 평균값을 중심으로 좌우 대칭의 종 모양을 이루는 분포를 뜻한다. 정상 분포, 가우스 분포라고도 한다: 옮긴이). 수많은 사소한 무작위 요인들이 전체 결과에 영향을 미치면, 데이

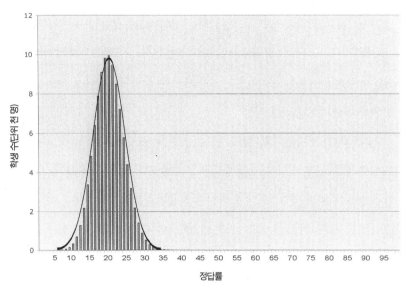

터가 하나의 값 둘레에 집중되고, 양쪽 옆으로 갈수록 데이터가 줄어든다.

오점형quincunx이라고 알려진 기구로 그런 현상을 직접 목격해 볼 수 있다. SAT 어휘 문제로 써먹을 만한 오점형은 주사위의 5눈처럼 생긴 것을 가리키는 말인데, 오점형 기구는 나무못이 위에서 볼 때 5눈 모양으로, 곧 격자꼴로 판때기에 꽂혀 있다(그림3.2). 정중앙 위쪽에서 공을 떨어뜨리면 무작위로 튀면서 사이사이에 공이 들어가 쌓인다. 공과 나무못이 부딪칠 때마다 공이 일정한 방향으로 튀기 때문에, 떨어뜨린 공은 평균적으로 처음 떨어진 곳 아래에 쌓인다. 그러나 일부는 우연히 좀 더 오른쪽으로 튀어서 오른쪽에 쌓인다. 마찬가지로 일부는 좀 더 왼쪽으로 튀어서 왼쪽에 쌓인다.

공이 떨어지면서 여러 차례 튀기 때문에, 좌우 선택이 무작위로 이루어진다. 오점형 기구 아래로 아주 많은 공을 떨어뜨리면, 사이에 들어가 쌓인

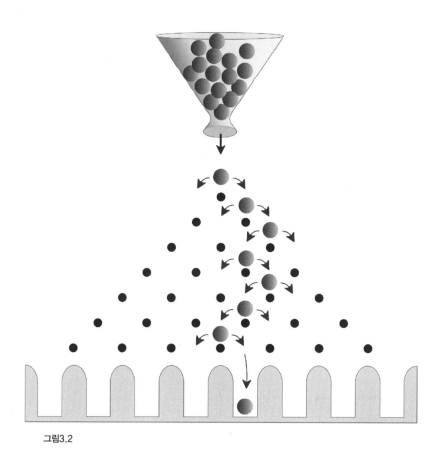

그림3.2

모습은 우리가 상황 논리에 따라 기대한 대로 종모양의 곡선을 이룬다(그림 3.3).

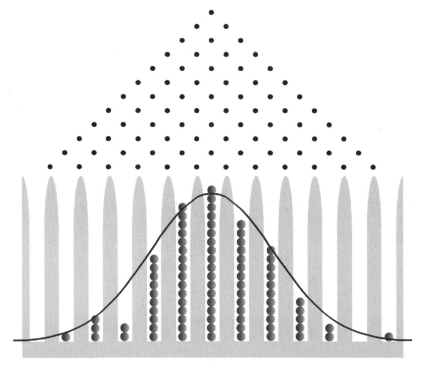

그림3.3

어림 반 푼어치도 없는 통계적 사고

SAT 시나리오를 통해 보았듯이, 무작위로 답을 고르거나 오점형 기구에 수천 개의 공을 떨어뜨릴 경우, 우리의 육감대로 분포 결과는 정확히 종 모양의 정상 곡선을 이룬다. 그러나 어떤 경우에는 그 데이터가 우리의 직관과 엇갈린다. 그런 뜻밖의 발산을 동전으로 예증해 보겠다. 동전으로 살 수 있는 것은 별로 없지만, 결단을 내리는 데는 동전도 제법 도움이 된다. 어째야 좋을지 알 수 없을 때, 동전을 엄지로 튕겨 올려서 운명을 순한 양처럼 우리 속으로 몰아넣어 보자. 통계적 의미에서 우리는 링컨이 어느 쪽으로 쓰러질지 알고 싶어 한다(미국의 페니, 곧 1센트짜리 동전의 한 면에는 링컨의 옆얼굴이 새겨져 있다: 옮긴이). 이 은유는 운명의 추가 어느 쪽으로 기울 것인가에 대한 것이다.

〈균형 잡힌 사고〉 동전을 튕겨 올리는 것 말고 운명의 추가 어느 쪽으로 기울지 알아볼 수 있는 다른 미묘한 방법이 있다. 탁자 위에 동전을 모로 세운다. 실제로 동전 100개쯤을 모로 세워 놓으면 동전들은 매우 불안정한 상태가 된다. 탁자를 손으로 탁 쳐서 동전을 쓰러뜨리면 상태는 안정된다. 일부는 앞면(그림면), 일부는 뒷면(숫자면)이 나올 것이다. 물론 그 확률은 반반일 거라고 우리는 생각한다.

'놀랍게도' 미국 페니의 경우, 링컨의 옆얼굴이 새겨진 앞면이 나올 확률이 반이 넘는다. 균형을 잡아서 모로 세워 놓은 페니가 놀랍게도 어느 한 쪽으로 더 많이 쓰러지는 것이다. 그것은 페니의 양면이 정확히 대칭을 이루고 있지 않기 때문이다. (링컨 얼굴 쪽이 살짝 더 무거워서, 모로 세울 때 숫자면 쪽으로 미세하게 기운 상태라서 이런 결과가 나올 것이다: 옮긴이).

〈페니 돌리기〉 동전을 100개나 모로 세우는 것은 고역이니, 좀 더 박진감 있게 손가락 끝으로 동전을 쳐서 돌리는 방법이 나을지도 모르겠다. 탁자 위에서 돌아가는 동전은 결국 힘이 빠져서 쓰러지게 된다. 전처럼 이 실험도 통계적 의미가 있는 결과를 얻기 위해 100번을 되풀이한다. 다시 우리는 숫자면과 그림면이 나올 확률이 반반일 거라고 생각하기 쉽다.

'놀랍게도' 이번에는 숫자 쪽이다. 즉, 페니의 비대칭 특성 때문에 링컨 얼굴보다는 숫자 쪽이 더 많이 나온다. 이렇게 모로 세운 페니와 돌린 페니는 우리의 예상과 실제 결과가 사뭇 다를 수 있다는 것을 보여 주는 좋은 사례이다.

페니로 알아본 이런 놀라운 결과를 현실에 응용하면, 친구와 밥값 내기를 해서 용돈을 절약할 수 있다. 식사를 마친 후 친구에게 이렇게 말하면 된다. "정직한 링컨에게 결정하게 하자. 그림면과 숫자면 중에서 골라 봐." 친구가 "그림면"을 선택하면 이렇게 응수한다. "동전 튕겨 올리기는 따분하니까, 백 개의 페니를 돌려서 어느 면이 많이 나오는지 보자." 물론 숫자면이 많이 나올 테니 밥값은 친구가 내야 할 것이다. 친구가 "숫자면"을 선택하면 이렇게 응수한다. "동전 튕겨 올리기는 식상하니까, 백 개의 페니를 모로 세워 놓고 탁자를 탁 쳐서, 어느 면이 많이 나오는지 보자." 이 경우에는 그림면이 많이 나올 테니 역시 친구가 밥값을 내야 할 것이다. 친구가 어느 쪽을 선택하든 운명은 친구의 손을 들어주지 않을 것이다.

여기서 얻을 수 있는 진짜 교훈은, 사건이 어떻게 흘러갈지에 대해 우리가 직관으로 파악해 보지만, 실제 결과는 우리의 직관과 다를 수 있다는 것이다. 우리는 일상 삶의 데이터를 잘 인지하되, 그 결과에 연연하지 말고 열린 마음을 가질 필요가 있다. 또한 가능성을 따져야 할 때는 때로 우리의 직관을 재교육할 필요가 있다.

동창회

우리의 직관과 너무나 어긋나는 또 다른 수수께끼로 동창회 시나리오를 꼽을 수 있다. 우리가 대학 졸업 후 25년 만에 처음 동창회에 참석했다고 해 보자. 맨 처음 눈에 띄는 것은 다들 꽤나 늙어 보인다는 것이다. 다른 이들도 우리를 똑같이 연민의 눈초리로 바라본다. 두 번째로 흥미로운 것은, 새로 만난 옛 친구 두 명이 나누는 이런 대화를 엿들을 때다.

보브: 조가 그러는데, 너 애가 둘이라며?
베티: 그래.
보브: 큰애가 아들이라고 조가 말했던 것 같아.
베티: 맞아. 그런데 솔직히 조가 그렇게 입이 싼지 몰랐어.

참고 넘어가려던 베티는 갑자기 욱하고 감정이 치밀어 오른다. 숨이 턱 막히며 붉어진 얼굴이 푸른 드레스와 대조를 이룬다. 보브는 베티와 함께 있을 때 늘 꿈꾸어 왔던 자세가 있었다. 그 자세대로 그는 하임리히 구명법을 펼치려고 한다(하임리히 구명법은 목에 이질물이 걸린 사람을 뒤에서 안고 흉골 밑을 세게 밀어 올려 토하게 하는 방법: 옮긴이). 그것을 지켜보며 우리는 궁금하지 않을 수 없다. 베티가 남매를 두었을 가능성은 얼마나 될까?

이 수수께끼가 궁금할 때 또 다른 대화가 들려온다.

빅터: 조가 그러는데, 너 애가 둘이라며?

지나: 그래.

빅터: 조 말로는, 그중에 적어도 한 명은 아들이라던데?

지나: 맞아. 개구쟁이야. 그런데 조는 그렇게 할 일이 없대?

지나가 투덜거리는 순간, 그녀는 옛 룸메이트 베티와 같은 운명에 맞닥 뜨린다. 그녀 역시 발끈해서 안색이 안 좋다. 다시 우리는 궁금하지 않을 수 없다. 지나가 남매를 두었을 가능성은 얼마나 될까?

〈똑같아 보인다?〉 살짝 다른 두 대화는 언뜻 보기에 똑같은 상황을 나타내 는 것 같다. 두 경우 모두 자녀가 둘인데, 그중 한 명은 아들이고, 다른 아이 의 성별은 비밀로 남아 있다. 그렇다면 다른 아이가 아들이거나 딸일 가능 성은 반반인 것 같다. 한 아이는 확실히 사내아이지만, 다른 아이는 딸일 수도 아들일 수도 있기 때문이다.

'놀랍게도' 사실 거의 똑같은 이 두 대화는 사뭇 상황이 다르다. 차이를 알아내기 위해 한 줄씩 끊어서 분석을 해 보자. 각 대화의 첫머리에서 우리 는 동창생이 두 아이를 두었다는 것을 알게 된다. 그 시점에서 우리는 아이 의 성별에 대해서는 아무것도 알지 못한다. 따라서 가능성은 네 가지다.

1. 큰아이는 딸이고 작은아이도 딸이다.
2. 큰아이는 딸이고 작은아이는 아들이다.
3. 큰아이는 아들이고 작은아이도 아들이다.
4. 큰아이는 아들이고 작은아이는 딸이다.

보브와의 대화에서 베티는 큰아이가 아들이라고 밝힌다. 새로운 이 정보에 따라 1번(딸, 딸)과 2번(딸, 아들)은 아니라는 것을 알 수 있다. 베티가 욱한 상황에서 더 이상의 정보는 얻지 못했으니, 가능성은 여전히 두 가지다. 즉, 3번(아들, 아들)과 4번(아들, 딸)의 가능성이 남아 있다. 두 가지 가능성이 모두 반반이기 때문에, 베티가 남매를 두었을 가능성 역시 반반, 곧 50퍼센트라고 정확히 결론지을 수 있다.

빅터와 지나의 대화에서, 지나 역시 두 아이를 두었다는 것을 우리는 알게 된다. 그러니 역시 네 가지 가능성이 있다. 그런데 이번에는 지나의 아이 중 적어도 한 명이 아들이라는 것을 안다. 새로운 이 지식으로 무장을 한 우리는 1번 가능성(딸, 딸)을 배제할 수 있다. 다른 세 가지 가능성은 모두 유효하다. 세 가지 가능성 중에 둘은 남매다. 따라서 지나가 남매를 두었을 가능성은 3분의 2(셋 중 둘)다.

이런 동창생 이야기는 핵심 특성이 동일한 듯 보이는 두 상황(두 아이를 두었는데, 한 명은 아들이고 다른 한 명의 성별은 알지 못하는 상황)이 실은 전혀 다른 상황일 수 있다는 것을 보여 주는 좋은 예다. 두 아이를 위한 선물을 사 갈 경우, 두 상황의 차이를 잘 이해한다면 서로 다른 선물을 사야 할 것이다. 이를테면 지나를 찾아갈 경우에는 아무래도 두 아이가 남매일 거라고 생각하고 선물을 사 가는 편이 낫다.

동창생 시나리오는 약간의 분석 전략을 보여 주는데, 명료한 사고를 하기 위해서는 이렇게 분석해 보는 것이 효과적인 방법이다. 이렇게 분석을 함으로써 쟁점을 분명하게 하고 핵심 요소를 추려 낼 수 있다. 그래서 알지 못하는 한 아이의 성별에 대해 수학적 잣대를 적용해서 지적 추리를 할 수가 있게 된다.

이후 이번 장에서는 심각한 실세계의 문제 가운데 일어날 가능성이 희박한 일을 두 가지 알아보겠다. 이때도 마찬가지로 데이터를 면밀히 분석함으로써 문제를 새롭게 조명해 볼 수 있다.

항공기 사고

민간 항공기의 경우 가장 안전한 운항 고도는 해발 9킬로미터 안팎이다. 민간 항공기가 추락하는 일은 아주 드물어서, 그런 일이 생기면 몇 년 동안 기억에 남는다. 물론 추락했다 하면 대형 참사로 이어진다. 그러니 지각 있는 시민이라면 항공편을 이용하는 것이 다른 교통편보다 더 안전하다는 말에 의문을 품어 봄 직하다. 항공기 안전도를 높일 수 있는 가능성도 한번 생각해 보자.

먼저, 항공기는 실제로 얼마나 안전할까? 안전도를 수량화하기 위해, 민간 항공기 사고로 사망한 사람의 수를 헤아려 보고, 1인이 사망하는 데 몇 여객 마일을 비행했는지 알아보자. (여객마일이란 승객 한 명이 비행한 총 마일 수다. 그래서 100명이 2,000마일을 비행했다면 20만 여객마일을 비행한 것으로 계산된다.) 기록은 꽤나 놀랍다. 미국 민간 항공기는 날마다 줄잡아 17억 여객마일을 비행한다. 지난 10여 년 동안 미국 민간 항공기 사고로 사망한 사람은 연간 약 183명이었다. 그러니까 이틀에 한 명꼴로, 다시 말해서 34억 여객마일 당 1명이 사망한 셈이다. 물론 항공기 사고가 끔찍한 이유는 한 번에

한 명이 죽는 게 아니기 때문이다. 1년 내내 며칠에 한두 명씩 죽는 것도 아니다. 한 번 사고가 났다 하면 백여 명이 일시에 죽고, 1년에 한 번 정도 사고가 난다. 이틀에 한 명씩 찔끔찔끔 죽는 것보다 1년에 한 번 대량 참사가 일어나는 것이 더 뇌리에 깊이 새겨진다.

34억 여객마일당 1명꼴로 사망하는데, 누군가 날마다 1,000마일을 비행한다고 하자. 그러면 사고가 나서 사망을 하려면 평균 340만(34억 나누기 1,000)일 비행을 해야 한다. 이것은 햇수로 줄잡아 1만 년에 해당한다. 민간 항공기 참사를 한 번 겪으려면 군것질거리로 비스킷을 거대한 산맥만큼 먹어 치울 때까지 기다려야 한다.

항공기는 대단히 안전하다. 하지만 여전히 안전도를 더욱 높일 수 있는 길이 있다. 정비를 더 잘하고, 조종사 훈련과 선발을 더욱 강화하고, 항공 관제 방침과 장비를 개선하고, 기내에서 좀 더 좋은 영화를 틀어 주면 항공기는 더욱 안전해질 것이다. (그렇다, 마지막 항목은 비행기 여행을 좀 더 견딜 만하게 해 줄 것이다.) 아무튼 노력을 하면 비행기 여행이 지금보다 열 배는 더 안전해질 수 있다. 그러니까 연간 평균 사망자 수를 183명에서 18명으로 뚝 떨어뜨릴 수 있다. 그러면 연간 165명의 인명을 구하게 된다. 그들 가운데 한 명이 우리 자신일 수 있으니, 아주 건전한 이 아이디어를 잘 헤아려 보자.

〈의도하지 않은 결과〉 비행기 문제에는 흔히 그늘이 뒤따른다. 그러니까 우리의 경이적인 비행기 여행 안전 제안의 의미를 다시 생각해 보자. 항공기 안전에는 대가가 따르고, 그 대가는 현찰이다. 그러면 티켓 가격이 상승할 것이다. 그러면 일부 사람은 비행기 탑승을 포기하고 육상 교통을 이용하게 될 것이다.

우리의 생각을 확대시켜서, 9만 킬로미터 상공에서 비스킷을 쩝쩝거리는 대신 고속도로를 달리려는 사람들을 생각해 보자. 비행기 여행에 돈이 많이 든다는 것 때문에, 이제까지 타 온 비행기를 포기하고 육상 교통을 이용하려는 사람의 비율이 10퍼센트라고 하자. 우리의 새로운 비행 시스템에서, 비행을 포기한 사람은 육상 교통으로 하루에 1.7억 여객마일을 이동하게 된다. 늘어난 육상 교통 거리는 심각한 문제를 낳는다. 자동차 사고로는 1억 여객마일당 1명이 사망하기 때문에, 우리가 비행기 안전 방침을 발효하기 전에 비해 자동차로 사망하는 사람 수가 하루 평균 1.7명 더 늘어나게 된다. 1년 통산하면 약 620명이 추가로 사망하게 된다. 물론 비행기 사망자는 18명으로 대폭 줄어들어, 165명이 목숨을 구하게 되니까, 우리의 안전 시스템을 시행할 경우 순수하게 증가한 사망자 수는 줄잡아 연간 455명에 이른다. 이런!

〈항공 안전도를 낮추는 것이 더 많은 인명을 구하는 이유〉 비행기 여행 경비가 상당액 줄어들면, 이제껏 육상교통을 이용했다가 비행기를 타려는 사람이 늘어날 것이다. 그 효과는 사망자 수가 줄어든다는 것이다. 비행기 여행을 저렴하게 하는 한 가지 방법은 비행기 여행에서 안전에 보탬이 되는 측면을 완화하는 것이다. 즉 비행기의 질, 유지 관리 수준, 비행 근접 거리와 공항 이착륙 빈도수에 대한 규제 등을 완화하면 된다. 비행기 여행을 더 저렴하게 하고 조금 덜 안전하게 하면 전체적으로 사망자 수가 줄어든다. 훨씬 더 위험한 육상 교통을 이용하는 사람이 줄어들 테니까 말이다. 이런 역설적인 이야기의 교훈은, 언제나 의도하지 않은 결과를 생각해 봐야 한다는 것이다. 특히 공공 정책을 결정할 때 그렇다.

에이즈 — 만인의 검사, 만인의 충격

에이즈AIDS(후천성 면역 결핍증)는 HIV(인체 면역 결핍 바이러스, 대개 '에이치아이비'라고 읽는다: 옮긴이)에 감염되어 생기는 병이다. 에이즈는 지난 20년 동안 세계적으로 확산되었다. 젊은 남녀를 죽음에 이르게 하는 주요 질병이기도 하다. 이런 질병의 심각성과 HIV에 감염된 사람이 수년 동안 에이즈 징후를 나타내지 않을 수도 있다는 사실 때문에, HIV 검사를 하면 개인과 사회 차원 모두에서 이 질병과 싸우기 위한 중요 정보를 얻을 수 있을 것이다. 특히 미국의 경우 어린이를 비롯한 모든 국민을 검사하는 정책을 시행해야 할지도 모른다. 그러나 그러한 정책을 추진하기 전에 먼저 통계부터 살펴보자.

정신이 번쩍 드는 통계 숫자가 여기 있다. 2001년 전 세계 에이즈 감염자는 4,200만 명에 달했고, 에이즈로 사망한 사람만도 310만 명에 이르렀다. 미국의 경우 HIV 보균자는 50만 명인 것으로 추산된다.

HIV 검사는 신뢰할 만하다. 예를 들어 엘리자 혈청 검사를 하면 실제로 에이즈에 걸린 사람의 95퍼센트가 에이즈 양성 판정을 받고, 병에 걸리지 않은 사람의 99퍼센트가 음성 판정을 받는다. 그만하면 아주 정확한 편이어서, 전 국민을 검사하면 누가 감염되었는지 손쉽게 알아낼 수 있을 것이다. 그러면 감염자로 하여금 에이즈를 확산시키는 행동을 하지 않도록 경고할 수 있다. 이 모든 데이터를 감안할 때, 전 국민을 검사하는 것이 좋을까?

그 결과를 한번 헤아려 보자. 무작위로 검사를 받은 사람이 양성이라는 참담한 결과를 통보 받았다고 치자. 문제는 이것이다. 검사 결과가 양성으로 나온 사람이 실제로 HIV 보균자일 가능성은 얼마나 될까? 앞서 말한 검사의 신뢰성이 이 문제에 대한 답이 될 것 같다. 감염되지 않은 사람이 검사를 받았을 때 양성이라고 잘못된 판정을 받을 가능성은 1퍼센트, 올바르게 음성 판정을 받을 가능성은 99퍼센트다. 이 통계에 따르면 양성 판정을 받은 사람이 실제로 양성일 가능성은 99퍼센트일 것 같다.

그러나 숫자들을 잘 뜯어보면, 놀랍게도 사뭇 다른 결론에 이른다. 앞서의 통계 사실을 잘 살펴보자.

1. 미국 인구는 약 2억 8,000만 명이다.

2. 미국인 가운데 HIV 양성은 50만 명이다.

3. HIV 보균자가 아닌 미국인의 수는 2억 7,950만 명이다(즉, 2억 8,000만 빼기 50만).

4. HIV 보균자 50만 명을 검사하면, 그중 95퍼센트, 곧 47만 5,000명이 보균자로 판정된다.

5. 보균자가 아닌 2억 7,950만 명을 검사하면, 그중 1퍼센트, 곧 279만 5,000명은 양성으로 잘못 판정이 난다.

6. 검사 결과 양성으로 판정이 나는 사람은 모두 327만 명이다(47만 5,000

명 더하기 279만 5,000명).

7. 양성 판정을 받은 327만 명 가운데 실제 보균자는 47만 5,000명이다.

따라서 양성 판정을 받은 사람이 실제로 양성일 가능성은 327만 분의 47만 5,000이다. 이것을 백분율로 나타내면 15퍼센트에 조금 못 미친다. 양성 판정을 받아도 실제로 에이즈에 걸렸을 가능성은 15퍼센트 미만이다! 따라서 우리는 묘한 패러독스에 맞닥뜨린다. 검사는 99퍼센트 정확하다. 그런데 양성 판정을 받은 사람이 실제로 감염되었을 가능성은 15퍼센트 미만이다. 어떻게 이런 일이?

이 수수께끼를 간단히 이해하는 한 가지 방법은, 전체 미국인 가운데 줄잡아 330만 명이 양성 판정을 받더라도, 그중에 실제 HIV 보균자이고 양성 판정을 받는 사람은 약 47만 5,000명이라는 사실을 주목하는 것이다. 그러니까 양성 판정자 7명 가운데 1명만이 실제 보균자다.

양성 판정 결과는 에이즈에 걸렸을 '가능성'에 대한 우리의 생각을 사실상 뒤집어 놓는다. 미국인 500명 가운데 1명만이 HIV 보균자이기 때문에, 다른 정보 없이 무작위로 검사를 할 경우, 500분의 1, 곧 0.2퍼센트만이 에이즈에 걸렸을 가능성이 있다. 그러나 양성 판정을 받은 사람일 경우 에이즈에 걸렸을 가능성이 15퍼센트로 치솟는다.

물론 실제로는 가능성만 확인하고 끝나는 것이 아니다. 검사 결과가 양성으로 나오면, 더욱 정밀한 검사를 받아서 양성인지 음성인지 확실히 알아낸다. 하지만 정밀 검사를 받기 전에 우리는 크나큰 걱정에 사로잡힌다. 미국인 전부를 검사할 경우 수백만 명이 잘못 양성 판정을 받으니, 다시 정밀 검사를 받아야 할 것이다.

이런 시나리오를 통해 우리가 끌어낼 수 있는 결론은, 정책 결정을 하고자 할 때 명료한 사고가 절대적으로 필요하다는 것이다. 어떤 정책을 결정하느냐에 따라 의도하지 않은 해로운 결과를 초래할 수도 있기 때문이다.

균형 잡힌 통계

통계를 통해 우리는 세상을 더 잘 이해할 수 있다. 경제, 사회복지, 스포츠, 건강 문제 따위를 전망할 때 통계는 강력하고 유력한 도구다. 통계는 데이터를 소화가 잘되는 한입의 먹을거리로 탈바꿈시킨다. 그래서 무작위적이고 알 수 없는 특성을 지닌 상황을 바라보는 적절한 방법을 우리에게 제시해 준다. 그러나 통계 따위의 도구를 적용해서 데이터를 의미 있는 결론으로 바꿀 때 양심을 저버리면 곤란하다. 통계를 근거로 한 결론을 잘 헤아려 봄으로써 우리는 통계의 덫에 걸릴 위험을 피할 수 있다. 숫자는 거짓말을 하지 않을지라도, 그 숫자가 우리에게 어떤 식으로 제공되느냐에 따라 악의 없는 거짓말이 될 수도 있다.

다음 제2부에서는 통계의 수단으로서 숫자를 보는 데서 벗어나, 숫자 자체에 초점을 맞추게 될 것이다. 곧 알게 되겠지만, 숫자에는 개성이 있고 비밀이 담겨 있다. 이제 그 개성을 음미하고, 비밀을 들여다보자.

제2부

숫자 포옹
비밀의 수, 막대한 크기, 자연수

PART 2

불확실하고 혼돈스러운 일상 세계를 떠나 우리가 향할 다음 여행지는 정확하고 규칙적인 수의 세계다. 일상생활을 하며 대상을 측량하고 생각을 수량화하는 일은 대체로 순식간에 이루어진다. 여기서는 잠깐 속도를 늦추고 수의 성격을 알아보는 시간을 갖도록 하자. 숫자는 일상생활에서 널리 쓰인다. 어떤 숫자는 비밀스럽다. 스위스 은행 계좌번호 같은 것 말이다. 또 어떤 숫자는 매우 크다. 예를 들어 우주의 나이를 초로 환산한 것이 그렇다. 어떤 숫자는 자연에서 나온다. 해바라기나 데이지 꽃의 중앙에 보이는 나선의 수 같은 것이 그것이다. 수의 비밀과 크기, 그리고 수가 자연계에 어떻게 나타나는지, 이제부터 수를 탐구해 보자.

비밀은 궁금증을 자아낸다. 우리는 감춰진 것을 유난히 알고 싶어 하면서도, 자기 비밀은 한사코 지키고 싶어 한다. 예를 들어 우리가 회계사나 변호사나 은행원과 나눈 얘기가 호시탐탐 먹잇감을 노리는 국세청이나 적들에게 누설되기를 바라지 않는다. 비밀은 우주의 속성이기도 하고, 오랜 세월에 걸쳐 입방아를 찧어 댈 만한 이야깃거리가 되기도 한다. 수와 관련된 고대의 미스터리는 우리를 감질나게 하는데, 앞으로 적어도 몇 세기 동안은 더 그럴 것이다.

수를 이야기할 때 중요한 것은 크기다. 수를 생각하는 순간 크기의 문제에 마음이 쏠리지 않을 수 없다. 밤하늘에는 얼마나 많은 별이 있을까? 1백만 달러는 얼마나 두툼할까? (생각보다 두껍다.) 미국이 한 시간에 1백만 달러씩 빚을 갚아 나간다면, 국가 부채를 다 갚는 데 얼마나 걸릴까? 몇 번의 악수를 하면 우리가 토머스 제퍼슨과 연결될까? 수를 대충만 따지더라도 그것만으로도 우리의 일상 삶과 우주—그 나이와 크기와 내용 따위—를 이해하는 데 큰 도움이 된다. 규모의 등급을 어림짐작하는 것도 우리의 삶을 전망하는 데 도움이 된다.

파인애플의 나선과 같은 자연물을 자세히 바라볼 때 우리는 마치 음모와도 같은 수의 규칙성을 발견한다. 자연계의 수는 제멋대로가 아니고 무작위도 아니다. 자연계의 수는 일정한 패턴과 구조를 나타내 보인다. 인간이 이 땅에 출현하기 오래전부터 말이다. 자연이 나타내 보이는 수에 뿌리를 둔 수학 개념을 탐구해 보면, 예술적이고 미적인 통찰을 얻을 수 있는 추상적 패턴을 발견할 수 있을 뿐만 아니라, 자연에 내재한 아름다움을 더욱 깊이 느낄 수 있다.

우리 주위에서 늘 발생하는 수에 친숙해진다는 것은 그만큼 더 우리 세계를 섬세하고 자세히 바라보는 강력한 방법이다. 수에는 힘이 있다. 주위 세계의 구조와 의미를 일깨워 주는 힘 말이다. 세계의 구조는 수량이라는 돋보기로 초점을 맞추지 않으면 우리 눈에 보이지 않을 수도 있다.

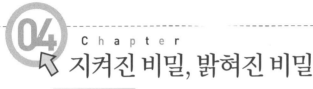

04 지켜진 비밀, 밝혀진 비밀

해독된 암호

어째서 현명한 사람은 드물고, 바보는 지나치게 많을까?
그건 수를 필요로 하는 이들이 무수히 많기 때문이다.
―오거스타 러브레이스

'보나마나……' 스파이가 암약하던 냉전시대에 첩보원들은 1급 기밀 정보를 수집해서, 그것을 1급 기밀 부호로 암호화한 다음, 메시지를 마이크로필름에 담아 대사관을 통해 자국 정부에 밀반출하곤 했다. 정보기관과 암호화 절차, 암호문 등의 비밀을 유지하는 것이 첩보원들에게는 무엇보다 중요했다.

'놀랍게도……' 오늘날 스파이들은 자신의 암호화 방법을 온 세상에 알리고, 자신의 1급 기밀 암호문을 신문과 인터넷에 마음 놓고 공개할 수 있다. 암호화 과정과 암호문에 누구나 접근할 수 있는 이러한 공개 암호 체계는 역설적으로 그 무엇보다 안전하다. 이 방법이 섹시하지는 않지만, 매력적인 여자 스파이에게 프렌치 키스로 마이크로필름을 건네주는 007의 낭만적인 방법보다 훨씬 더 안전하다는 것은 두말할 나위 없다. (미안해요, 제임스.)

　스파이와 우리의 세계에는 공통점이 있다. 둘 다 우리가 모르는 비밀을 간직하고 있다는 것. 정신적인 삶의 가장 큰 기쁨으로 손꼽을 수 있는 것이 바로 수수께끼와 비밀이다. 암호문에는 비밀이 담겨 있고, 키key만 있으면 비밀을 풀 수 있다는 것을 우리는 안다. 또 미지의 수학 문제에 파고들 때, 우리는 올바르게 바라보기만 하면 엿볼 수 있는 비밀을 이 세계가 간직하고 있다는 것을 감지한다.

　비밀의 유혹은 다는 몰라도 조금은 안다는 데서 비롯한다. 오솔길에 감질나게 떨어진 빵부스러기가 우리를 깊고 어두운 비밀의 숲으로 이끈다. 각각의 부스러기, 각각의 정보 파편들이 우리 앞의 진실에 대한 암시를 준다. 때로 우리는 진실에 얼마나 가까이 다가섰는가를 측정할 수도 있다. 때로는 전체 진실이 엎드리면 코 닿을 곳에 있는지, 아니면 인간으로서는 결코 알 수 없는지, 그 여부를 짐작조차 할 수 없는 경우도 있다.

　이제 우리는 지켜진 비밀과 밝혀진 비밀을 탐구하게 될 텐데, 먼저 첩보 활동과 인터넷의 세계부터 둘러보자. 그 세계에서는 특별한 암호—공개된 암호—를 이용해서 비밀을 유지하거나 전달한다.

비밀 전달

　우리가 비밀을 생각할 때, 그리고 비밀이 어떻게 다루어지는가를 생각할 때면 곧바로 떠오르는 것이 암호다. 암호는 스파이의 전유물이 아니다. 사실 스파이가 아닌 우리 모두가 날마다 별생각 없이 암호를 사용한다. 이제 우리가 탐구하게 될 암호 체계는 온라인 금융거래를 하거나, 현금 자동 입출금기를 사용하거나, 인터넷 증권거래를 할 때, 혹은 인터넷 쇼핑몰에서 신용카드 비밀번호를 입력할 때 컴퓨터가 실제로 사용하는 방법이다. 민감한 정보를 소통하는 현대적 수단의 핵심이 바로 숫자다. 두 수를 곱하는 단순 과정이 바로 인터넷 상거래와 은밀한 비밀 정보 전달의 핵심이 될 줄 누가 알았겠는가?

적이 있는 한 항상 암호가 존재해 왔다. 브루투스를 비롯한 수많은 적을 두었던 율리우스 카이사르는 '카이사르 암호'라고 알려진 암호 체계를 고안했다. 미국 일간신문에 나오는 크립토쿼트Cryptoquote라는 낱말 맞히기를 해 본 사람이라면 이 체계를 잘 알고 있다. 이 체계는 하나의 문자가 다른 문자를 대신한다. 즉, "HELLO"는 "QLAAJ"로 암호화할 수 있다(즉 "H" 대신 "Q", "E" 대신 "L", "L" 대신 "A", "O" 대신 "J"를 썼다). 카이사르 암호에는 세 가지의 중요한 결점이 있었다. 첫째는 카이사르 스스로 알아차렸듯이, 암호 때문에 암살당할 수도 있다는 것이다. 다른 두 결점은 목숨이 걸린 것은 아니지만 그래도 중요한 문제다. 하나는 암호가 아주 쉽게 해독된다는 것, 다른 하나는 암호첩이 적의 손에 들어가면 암호가 무용지물이 된다는 것이다.

암호가 쉽게 해독된다는 사실은 수백만 명의 신문 독자들이 단순히 재미로 짧은 암호문을 날마다 거뜬히 해독하고 있다는 사실만 봐도 잘 알 수 있다. 암호를 해독하는 것은 사실상 암호첩을 훔치는 것과 같다. 암호첩이 마르쿠스 안토니우스의 수중에 들어갔다면, 그는 암호화 과정을 역으로 적용해서("Q"자를 볼 때마다 그것을 "H"로 바꾸는 식으로) 어떤 암호문이든 해독할 수 있었을 것이다. 암호 해독이 쉬우면 더욱 복잡한 암호 체계를 요구하게 된다. 그러나 암호첩이 도난당하면 어떻게 해결할 길이 없다. 암호화하는 과정을 알면 그 과정을 역으로 적용해서 암호문을 해독할 수 있다는 것은 너무나 빤한 노릇이 아닐까?

'놀랍게도' 반직관적인 암호 체계가 존재한다. 그런 체계에서는 암호화한 방법을 정확히 알아도 해독을 할 수가 없다. 사전에 입을 맞춘 암호 수신자, 곧 별도의 부가 정보를 알고 있는 사람만이 암호문을 해독할 수 있다. 사실 암호화 과정을 온 세상에 전부 공개해도 암호는 해독되지 않는다. 어떻게 그런 역설적인 암호 체계가 가능한 걸까? 대답은 인수분해만큼 쉽기도 하고 어렵기도 하다.

쟁점은 이와 같다. 암호화 방법을 알아도 자동으로 해독이 되지 않는다는 게 어떻게 가능한 것일까? 기본적인 이 질문에 대한 답은 반직관적인 암호 체계가 어떻게 가능한지를 이해하는 열쇠일 뿐만 아니라, 암호 체계를 자세히 이해하는 열쇠이기도 하다.

늘 그랬듯이, 간단한 것부터 시작해 보자. 사이먼이라는 남자가 15라는 숫자를 공개했다고 하자. 아직까지 이 공개 내용은 "해독"과 관계가 없다. 그 후 우직한 사이먼이 또 공개했다. 숫자 15가 더 작은 두 수의 곱으로 나타낼 수 있다고. 이 정도로는 호들갑을 떨 것도 없다. $15 = 3 \times 5$ 정도는 쉽게 알 수 있으니까. 여기서 요점은 무엇일까? 사이먼이 다시 더 큰 수를 공개했다고 하자. 역시 더 작은 두 수의 곱으로 나타낼 수 있는 새로운 그 수는 33이다. 이것 역시 $33 = 3 \times 11$이라는 것을 쉽게 알 수 있다. 사이먼이 공개한 수의 인수인 작은 두 수가 바로 사이먼의 비밀 수다. 물론 15와 33의 인수는 비밀이랄 것도 없다. 15는 3 곱하기 5이고, 33은 3 곱하기 11이라는 것을 금세 알 수 있기 때문이다.

이제 사이먼이 두 수의 곱으로 나타낼 수 있는 더 커다란 수를 공개했다고 하자. 사이먼의 수가 247이라고 하면, $247 = 13 \times 19$라는 것을 조금만 계산해 보면 알 수 있다. 사이먼이 공개한 수가 1,219라면, $1,219 = 33 \times 53$이라는 사실을 알기 위해 제법 머리를 굴려야 할 것이다. 만일 사이먼이 공개한 수가 1,308,119라면, 계산기를 꺼내 한참 두드려 본 후 비로소 $1,308,119 = 661 \times 1,979$라는 것을 알게 될 것이다. 사이먼이 밝힌 수가 17,158,904,089라면 계산기는 무용지물이 된다. 물론 컴퓨터를 동원하면 $17,158,904,089 = 104,729 \times 163,841$이라는 것을 알아낼 수 있을 것이다.

그러나 사이먼이 밝힌 수가 다음과 같다면?

13284718321501923414108776182374182348172341874318325761238
18234718237481237481237648127351726354726345837457812376172
46512349123457712834576187236451872345618273456712634981723
47612374619278364591278345647382736465728371287364519827356
91284756918237417263549182734198273498127365491287345127364
51827346591823741991623581641823749712653481726345987162398
74561982375691827345618273648237187234812634731

이쯤 되면 지금 세상에서 가장 **빠른** 컴퓨터를 동원하고, 현재까지 알려진 모든 방법을 다 동원해도, 두 인수를 찾아내는 데는 우주의 역사보다 더 오랜 시간이 걸릴 것이다.

이 시나리오는 이론적인 지식과 실용적인 지식이라는 흥미로운 이분법의 실례를 여실히 보여 준다. 우리에게 주어진 수가 하나 있는데, 예를 들어 401자리의 수다. 사이먼은 이 수가 이보다 더 작은 두 수의 곱이라는 사실을 알고 있다고 밝혔다. '이론'으로는 시행착오를 통해 두 인수를 발견할 수 있다. 그러나 터무니없을 정도로 많은 시간이 걸린다. 실용적인 관점에서, 사이먼의 수가 두 인수의 곱이라는 사실을 우리가 알고 있는데도, 정작 두 인수가 무엇인지는 알 수가 없다.

공개키 암호

'공개키 암호public key cryptography'의 키 이야기를 하면 너무 단순하고 어쩌면 시시한 소리로 들릴지 모르겠다. 사이먼이 공개적으로 암호문을 접수한다는 사실을 온 세상에 알리고 싶어 한다고 하자. 그는 그 누구도, 그 어떤 컴퓨터로도 인수분해를 할 수 없는 401자리의 수와 같은 커다란 수를 공개한다. 그리고 또 그 수를 이용해서 암호문을 만드는 방법까지 공개한다. 뒤에서 설명하겠지만, 사이먼이 받은 암호문을 해독하기 위해서는 그가 공개한 커다란 수의 두 인수를 알아야 하는데 그것은 비밀이다. 두 인수를 아는 사람은 사이먼밖에 없기 때문에, 사이먼이 받은 암호문을 해독할 수 있는 사람은 사이먼밖에 없다. 따라서 암호문은 비밀일 필요가 없다. 신문에 공개하거나 인터넷에 게시해도 무방하다. 사이먼이 아니면 암호문은 뭔지 모를 숫자에 지나지 않기 때문이다.

암호화와 암호해독(복호화) 과정은 어떻게 되는 것일까? 두 인수를 안다고 해서 어떻게 해독이 가능한 것일까? 그런 의문에 간단히 답한 후, 작은 수를 이용해서 그 과정이 어떻게 되는지 독자께서 직접 알아볼 수 있는 예를 들겠다.

"HELLO"라는 메시지를 사이먼에게 보내고 싶다고 하자. 먼저 이 메시지를 숫자로 바꾼다. 우리의 암호 체계에서 각 알파벳은 순서에 따라 두 자리 숫자로 바뀐다. 즉, "A"는 01, "B"는 02, 이런 식으로 계속되어 마지막 "Z"는 26이 된다. 그래서 "HELLO"를 숫자로 바꾸면 0,805,121,216이 된다. 숫자 앞의 영을 버리지 않는다는 것을 주목하라. 모든 두 자리 수, 곧 08, 05, 12 등을 하나의 숫자로 이어 쓰면 된다. 이제 그 수에 아주 큰 수(사이먼이 밝힌 수)를 거듭제곱한다. 그 값을 역시 사이먼이 밝힌 401자리 수로 나누어 나머지를 찾는다. 그 '나머지'가 바로 우리가 사이먼에게 보낼 암호문이다. 물론 실제로는 이 모든 계산을 컴퓨터가 대신한다. 이 암호문(사실상은 숫자)을 받은 사이먼은 거기에 자기만 아는 수를 거듭제곱하고, 그 값에 401자리 수를 나누어 나머지를 찾는다. 놀랍게도 그 답은 0,805,121,216이다. 이것을 다시 문자로 치환하면 "HELLO"가 된다.

다시 요약해 보겠다. 어떤 수를 암호화하기 위해서는 그 수에 미리 공개된 수를 거듭제곱하고, 역시 공개된 두 번째 수로 나누어 나머지를 찾는다. 그 나머지가 암호화된 숫자다. 암호화된 숫자를 해독하기 위해 사이먼은 또 다른 수(자기만 아는 수)를 거듭제곱하고, 공개된 두 번째 수로 나누어 나머지를 찾는다. 이 나머지가 바로 암호화되기 전의 원래의 수다. 이 수를 문자로 치환하면 해독이 끝난다.

거대한 수의 두 인수가 암호 체계에서 정확히 어떻게 이용되는지 알아보기 위해 작은 수로 예를 들어 보겠다. 이제까지의 요약만으로 충분한 독자는 다음 글을 건너뛰어도 무방하다. 좀 더 머리를 굴려 보고 싶은 독자는 다음의 숫자 처리 과정을 즐길 수 있을 것이다.

숫자 놀이

사이먼이 7과 33이라는 숫자를 공개하고, 그 숫자로 암호문을 만드는 방법을 밝혔다고 하자. 그리고 우리에게 이렇게 말한다. 자기한테 보낼 메시지를 암호화하기 위해서는 먼저 문자를 숫자로 바꾸고, 거기에 7제곱을 해서, 33으로 나누어 나머지를 찾아야 한다고. 그 나머지가 바로 우리가 사이먼에게 보낼 암호문이다. 예를 들어 우리가 "E"라는 비밀 메시지를 보내고 싶다고 하자. 그러면

(1) "E"를 숫자로 바꾼다. 05.

(2) 5에 7제곱을 한다. $5^7 = 78,125$.

(3) 33으로 나누어 나머지를 찾는다. $78,125 \div 33 = 2,367 \cdots\cdots 14$.

(4) 나머지인 14가 우리의 암호문이다.

이제 사이먼은 암호문을 해독하기 위해 3제곱을 하고, 33으로 나누어 나

머지를 찾아서 문자로 치환한다. 아래 설명한 것처럼, 사이먼은(사이먼만이) 암호문 숫자에 3제곱을 하는 것이 해독의 열쇠라는 것을 안다. 사이먼이 암호문 14를 해독하는 과정을 살펴보자.

(1) 14에 3제곱을 한다. $14^3 = 2,744$.

(2) 33으로 나누어 나머지를 찾는다. $2,744 \div 33 = 83 \cdots\cdots 5$.

(3) 5를 문자 "E"로 바꾼다.

(4) 이렇게 사이먼은 비밀 메시지 "E"를 해독(복호화)했다.

계산기를 사용해서 이러한 암호화와 복호화를 직접 해 보라. 어떤 수든 33보다 작은 수로 시작해서, 그 수에 7제곱을 하고, 33으로 나누어 나머지를 찾은 다음, 나머지에 3제곱을 하고 33으로 나누어 나머지를 찾는다. 이 나머지는 처음 시작한 숫자일 것이다. 이건 묘한 마법일까? 아니다. 다만 놀라운 수학일 따름이다.

여기서 33의 인수가 사용되는데, 그 과정을 알아보자. 33을 인수분해하면 3×11이 된다(3과 11은 더 이상 인수분해가 되지 않는 소수이므로, 이것을 소인수라고 한다). 여기서 첫 번째 인수보다 1 작은 수와 두 번째 인수보다 1 작은 수를 곱해서 나온 값에 1을 더한다. $(3-1) \times (11-1) + 1 = 21$. 이 값은 7과 3으로 인수분해가 되니까, 그 인수 가운데 하나인 7을 암호화 지수로 사용하고, 다른 하나인 3은 복호화 지수로 사용할 수 있다. 이런 간단한 예는 아주 특별한 경우인데, 보통은 매우 큰 수로 이런 과정이 이루어진다.

실생활에서는 암호화와 복호화 과정의 각 단계에 수백 자리의 숫자가 관련되고, 메시지는 "E"나 "HELLO"보다 더 길다. 사이먼이 밝힌 두 수 중 하나는 암호화 지수이고, 다른 하나는 나누어서 나머지를 찾는 수인데, 이 두 수의 크기는 현재의 컴퓨터가 얼마나 큰 수를 인수분해할 수 있느냐에 달려 있다. 컴퓨터의 능력에는 한계가 있다. 주어진 시간에 컴퓨터가 인수분해를 할 수 없을 만큼 큰 수가 존재한다. 절대 해독될 수 없는 암호를 만들기 위해 필요한 것은 두 개의 수(소수)뿐이다. 수가 너무 커서 그 수의 곱을 어떤 컴퓨터도 인수분해를 할 수 없는 그런 수만 있으면 된다. 그런데 컴퓨터가 곱 값을 인수분해할 수 없다면, 그런 큰 수를 곱하기는 어떻게 할 수 있는 것일까? 답은 간단하다. 컴퓨터로 엄청나게 큰 수를 곱하거나 거듭제곱해서 나머지를 찾는 것은 쉬운 일이다. 수백 자리, 아니 수천 자리의 수도 가능하다. 그러나 컴퓨터로 수백 자리의 수를 인수분해하기는 너무나 어렵다. 아니 이론적으로는 가능하지만 실제로는 불가능하다.

정보 가치가 얼마나 큰가?

두 가지 중요 쟁점이 자연스레 제기되는데, 이들 쟁점은 서로 맞물려 있다. 사이먼의 수는 얼마나 커야 할까? 사이먼이 받는 정보는 얼마나 가치가 있을까? 정보 가치가 클수록 숫자도 커야 한다. 숫자가 작을수록 해독하기가 그만큼 더 쉬워진다. 예를 들어 33과 관련된 암호화 방법은 즉시 해독된다. $33 = 3 \times 11$이라는 것을 누구나 알 수 있기 때문이다. 그러나 $17,158,904,089$쯤 되는 수와 관련된 암호를 해독하려면 좀 더 시간과 노력이 필요하다. 컴퓨터도 필요할 테고, 그런 정보는 공들여 해독할 가치가 있어야 할 것이다. 다른 한편으로, 그런 11자리 수가 국가 기밀 정보를 암호화하는 데 쓰인다면, $17,158,904,089 = 104,729 \times 163,841$ 정도의 인수를 알아내서 해독을 해내는 것은 일도 아니다. 국가의 적이라면 그 정도의 노력은 충분히 기울일 가치가 있다. 따라서 중요한 정보에 대해서는 안전을 확보할 수 있는 더욱 커다란 수를 쓸 필요가 있다.

정보 가치에 대한 연구는 테크놀로지 시대에 극히 중요하다. 따라서 공개키 암호 체계의 가치는 매우 높다. 다음 장에서 살펴보겠지만, 수학자에게 $400,000,000$ 같은 수는 전체 수에 비하면 너무나 작은 수로 간주된다. 그러나 수학자를 비롯한 모든 사람이 보기에 그 가치가 더욱 커 보이게 하는 간단한 방법이 있다. 앞에 달러 표시를 하면 된다. $400,000,000$. 약 10년 전, 보안회사인 시큐리티 다이너믹스는 이 공개키 암호화 방법을 개발한 암호 회사를 4억 달러에 사들였다. 간단한 산술 계산을 통찰해 낸 수학자들로서는 정말 짭짤한 소득이다.

해독이 정말 어려울까?

사이먼의 수를 인수분해할 수 있다면, 그의 암호를 해독할 수 있다. 수를 인수분해하는 쉬운 방법을 찾아내면 공개키 암호는 무용지물이 될 것이다. 거대한 수를 재빨리 인수분해할 수 있는 실용적인 방법이 존재하는지는 아직 아무도 모른다. 그러나 부실한 컴퓨터로도 몇 초 안에 401자리 수를 인수분해하는 멋진 방법이 언젠가는 등장할 것이다. 컴퓨터 날강도가 그런 방법을 알아내면, 인터넷만이 창조할 수 있는 영역이 초토화될 수도 있다.

살짝 방법을 바꾸어, 인수분해를 하지 않고 암호체계를 무너뜨리는 교활한 방법은 없을까? 이것은 정말 중요한 질문인데, 아직은 답을 아는 사람이 없다. 그러나 일단 우리가 답을 모른다는 사실은 암호를 깰 수 없다는 뜻이다. 그러니 우리가 현재의 무지를 극복하기 전까지 이 암호 체계는 안전하다. 공개키 암호는 우리가 알지 못한다는 사실을 오히려 좋게 이용한 멋진 사례다.

세계의 비밀

학교에서는 흔히 수학을 지루하고 왜곡된 방식으로 가르친다. 특히 중요한 것은 수학의 모든 것이 이해되고 모든 수학 문제가 해결된 줄 아는 학생이 많다는 것이다. 미적분 이상의 수학은 없는 줄 아는 이들도 많다. 그러나 실제로는 미적분을 훌쩍 넘어선 세계를 수학자들은 이해하게 되었는데, 다른 한편으로는 거의 모든 수학이 수학자들에게 여전히 수수께끼로 남아 있다. 수 세기에 걸친 노력에도 불구하고, 대부분의 수학 쟁점에 대한 답이 여전히 비밀에 싸여 있는 것이다.

사실 단순해 보이는 문제인데도 수학자들이 답하지 못한 게 있다는 것을 인정해야 한다는 것은 참 겸연쩍다. 수학의 가장 기본 요소인 수에 대한 간단한 문제에 대해서조차도 세계는 답을 비밀로 봉인하고 있다. 이번 장을 끝내기 전에 자연이 드러내 보여 주지 않는 수수께끼 몇 가지를 탐구해 보자.

〈수를 위한 수〉 수천 년 동안 인간은 수를 사랑해 왔고, 수의 패턴과 구조를 발견해 왔다. 수의 유혹은 끝이 없다. 실용적으로 세계를 바꾸고자 하는 욕망 때문에 비실용적인 수의 유혹이 뒷전으로 밀려난 적도 없다. 수들이 서로 어떻게 연결되어 있는가를 안다는 것은 근본 개념의 내적 작용을 알아본다는 뜻이다. 순수하게 수를 사랑하는 사람들이 흔히 그런 발견을 한다. 수는 사람들에게 말을 건다.

그러나 때로 수는 우리가 들을 수 있을 정도로 크게 말하지 않는다. 그런 경우 우리는 가능성의 아련한 속삭임만 엿들으며 속을 태운다. 수 이론 가운데는 기본적인 문제인데도 오늘 이날까지 답을 얻지 못한 문제들이 너무나 많다.

소수Prime number란 1보다 큰 정수 가운데 자신보다 작은 정수의 곱으로 나타낼 수 없는 수를 뜻한다. 가장 작은 소수부터 몇 개 예를 들면 2, 3, 5, 7, 11, 13, 17 등이 있다. 6이 소수가 아닌 이유는 2와 3의 곱으로 나타낼 수 있기 때문이다. 1보다 큰 모든 정수는 소수이거나 소수의 곱이다. 소수는 정수의 집을 짓는 건축용 벽돌과 같다. 즉 모든 수의 기본 요소인 것이다. 소수로 1 이외의 모든 정수를 만들 수 있다. 그래서 소수는 인간 역사상 가장 많이 연구된 개념 가운데 하나다. 그러나 소수에 대해서는 수학자들이 수백 년 동안 매달렸어도 답을 알아내지 못한 문제들이 많다. 그중 두 가지만 탐구해 보자.

〈골드바흐 추측〉 '2보다 큰 모든 짝수는 소수 두 개의 합으로 나타낼 수 있다.'

크리스티안 골드바흐가 1742년 6월 7일 공식화한 이 추측은 오늘날까지도 풀리지 않고 있다. 즉, 이 추측이 참인지 거짓인지 아는 사람이 아무도 없다. 몇 가지 작은 수를 생각해 보면 이 추측은 참인 것 같다. $4=2+2$, $6=3+3$, $8=3+5$, $10=3+7$, $12=5+7$, $14=3+11$, $16=5+11$……. 사실 수학자들은 컴퓨터와 추상적인 논리를 이용해서 10^{17}까지의 짝수가 두 소수의 합이라는 사실을 증명했다. 거기까지만 해도 짝수들의 수가 엄청나지만, 미처 증명하지 못한 짝수는 그보다 무한히 더 많다. 이 문제를 해결하기 위해서는 갈 길이 얼마나 먼가를 단적으로 보여 주는 사실이 있다. 즉, 1939년에 30만 개 미만의 소수의 합으로 모든 짝수를 나타낼 수 있다는 것을 증명했다! 골드바흐 추측을 증명하려면 30만 개를 2개로 줄여야 한다. (최근 10^{18}까지의 짝수가 두 소수의 합이라는 사실이 증명되었고, 충분히 큰 모든 짝수를 소수 6개의 합으로 나타낼 수 있다는 것까지는 증명되었다: 옮긴이).

누군가 언젠가는 골드바흐 추측을 증명하거나 반증(어떤 짝수는 두 소수의 합이 아니라는 것을 증명)했다고 치자. 그래서 실제로 달라질 게 뭐가 있을까? 얼른 생각하기에는 달라질 게 없을 것 같다. 사실 달라질 게 뭐가 있겠는가? 흔히 수학적 발견은 실용성과 전혀 무관한 것처럼 보인다. 그러나 역사가 증명했듯이, 오늘 우리의 일상생활과 전혀 동떨어진 것 같아 보이는 수학적 쟁점이 내일은 우리의 일상생활을 좌지우지할 수도 있다. 고대에 생각해 낸 소수는 350년 전에 발견된 몇 가지 추상적인 통찰과 결합해서 오늘날 공개키 암호의 토대가 되었다. 아마 100년 후라도 골드바흐 추측을 해결하면 4억 달러의 돈벼락을 맞을 수 있을 것이다(안타깝게도 100년 후에는 4억 달러가 지금의 24.99달러 가치밖에 안 될 수도 있지만).

실제로 2년 동안 그 해법은 1백만 달러의 가치가 있었다. 2000년 3월 20일부터 2002년 3월 20일 사이에 골드바흐 추측을 증명하면 그만한 돈을 주겠다고 어떤 재단에서 현상금을 내걸었다. 그 재단에서는 설마 그런 거액을 챙겨 갈 사람이 없을 거라고 믿고 마음 푹 놓았을 것이다. 실제로 그런 사람은 없었다.

소수를 순서대로 살펴보면, 소수와 관련된 다음의 유명한 수수께끼와 맞닥뜨린다. 즉, 짝수(소수가 아닌 수) 하나를 사이에 둔 두 수가 소수인 경우가 있다. 5와 7, 11과 13, 17과 19, 29와 31, 41과 43······821과 823 등이 그것이다. 이렇게 두 소수의 차가 2인 한 쌍의 소수를 '쌍둥이 소수twin primes'라고 한다.

〈쌍둥이 소수 추측〉 쌍둥이 소수는 무한히 많다.

이 추측은 수학자들이 수 세기 동안 생각해 왔지만, 정말 무한한지, 아니면 어느 선에서 쌍둥이 소수가 고갈되는지, 그 여부를 우리는 아직 알지 못한다. 현재 알려진 가장 큰 쌍둥이 소수는 51,090자리의 수다. 그것은 다음 두 수다.

$$33218925 \times 2^{169690} - 1$$ 과 $$33218925 \times 2^{169690} + 1.$$

쌍둥이 소수 추측이 참인지의 여부를 알아내는 것은 쓸모없는 일일까?

누가 알겠는가? 그것은 우리가 아직 발견하지 못한 우주의 금고를 여는 열쇠인지도 모른다.

〈1을 향해 쏴라〉 여기 바보 같은 놀이가 있다. 어떤 정수를 생각해도 좋다. 그 수를 가지고 다음과 같이 계산해 보라.

1. 짝수라면 2로 나누라.
2. 홀수라면 3을 곱하고 1을 더하라.
3. 답이 1이 아니면 위 과정을 되풀이하라.

직접 해 보자. 19를 생각했다고 하자. 홀수니까 3을 곱해서 1을 더하면 58이 된다. 58은 짝수니까, 2로 나누면 29가 된다. 29는 홀수니까 3을 곱해서 1을 더하면 88이 된다. 88은 짝수니까 2로 나누면 44가 된다. 다시 2로 나누면 22가 되고, 다시 2로 나누면 11이 된다. 11은 홀수니까 3을 곱해서 1을 더하면 34가 된다. 2로 나누면 17. 이것은 홀수니까 3을 곱해서 1을 더하면 52. 짝수니까 2로 나누면 26. 다시 2로 나누면 13. 홀수니까 3을 곱해서 1을 더하면 40. 2로 나누면 20. 또 2로 나누면 10. 또 2로 나누면 5. 3을 곱해서 1을 더하면 16. 2로 나누면 8. 2로 나누면 4. 2로 나누면 2. 2로 나누면 1. 마침내 1이 나왔으니 끝났다.

더욱 큰 임의의 수로 이런 과정을 계속해 보면 언젠가 결국 1이 된다는 것을 알 수 있다. 초고속 컴퓨터를 동원하고 몇 가지 이론 작업을 거치고, 기나긴 시간을 투자해서 사람들은 317×1015까지의 모든 수가 이 과정을 거치면 결국 1이 된다는 것을 증명했다.

'수수께끼.' 임의의 수가 짝수면 2로 나누고, 홀수면 3을 곱해서 1을 더하는 과정($3x+1$로 알려진 과정)을 되풀이하면, 결국에는 항상 1이 될까?

아무도 모른다. 관심을 둔 사람도 많지 않다. 그러나 몇몇 이상한 인간들은 이 문제가 너무나 흥미진진해서 밤늦도록 궁리를 하며, 체계적으로 돌담에 머리를 들이받는다. 서서히 머리가 터지거나 돌담이 무너질 때까지. 그들이 답을 찾아내면 세상이 달라질까? 그것을 누가 알겠는가? 그러나 이것만은 안다. 수의 세계에 대해 알고 싶은 우리의 본능적인 욕구는 현실적으로 엄청난 보상을 받아 왔다는 사실을. 예를 들어 소수와 인수분해에 대한 추상적인 개념이 뜻밖에도 공개키 암호로 이어져서 인터넷 상거래 보안 도구로 쓰이게 되었다. 아득한 옛날부터 오늘날에 이르기까지 수에 대한 인간의 호기심은 태어나면서부터 시작되는 것 같다.

얼마나 많은가? 얼마나 큰가? 얼마나 빠른가?

> 수가 있는 곳에 아름다움이 있다.
>
> ─프로클루스(418~485)

'보나마나……' 보통의 종이를 반으로 접고! 접고! 또 접는다고 할 때! 실제로는 일곱 번 정도밖에 접을 수 없다. 그러나 줄잡아 쉰 번을 접었다고 상상해 보자. 그랬다면, 접힌 종이의 두께는 얼마나 될까? 한 치? 한 자? 한 발? 한 길?

'놀랍게도……' 상상으로 접은 종이의 두께는 1억 마일(1억 6,090킬로미터)이 넘어서, 지구에서 태양까지 가고도 남는다. 고작 쉰 번 접었건만!

여러 가지 수

우리는 수학 하면 대부분 먼저 수를 떠올린다. 수 하면, 먼저 셈을 떠올린다. 언뜻 생각하기에 셈을 한다는 것이 별것 아닌 것 같지만, 그건 분명 우리가 언제나 기댈 수 있는 어떤 것이다. (기대서 미안.) 셈을 한다는 것은 단순해 보여도, 우리의 첫인상과 달리 그건 대단한 일이다. 인류 역사상 우리에게 세계를 더욱 섬세하게 바라볼 수 있는 힘을 부여한 추상적인 개념은 몇 가지 안 된다. '얼마나 많은가'를 알아낸다는 것은 현미경을 들여다보는 것과 같다. 그런 질문을 하는 순간 돌연 우리는 훨씬 더 자세히 세상을 보게 된다. 이번 장에서 우리는 셈을 한다는 단순 행동이 수많은 경이적인 결과를 낳는 열쇠가 된다는 점을 알게 될 것이다.

인간은 두 가지 유형이 있다. 정확하게 셈하는 사람과 그렇지 않은 사람. 물론 실제로 무엇을 셈으로 간주할 것인가는 상황에 따라 다르다. 때로는 주의 깊게 셈을 해야만 셈을 했다고 할 수 있고, 때로는 대강 어림짐작하는 것만으로 충분할 수도 있다. 예를 들어 우리가 공항을 떠날 때라면 정확히 셈을 하는 경향이 있다. 짐은 모두 챙겼는지, 아이들 머릿수도 맞는지 말이다. 그러나 정확히 셈하기를 때려치우고 "규모의 등급orders of magnitude"만 어림짐작할 수도 있다. 미국의 부채액이나 빌 게이츠의 연간 소득액 따위를 생각할 때 그렇다. 이때 우리는 숫자 뒤에 붙은 영이 얼마나 많은가 정도에만 관심을 둔다. (즉, 몇십 조 달러, 혹은 몇백 억 달러.) 우리는 영 앞의 숫자가 1인지 2인지(100억인지, 200억인지)는 그리 마음 쓰지 않는다. 이와 같은 두 가지의 셈—정확한 셈과 규모의 등급 추산—을 통해 우리는 세계를 더 잘 바라볼 수 있다.

숫자로 정확하게 양을 재거나, 혹은 어림짐작으로 추산하는 대표적인 사례로는 나이를 꼽을 수 있다. 유명 코미디언 잭 베니(1894~1974)는 40년 이상 늘 자기 나이를 39세로 추산했다. 이것은 고전적인 코미디지만, 인류 역사상 가장 정확한 추산은 아니다. 잭 베니가 태어나기 몇 해 전에 지구가 태어났다. 그러니까 17세기에 제임스 어셔 주교가 지구의 생일을 정확히 계산해 낸 것이다. 서력기원전 4004년 10월 23일 밤 지구가 태어났다. 그는 천문학과 그리스도교 성서를 이용해서, 아담과 이브에 이를 때까지 모든 탄생과 사망 기록을 따져서 이렇게 놀랍도록 정확한 날짜를 알아냈다. 그러나 지구의 나이를 비교적 어리게(줄잡아 6,000살로) 본 어셔의 추산은 세월의 시련을 이기지 못했다. 19세기에 지질학자 찰스 라이엘은 더 정확하게 지구에 대한 과학적 증거를 이용해서 지구의 나이가 수백만 년은 된다고 추산했다. 라이엘 박사 덕분에 지구는 미국 극장에서 노인 할인을 받을 자격이 생겼다.

오늘날 과학자들은 지구가 몇십 억 살이라고 믿는다. 현대적 나이 계산법은 그리 크게 틀리지 않을 것 같다. 어셔 주교도 17세기에 자기 계산이 틀릴 리가 없다고 생각했겠지만 말이다. 몇천 살이라고 생각했던 지구의 나이가 실은 몇백만 살, 나아가 몇십 억 살이라고 생각하게 될 때 우리의 세계관은 근본적으로 달라진다. 예를 들어 지구의 나이가 그렇게 많다고 보면, 침식과 같은 점진적인 자연현상이 가능해지고, 드물게는 지진이나 화산 활동에 의한 변화도 가능해진다. 그랜드 캐니언 같은 협곡, 산맥, 대륙이 극적으로 만들어질 수 있는 시간이 충분한 것이다. 그래서 지구 나이의 규모 등급을 어떻게 생각하느냐에 따라 무엇 때문에 지구의 모습이 변화하는가에 관한 우리의 전망이 달라진다.

자연수

자연수는 수학과 우리 세계에 대한 우리의 수량 감각의 기초가 되는 수다. 자연수는 셈을 하는 수다. 즉, 1, 2, 3, 4, 5, 등으로 이어지는 것이 그것이다. 물론 자연수의 흐름은 끝이 없다.

자연수에는 두 가지 유형이 있다. 작은 수와 큰 수. 우리가 작은 수를 잘 알고 좋아하는 것은 작은 수가 편하고, 날이면 날마다 마주치기 때문이다. 큰 수는 낯설고 때로 좀 무서워 보인다.

대부분의 자연수가 사실 워낙 커서, 우리 피부에 와 닿는 의미를 지니고 있지는 않다는 것을 생각해 보면 자못 흥미롭다. 실생활에서 거의 모든 자연수는 인간과 한 번도 조우하지 못한다. 여기 이 책에서 처음으로 인간의 눈에 띄게 된 처녀수를 하나 보여 드리겠다. 자, 처음 데뷔하는 디지털 여배우를 보시라.

50588773485839972782674565498949117196545668765212321654545
49764641214191656465446465456414984894949819894987631321346
54621984981981004180987878180090987415965120261254500408850
99877001128588907542123500205569868189602005456713389654911
63116640068846401314550478887723259952483879825525915987125
80598852541558598852226996322689870465446465456414984894949
81989498763132134654621984981981004180987878180090987415965

12026125450040982552591598712580598852541558598852226996322

68987046544646654563720960071

　사실 자그마한 이 수 요정은 500자리 수를 그냥 무작위로 기록한 것이다. 누군가 500자리 수를 쓰고 싶어 하는 사람이 정확히 이 수를 쓸 가능성은 $1/10^{500}$이다. 이 가능성은 얼마나 희박한가? 지구상의 모든 사람, 그러니까 64억 명에 이르는 사람들 모두가 제비뽑기에 참여했다고 하자. 1년 동안 일주일에 한 번 지구인 중에서 무작위로 제비뽑기해서 한 명이 당첨될 확률은, 위에 써 놓은 500자리 수와 정확히 똑같은 수를 무작위로 기록할 확률보다 월등히 더 높다.

　물론 수는 무한히 많아서, 인간이 한 번도 보지 못한 수 역시 무한히 많다. 그런데 위의 특정 500자리 숫자를 누군가가 셈한 적이 있지 않을까 궁금한 독자들도 있을 것이다. 고대 이집트 제3왕조쯤의 어느 학자가 정확히 그 수까지 헤아린 적이 있지 않을까? 물론 없다. 그 이유를 알아보자.

　고대 이집트인들은 놀라운 데가 있다. 그들은 당시의 기술로는 불가능해 보일 만큼 크고 복잡한 피라미드를 세웠다. 1980년대에 유행하기 시작한 복고 댄스 클럽에서는 오늘날에도 이집트인들과 같은 춤을 춘다. 하지만 재능 많은 고대 이집트인들도 결코 위의 수를 헤아릴 수는 없었다. 고대 이집트 학자를 까마득히 더 먼 옛날로, 그러니까 줄잡아 137억 년 전 빅뱅의 순간으로 보내고, 슈퍼컴퓨터로 무장시켰다고 하자. 초당 1조 개의 수를 헤아릴 수 있는 슈퍼컴퓨터를 우주 탄생 시점부터 가동시켜 전혀 쉬지 않았다면, 지금쯤 우리의 500자리 숫자에 이르렀을까?

이 슈퍼컴퓨터가 얼마나 큰 수까지 셈했는지를 알아보는 것은 어렵지 않다. 137억 년 곱하기 1년 365일 곱하기 하루 24시간 곱하기 시간당 60분 곱하기 분당 60초 곱하기 초당 숫자 1조. 이렇게 곱한 값은 고작 29자리 숫자다. 우리의 500자리 숫자에 비하면 너무나 작은 수여서, 출발이 좋다고 말할 수도 없을 정도다. 초당 1조씩 우주의 전체 나이만큼 셈을 했는데도 30자리 숫자에도 미치지 못했다니 놀랍지 않은가? 500자리 숫자는 실용적으로 아무런 의미도 없다. 너무나 커서 말이다.

수 이름

우리가 이야기하고 있는 수들은 물론 이름이 있다. 그러나 사실 대다수의 수는 아직 이름이 없다. 이름을 가진 수는 전체 자연수에 비하면 그 양이 티끌만큼도 안 된다. 어쩌면 우리는 까마득히 머나먼 별에 연인 이름을 붙여 주고 50달러를 받으려는 회사들에게 배울 점이 있을 듯하다. 저렴한 요금을 받고 크나큰 수에 연인 이름을 붙여 주는 회사를 차리는 것이다. 물론 별 의미도 없는 등록부에 그 이름을 올려 준다. 우리의 회사는 다른 회사의 별이 다 떨어진 후에도 하염없이 오래 사업을 계속할 수 있다. 사실 수를 사랑하는 고객을 위해 아무리 많은 수에 이름을 붙여 준다고 해도, 이름 붙여 주지 않은 수는 여전히 무한히 많다. 이쯤 되면 여러분은 이 책에 실려서 조금은 유명해진 500자리 숫자에 벌써 눈독을 들일지도 모르겠다. 사랑하는 친척을 기려서 에드나 이모 수라고 부를 수도 있을 것이다. (요금을 부쳐 주시기 바랍니다.)

수와의 대면

500자리 수는 우리에게 아무런 의미도 없다. 그러나 현대 세계에서, 특히 컴퓨터가 없는 곳이 없는 오늘날, 우리는 수백만, 수억, 수조에 이르는 숫자와 곧잘 만나게 된다. 그런 커다란 수량들의 차이를 이해하는 것은 정말 중요하다. 백만, 억, 조의 차이를 실감해 보기 위해, 일상생활에서 쉽게 접할 수 있는 시나리오를 몇 가지 짚어 보자.

〈천 단위〉 1천이라는 수가 고고하게 사용되는 경우는? 맑은 밤하늘에서 우리가 맨눈으로 볼 수 있는 별의 숫자가 천 단위다. 실제로 17세기에 튀코 브라헤와 요하네스 케플러는 1,005개의 별을 찾아서 기록에 남겼다(그들은 별을 팔 생각은 못했다). 물론 곳에 따라, 사람에 따라 보이는 별의 수가 다르긴 할 것이다. 학생들은 대학에서 4년 동안 1~2천 시간의 강의를 듣는다. 또 우리가 1년 동안 잠을 자는 시간도 그와 비슷하다. 우연의 일치일까? 물론 아닐 것이다……

〈백만 단위〉 더욱 큰 수와 친숙해지기 위해 몇 가지 사고실험을 해 볼 수 있다. 수백만이라는 수의 의미를 실감하기 위해 우선 통계를 떠올려 보자.

미국 뉴욕과 로스앤젤레스를 비롯한 대도시의 인구수가 대개 수백만이다. 고해상도의 디지털 사진은 수메가의 화소를 가지고 있는데, 메가란 약 1백만을 뜻한다. 수백만 달러의 가치가 나가는 연예인을 영어로 메가스타mega-star라고 하는 것도 그래서일 것이다.

그러나 백만의 의미를 구체적으로 느껴 보기 위해 묵직한 질문을 던져 보자. "지폐 1백만 달러는 얼마나 무거울까?" 어떤 괴팍한 사람이 1백만 달러를 1달러짜리 지폐로 우리에게 주었다고 하자. 혼자서 단번에 들고 가면 그걸 다 주겠다는 단서와 함께 말이다. 그렇다면 거저먹기일까? 1백만 달러는 정확히 무게가 얼마나 나갈까?

물론 1달러짜리 천 장을 갖고 있다면, 그 무게를 재서 거기에 1천을 곱하면 될 것이다. 그러나 1달러짜리 현찰을 잔뜩 갖고 있는 사람은 별로 없으니, 누구나 쉽게 알아낼 수 있는 방법을 생각해 보자. 복사 용지 500장 한 묶음의 무게가 줄잡아 4파운드(1.8킬로그램) 나간다. 위조범에게 물어보면 누구나 복사 용지 한 장으로 1달러짜리 다섯 장을 만들면 딱 맞다고 말할 것이다. 그러니 5×500, 곧 2,500달러의 무게가 줄잡아 4파운드다. 1백만은 2,500×400이다. 그러니 1달러짜리 지폐 1백만 달러의 무게는 줄잡아 4×400, 곧 1,600파운드(약 720킬로그램)에 이른다, 미국 주지사 아널드 슈워제네거라도 단번에 들고 갈 수 없다. 그걸 가져가면 캘리포니아 살림살이에 큰 보탬이 될 텐데 안됐다.

〈억 단위〉 억 단위에서 가장 주목할 만한 것은 현재의 세계 인구수다. 그수는 약 64억이다.(현재 68억 명이 넘을 것으로 추산된다: 옮긴이). 빅뱅 이후 우주의 나이는 앞서 얘기했듯이 137억 년이다. 기가바이트는 줄잡아 10억 바이트를 뜻하는 말이다.

하지만 이런 숫자는 워낙 커서 실감이 잘 나지 않는다. 억 단위를 실감해 보기 위해 빌 게이츠의 재산을 한번 생각해 보자. 몇 년 전 빌 게이츠는 개인 재산이 한 해에 200억 달러가 증가하기도 했다 (2007년 재산이 560억 달러라고 발표되었는데, 1999년에는 900억 달러까지 기록했다: 옮긴이). 다음 시나리오를 생각해 보면서 빌 게이츠의 개인 재산 증가액이 얼마나 큰지 실감해 보자.

게이츠 씨가 200억 달러를 벌었던 해의 어느 날, 자기 사무실에서 일을 하다가 100달러짜리 지폐가 바닥에 떨어져 있는 것을 보았다. 잠깐 허리를 숙여 그것을 줍는 것이 득이 될까, 아니면 그 지폐를 무시하고 계속 일을 해서 연소득을 올리는 게 더 득이 될까?

게이츠 씨가 허리를 숙여 100달러 지폐를 줍는 데는 1~2초 걸릴 테니까, 그의 초당 소득을 계산해 볼 필요가 있다. 그가 50주를 일하고, 주당 40시간 일한다고 하면, 그가 한 해에 일하는 시간은 2,000시간이다. 한 시간은 3,600초니까, 2,000시간은 7,200,000초에 해당한다. 그의 "초당" 소득은 20,000,000,000달러 나누기 7,200,000, 곧 약 2,800달러다.

따라서 게이츠 씨는 28분의 1초에 100달러를 번다. 올림픽 100미터 달리기 금메달리스트도 출발 신호에 반응을 하는 데 약 10분의 1초가 걸리는데, 게이츠 씨는 그것의 반도 안 되는 시간에 100달러를 버는 셈이다. 그러니 게이츠 씨는 100달러를 지폐를 줍기는커녕 그걸 바라보는 것만으로도 엄청난 손실이 된다. 이렇게 억 단위는 참 큰 수다.

〈정어리 통조림〉 우리는 세계 인구가 너무 과밀하다는 말을 곧잘 듣는다. 하지만 그것은 인구가 어디에 살고 있느냐의 문제일 뿐이다. 모든 인류가 연차 총회 회의장에 참석했다고 치자. 모든 인류를 회의장 안에 들일 수 있을까? 회의장이 아니라 도시 하나를 채우고도 남을까?

'놀랍게도' 세계 인구 전부를 하나의 커다란 저택에 때려 넣을 수 있다. 이건 농담이다. 하지만 사실 세계 인구 전부를 1세제곱마일 안에 진짜로 모두 넣을 수 있다.

셈을 해 보자. 1마일은 약 16만 센티미터다. 따라서 1세제곱마일은 약 4,100조 세제곱센티미터다. 세계 인구를 넉넉잡고 70억 명이라고 쳐도 1인당 약 60만 세제곱센티미터를 차지할 수 있다. 그 정도면 편히 발 뻗고 누울 수 있다. 1세제곱마일의 모텔이 무슨 호텔만큼 쾌적하지는 않겠지만, 아무튼 모두 때려 넣을 수는 있다.

〈조 단위〉 일상생활에서, 특히 미국에서 조 단위를 접하는 일은 별로 없다. 그러나 조 단위의 곤혹스러운 예가 바로 미국의 부채 규모다. 2004년 초 미국의 부채는 정확히 7조 달러였다(현재 10조 달러가 넘는다: 옮긴이). 이건 정말 큰 수다. 이 엄청난 수를 어떻게 이해하면 좋을까? 한 가지 방법은 부채를 갚아 나간다고 상상하는 것이다.

미국이 부채 규모에 경각심을 느끼고, 시간당 1백만 달러씩 부채를 줄인다고 하자. 그건 꽤나 단단히 허리띠를 졸라매는 셈이다. 그 정도면 곧 부채를 탕감할 수 있을 것 같다. 그런 비율로 부채를 줄여 나가면 부채를 다 갚는 데 얼마나 걸릴까? 7조(7,000,000,000,000) 달러 나누기 1백만

(1,000,000) 시간은 7백만(7,000,000) 시간이다. 거기에 하루 24시간, 1년 365일을 나누면 부채를 모두 갚는 데 걸리는 햇수가 나온다. 답은 약 800년이다, 즉, 7조 달러의 부채를 시간당 1백만 달러씩 줄여 나가면 부채를 모두 없애는 데 800년이 걸린다. 미국이 오랫동안 빚에서 허덕일 거라는 사실은 먼치킨Munchkin(초인적인 능력을 가진 인물: 옮긴이) 경제학자가 나서지 않아도 충분히 알 만하다.

〈천 조 단위〉 [영어로는 영이 3개씩 추가될 때마다 수가 새로운 이름을 갖는다. 10^3이 one thound(1천), 10^6이 one million(1백만), 10^9이 one billion(10억), 10^{12}이 one trillion(1조), 10^{15}이 one quadrillion(1천 조). 우리말은 영이 4개씩 추가될 때마다 수 이름이 바뀐다. 10^4이 만, 10^8이 억, 10^{12}이 조, 10^{16}이 경, 10^{20}이 해, 10^{24}이 자, 10^{28}이 양……: 옮긴이] 1천 조에 이르는 첫 단계로 종이를 반으로 한 번 접는다. 다시 반으로 접고, 접고, 또 접는다(그림5.1). 종이를 50번 반으로 접으면, 실제로는 접는 일이 불가능하지만, 아무튼 이론적으로 접었다 치면 그 두께는 어마어마해지는데, 이렇게 접힌 종이가 바로 1천 조 겹이다. 이만하면 미국의 부채는 새 발의 피다. 그 과정을 한번 살펴보자.

그림5.1

처음 종이를 접으면, 접힌 종이는 두 겹이 된다. 두 번째로 접으면 네 겹이 된다. 매번 접을 때마다 두 배로 늘어난다. 처음 몇 번 접은 다음에 겹수는 급격히 늘어나기 시작한다. 접은 횟수와 겹수는 다음과 같다.

3회―8겹

4회―16겹

5회―32겹

6회―64겹

7회―128겹

8회―256겹

9회―512겹

열 번 접으면 1,024겹이 된다. 실제로는 열 번씩이나 접을 수는 없지만, 이론적으로 접었다고 치면 그 두께는 500매 종이 두 묶음 두께니까, 약 10센티미터에 이른다.

접기를 계속하면, 매번 겹수와 두께가 두 배가 되어 그 규모의 등급이 급격히 커진다(표5.2). 스무 번 접으면 1백만 겹이 넘고, 그 두께는 축구장 길이 이상이다. 서른 번 접으면 10조 겹, 두께는 100킬로미터에 이른다. 마흔 번 접으면 1조 겹. 마흔두 번 접으면 그 두께가 달에 가고도 남는다. 쉰 번 접으면 1천 조 겹, 여기서 한 번만 더 접으면 두께가 2억 킬로미터에 이른다. 이 두께라면 지구에서 태양까지 가고도 남는다! (지구에서 달까지의 거리는 38만 킬로미터, 태양까지는 약 1억 5,000만 킬로미터: 옮긴이)

횟수	겹수(근사값)	두께(근사값)
10	1,000	0.1미터
20	1,000,000	100미터
30	1,000,000,000	100킬로미터
40	1,000,000,000,000	100,000킬로미터
42	4,000,000,000,000	400,000킬로미터
50	1,000,000,000,000,000	100,000,000킬로미터
51	2,000,000,000,000,000	200,000,000킬로미터

표5.2

매번 배증을 하면 그 수가 폭발적으로 증가한다. 종이접기의 예를 통해 우리는 처음 몇 단계만 지나면 이후 급격히 수가 커진다(그 간격이 벌어진다)는 것을 알 수 있는데, 그것은 일견 우리의 직관과 사뭇 다르다. 이와는 거꾸로, 놀랍도록 짧은 단계를 거쳐 그 간격이 대폭 좁혀지는 반대 사례도 있다. 이것 역시 우리의 직관과는 사뭇 어긋난다.

악수 여섯 번의 거리

수적으로 생각해 보면 우리는 유명 인물과 한결 더 가까운 사이가 될 수 있다. 몇 단계를 거치면 프랭클린 루스벨트나 마거릿 대처, 마릴린 먼로나 엘비스 프레슬리와 간접 악수를 할 수 있을까? 우리가 태어나기 전에 이미 세상을 떠난 바람에 직접 만날 수는 없지만, 그래도 우리는 그들과 악수를 한 사람과 악수를 할 수는 있다. 그들은 우리가 얼핏 생각하는 것보다 훨씬 더 우리와 가까운 사이다. 최대한 여섯 번만 악수를 하면 마릴린 먼로나 엘비스 프레슬리와 간접 악수를 할 수 있다는 것은 거의 확실한 사실이다. 즉, 마릴린 먼로와 악수를 한 사람(악수 한 번)과 악수를 한 사람(두 번)과 악수를 한 사람(세 번)과 악수를 한 사람(네 번)과 악수를 한 사람(다섯 번)과 우리는 악수를 했다(악수 여섯 번). 지금 이 문장을 읽으면서 마릴린이나 엘비스와 너무나 가까운 사이라는 것을 실감한 나머지 가슴이 두근거릴 독자도 있을 것이다. 분명 세상은 우리가 생각하는 것보다 훨씬 더 좁다.

우리가 서로 그토록 가깝게 연결되어 있다는 것이 어떻게 사실일 수가 있을까? 처칠 수상과 같은 유명 인물을 예로 들어 보자. 그는 살아생전에 수많은 사람과 악수를 했다. 정치가는 물론이고 온 나라의 지도자, 군부 수뇌, 세계 각국의 유명 운동선수와도 악수를 했고, 수많은 서민들과도 악수를 했다. 처칠과 악수를 한 사람들은 또 다른 수많은 정치가, 종교 지도자, 교인, 이웃, 서민 들과 악수를 했다. 이런 식으로 두어 단계 만에 거의 모든 사람이 연루된다. 몇 단계를 더 거치며 친인척이나 지인들과 악수를 하면 모든 인류가 처칠과 간접 악수를 한 사이가 된다.

다른 누군가와 악수 몇 번의 거리만큼 떨어져 있는지 각자 생각해 보라. 예를 들어 알베르트 아인슈타인과 몇 번 만에 간접 악수를 할 수 있을까? 그걸 따져 보기 위해서는 먼저 우리가 악수를 한 적이 있는 가장 유명한 사람이 누군가를 생각해 본다. 아니면 유명한 사람과 악수를 한 적이 있는 사람과 악수를 한 적이 있으면 된다. 유명 인물들은 대체로 다른 유명 인물들과 많은 악수를 한다. 유명 인물과 악수를 하는 데는 대개 세 번의 악수가 필요하고, 다시 세 번만 더 악수를 하면 다른 어떤 사람과도 연결된다. 물론 중국이나 아프리카 오지에 사는 사람이라면 두어 번 더 악수를 해야 할 수도 있을 것이다.

우리는 한 200년 전의 사람과도 추가로 많은 악수를 하지 않고도 연결될 수 있다. 예를 들어 미국의 3대 대통령인 토머스 제퍼슨을 생각해 보자. 그는 미국 독립선언 50주년 기념식 날인 1826년 7월 4일 사망했다. 그는 틀림없이 20세기에도 생존한 사람 여러 명과 악수를 했을 것이다. 그들이 80대나 90대의 나이에 악수를 한 어린아이가 지금까지 살아 있을 수 있다. 그렇다면 우리는 당연히 예닐곱 번 만에 토머스 제퍼슨과도 간접 악수를 할 수 있다. 최대한 여덟아홉 번이면 거의 확실히 연결될 것이다. 사실 오늘날 살아 있는 사람 가운데 제퍼슨과 악수를 한 사람과 악수를 한 사람도 있을 것이다. 오늘날의 세계는 그야말로 지구촌이라고 할 수 있다. 가장 만나고 싶은 사람은 누구인가? 우리는 그 사람과 악수 몇 번의 거리밖에 떨어져 있지 않다.

반대로 좀 불쾌한 경우지만, 그러한 사실은 우리가 지구상의 가장 혐오스러운 사람과도 악수 일고여덟 번의 거리밖에 떨어져 있지 않다는 사실을 함축하고 있다. 악수가 이어지는 동안 중간에 누군가 손을 깨끗이 씻었기만을 빌자. 이러한 이야기를 좀 더 심각한 차원에서 말하면, 우리 모두가 그토록 가까이 연결되어 있다는 사실은, 전염병이 잠재적으로 가공할 위력을 지녔다는 뜻이 된다. 일정 기간 잠복성을 지닌 치명적인 전염병이 발생했다고 하자. 그러면 그 질병은 지구상의 거의 모든 사람에게 거의 즉각 전염될 것이다. 에이즈 균이 공기로도 전염된다면, 지금쯤 우리 모두 감염되었을 거라고 생각하면 오싹한 기분이 든다.

공중의 카드 위에 걸터앉기

인간 네트워크로 북적거리는 지구를 떠나, 잠시 혼자서 카드놀이를 해보자. 탁자 위에 카드가 아주 잔뜩 쌓여 있다. 이것을 그림5.3과 같이, 맨 위의 카드들을 탁자 가장자리 밖으로 조심조심 점점 멀리 빼내서 외팔보를 만들어 보자(외팔보/캔틸레버cantilever란 한쪽 끝만 고정되고 다른 쪽 끝은 받쳐지지 않은 상태로 있는 보/들보다. 건물의 처마 끝, 현관의 차양, 발코니 등에 많이 이용된다: 옮긴이). 물론 여느 카드놀이의 경우와 같이, 접착제 따위를 사용해서 카

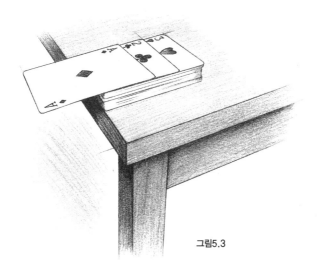

그림5.3

드를 붙이면 안 된다. 카드의 양이 무한히 많다면, 이 외팔보는 무너지지 않고 얼마나 멀리 탁자 밖으로 뻗어 갈 수 있을까? 특히,

1. 맨 위 카드를 탁자 가장자리 너머로 완전히 벗어나게 할 수 있을까(그림5.4)?

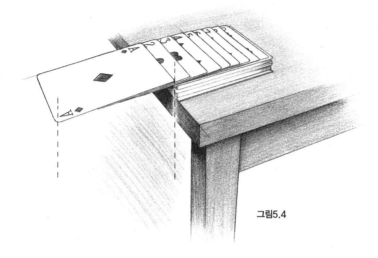

그림5.4

2. 맨 위 카드가 탁자 가장자리 너머로 두 자 이상 벗어나도록 카드를 쌓을 수 있을까(그림5.5)?

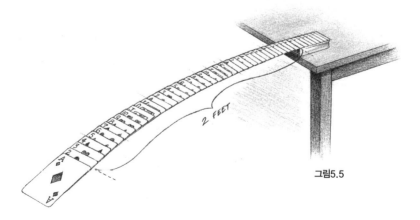

그림5.5

3. 역시 접착제를 사용하지 않고 맨 위 카드를 탁자 가장자리 너머로 1마일 이상 벗어나게 해서, 그림5.6처럼 그 위에 우리가 걸터앉아도 외팔보가 무너지지 않게 할 수 있을까(그림5.6)?

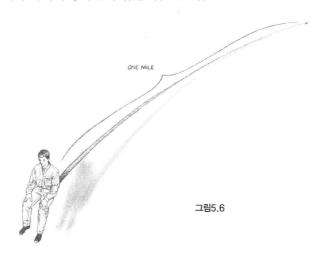

ONE MILE

그림5.6

'놀랍게도' 그 답은 "그렇다, 그렇다, 그렇다!"이다. 사실 카드의 양만 충분하다면 탁자 가장자리 너머로 우리가 원하는 만큼 멀리 뻗어나가는 것이 이론적으로 얼마든지 가능하다. 그뿐만 아니라, 맨 위 카드(탁자에서 가장 먼 카드) 위에 아무리 무거운 것이라도 너끈히 올려놓을 수 있다. 그래도 그림5.7처럼 카드는 결코 붕괴되지 않는다. 우리의 직관과 너무나 어긋나는 이런 사실은 말도 안 되는 소리 같다.

물론 이런 외팔보를 만드는 것은 가상세계에서다. 1조 장 이상의 카드를 쌓아두었다고 상상하고, 실제의 카드 52장에 작용하는 것과 똑같은 물리법칙이 이 거대한 카드의 탑에도 그대로 적용된다고 하자. 그 모든 것이 가

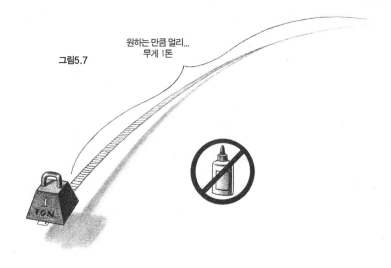

원하는 만큼 멀리...
무게 1톤

그림5.7

능하다. 실제의 탁자에는 그만한 카드를 올려놓지도 못할 것이다. 그러나 탁자 역시 비현실적으로 튼튼하고, 카드 역시 이루 헤아릴 수 없이 양이 많다면, 앞서 말한 모든 일이 가능하다. 어떻게 그런 일이 가능할 수 있단 말인가? 그게 가능하려면 얼마나 많은 카드가 필요할까?

이것을 설명하자면 계산을 좀 할 필요가 있는데, 분명 그걸 싫어하는 독자도 있을 것이다. 기술적인 설명에 관심이 없는 독자는 이 대목을 그냥 건너뛰거나, 그림만 보고 넘어가도 좋다. 카드에 접착제를 바르지도 않고 탁자 가장자리 너머로 멀리 밀어 보낼 수 있고, 나아가서 탁자에서 가장 먼 카드에 걸터앉아도 무너지지 않는다는 이런 얼토당토않아 보이는 사실은 우리 모두 음미해 볼 만한 일이다. 그것이 어떻게 가능한지 수학적으로까지 알아보고 싶지는 않은 사람이라고 해도 말이다.

〈위에서부터 시작〉 밑에 쌓인 카드를 움직일 생각은 하지 말고, 맨 위의 카드부터 시작해서 아래로 내려간다. 핵심은, 맨 위 카드가 밑으로 떨어지지 않도록 무게 중심이 바로 아래 있는 카드에 걸쳐져 있어야 한다는 것이다. 카드의 '무게 중심'은 핀 위에 올려놓았을 때 완벽하게 균형이 잡히는 지점이다. 맨 위 카드의 무게 중심이 아래 카드를 벗어나면 맨 위 카드는 밑으로 떨어질 것이다(그림5.8).

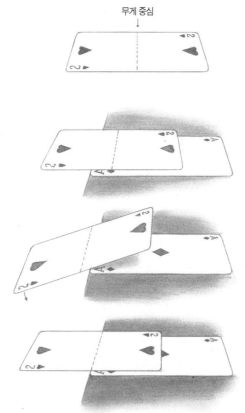

그림5.8 맨 위 카드의 무게 중심이 바로 아래 카드 위에 놓여 있으면 위 카드는 밑으로 떨어지지 않는다. 무게 중심이 아래 카드에서 벗어나면 밑으로 떨어진다. 무게 중심이 아래 카드의 가장자리에 걸쳐져 있으면, 위 카드는 완벽하게 균형이 잡힌 채 제자리에 그대로 있게 된다.

위 카드가 바로 아래 있는 카드에서 얼마나 벗어나도 좋은가를 결정하는 것은 어렵지 않다. 아래 카드에서 반 이상 벗어나면 당연히 밑으로 떨어진다. 자, 그럼 가능한 한 많은 카드로 외팔보를 만들어 보면서, 바로 아래 카드와 관련해서 각 카드들의 무게 중심이 어떻게 이동하는지 알아보자.

각 카드의 길이를 2단위라고 하자. 그러면 카드의 무게 중심은 길이의 중앙, 곧 가장자리에서 1단위 떨어진 곳이다(그림5.9).

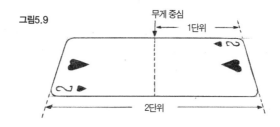

그림5.9

두 번째 카드를 첫 카드 아래 놓고, 그 왼쪽 끝이 첫 카드의 무게 중심 바로 아래에 놓이게 한다면, 두 카드의 무게 중심은 두 번째 카드의 중앙에서 왼쪽으로 2분의 1 떨어진 곳이다(그림5.10). 그곳은 맨 위 카드의 무게 중심과 두 번째 카드의 무게 중심의 중앙에 해당하는 곳이다. 두 카드의 무게 중심은 각 카드의 무게 중심의 평균과 같다.

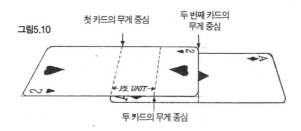

그림5.10

이제 세 번째 카드를 그 아래에 놓는데, 왼쪽 끝이 정확히 두 카드의 무게 중심 아래에 놓이도록 한다(그림5.11).

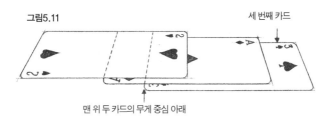

그림5.11

세 번째 카드

맨 위 두 카드의 무게 중심 아래

세 카드의 무게 중심을 결정하기 위해서는 다음과 같이 계산하면 된다. 맨 위 두 카드의 무게 중심은 정확히 세 번째 카드의 왼쪽 끝에 걸쳐져 있고, 세 번째 카드의 무게 중심은 물론 그 카드 왼쪽 끝에서 1단위 떨어진 곳이라는 사실을 우리는 안다. 그러므로 세 번째 카드의 왼쪽 가장자리에 두 카드의 무게가 실려 있고, 한 카드의 무게는 거기서 오른쪽으로 1단위 떨어진 곳에 실려 있다(그림5.12).

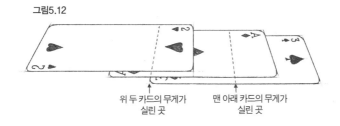

그림5.12

위 두 카드의 무게가 실린 곳

맨 아래 카드의 무게가 실린 곳

따라서 세 번째 카드의 왼쪽 끝을 기준으로 할 때, 맨 위 두 카드의 무게 중심 위치는 0이고, 세 번째 카드의 무게 중심 위치는 1이다. 이것을 평균

한 것, 곧, (2×0+1)/3단위가 세 카드 전체의 무게 중심 위치다. 이곳은 세 번째 카드의 왼쪽 끝에서 오른쪽으로 3분의 1단위 떨어진 곳이다(그림5.13).

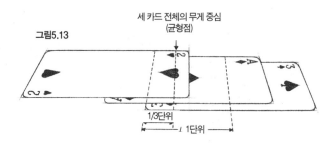

세 카드 전체의 무게 중심
(균형점)

그림5.13

1/3단위

1단위

이제 네 번째 카드가 놓일 자리가 정해졌다. 맨 위 세 카드가 네 번째 카드의 왼쪽 가장자리에서 균형을 잡도록 하면 된다. 즉, 맨 위 세 카드의 무게 중심이 네 번째 카드의 왼쪽 가장자리 위에 정확히 위치하면 된다. 이제 네 카드 전체의 새로운 무게 중심은 네 번째 카드의 왼쪽 끝에서 오른쪽으로 (3×0+1)/4단위만큼 떨어진 곳이다(그림5.14).

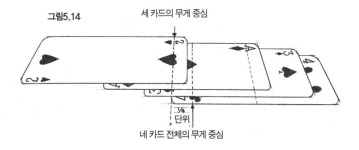

세 카드의 무게 중심

그림5.14

1/4
단위

네 카드 전체의 무게 중심

이제 서서히 패턴이 모습을 드러내기 시작한다. 이런 식으로 일단 100장 정도의 카드를 쌓아 놓았다고 치면, 101번째의 카드의 왼쪽 가장자리가

100장의 무게 중심 바로 아래 놓이면 된다는 것을 알 수 있다. 그러면 100
장의 카드는 무너지지 않을 것이다. 101장 전체의 새로운 무게 중심은,
101번째 카드의 왼쪽 끝에서 오른쪽으로 $(100 \times 0 + 1)/101$단위만큼 떨어진
곳이다.

이런 식으로 전체 카드의 무게 중심이 탁자 위에 놓여 있는 한 카드는 무
너지지 않는다. 네 장의 카드로 외팔보를 만들었을 때 탁자 가장자리 너머
로 얼마나 멀리 뻗어 나갈지 알고 싶다면? 네 장의 무게 중심이 맨 위 카드
의 왼쪽 가장자리에서 얼마나 떨어져 있는가를 알면 된다(그림5.15). 답은
다음과 같다.

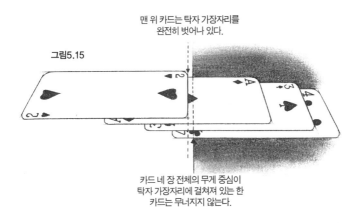

맨 위 카드는 탁자 가장자리를
완전히 벗어나 있다.

그림5.15

카드 네 장 전체의 무게 중심이
탁자 가장자리에 걸쳐져 있는 한
카드는 무너지지 않는다.

$$1 + 1/2 + 1/3 + 1/4 = 25/12 > 2단위$$

카드의 길이는 2단위인데, 이 계산 결과에 따르면 맨 위 카드의 왼쪽 가
장자리는 탁자의 가장자리에서 2단위 이상 떨어져 있다. 즉, 맨 위 카드는
탁자를 완전히 벗어나 있다는 뜻이다. 네 장의 카드를 가지고 직접 시험해

보라, 조금만 신중하게 손을 놀리면 이 놀라운 장면을 누구나 직접 연출할 수 있다.

다른 질문에 대해서도 생각해 보자. 맨 위 카드가 탁자 가장자리 너머로 두 자 이상, 혹은 10자 이상, 혹은 1마일 이상 벗어나도록 카드를 쌓을 수 있을까? 답은 모두 "그렇다"이다. 카드만 충분히 있다면, 전체 카드의 무게 중심이 맨 위 카드의 오른쪽으로 우리가 원하는 만큼 멀리 위치하게 할 수 있다.

접착제를 사용하지 않고 맨 위 카드를 탁자 가장자리 너머로 1마일 이상 벗어나게 하고 싶다고 하자. 아주 많은 카드가 필요하긴 하지만, 이론적으로 그런 외팔보를 만드는 방법은 다음과 같다. 카드 길이단위로 환산하는 것이 보기 편하니까, 먼저 1마일을 카드 길이로 환산해 보자. 카드 한 장은 2단위이고, 1마일은 약 6만 인치다. 카드 길이를 3인치라고 하면 이 카드로 1마일은 4만 단위가 된다(3인치=2단위, 6만 인치=4만 단위).

맨 위 카드가 탁자 가장자리 너머로 1만 마일, 그러니까 카드로 4만 단위나 멀리 외팔보를 뻗치고도 균형을 잡을 수 있다는 것을 증명해 보자. 네 장의 카드로 실험을 해 본 결과, 맨 위 카드의 왼쪽 가장자리에서 탁자 가장자리까지의 거리가 처음 자연수 네 개의 역수의 합이라는 것을 우리는 알아냈다. 그런 패턴은 똑같이 계속된다. 100장의 카드로 외팔보를 만든다면, 탁자 가장자리에서 맨 위 카드 왼쪽 가장자리까지의 거리는 다음과 같다.

$$1 + 1/2 + 1/3 + 1/4 + 1/5 + \cdots\cdots + 1/99 + 1/100$$

이 값은 약 5.2단위다. 다시 말해서 두 벌의 카드로 외팔보를 만들면, 두 장 반의 길이(5단위) 이상 카드가 탁자 밖으로 뻗어 나간다는 뜻이다!

우리가 할 일은 이제 명백해졌다. 모든 역수의 합이 4만 단위가 넘기 위해서는 몇 장의 카드가 필요한지만 알아내면 된다. 복잡한 계산을 좀 더 수월하게 하기 위해, 여러 분수를 묶어서 각 묶음의 합이 최소한 1/2이 되도록 하자. 합이 1/2 이상인 묶음이 8만 개가 있으면, 총합은 우리가 바라는 4만 단위를 넘게 될 것이다. 이제 어떻게 묶을지 그 과정을 살펴보자.

$$1 + 1/2 + [1/3 + 1/4] + [1/5 + 1/6 + 1/7 + 1/8] +$$
$$[1/9 + 1/10 + 1/11 + \cdots\cdots + 1/15 + 1/16] + [1/17 + \cdots\cdots + 1/32] + \cdots\cdots$$

각 대괄호 안의 분수의 합은 1/2이 넘는다. 정말 1/2이 넘는지 확인해 보기 위해 처음의 대괄호 몇 개를 살펴보자.

$$[1/3 + 1/4] > [1/4 + 1/4] = 2/4 = 1/2$$

1/4 두 개의 합이 1/2이기 때문에, 1/4보다 큰 수인 1/3과 1/4을 합하면 그 값은 당연히 1/2보다 크다는 것을 쉽게 알 수 있다. 같은 원리를 다음 대괄호 계산에도 적용해 보자.

$$[1/5 + 1/6 + 1/7 + 1/8] > [1/8 + 1/8 + 1/8 + 1/8] = 4/8 = 1/2$$

따라서 1/5부터 1/8까지 4개의 항을 더하면 그 값은 1/2보다 크다. 마찬가지로 1/9부터 1/16까지 8개의 항을 더하면 그 값 역시 1/2보다 크다. 또 다음 16개의 항(1/17부터 1/32까지)을 더한 값도 1/2보다 크다. 그 뒤로도 마찬가지다.

맨 위의 카드가 탁자 가장자리에서 1마일쯤 떨어지기를 원한다면, 분수들의 합이 4만 단위를 넘을 만큼 많은 카드가 필요하다. 대체 카드가 몇 장이나 필요할까? 그 수는 줄잡아 1만 7,000자리에 이른다, 그 수를 실감하기 위해, 우리 우주의 전체 원자의 수가 80자리 수에 불과하다는 것을 생각해 보라. 그러니 이론적으로는 길이 1마일에 이르는 카드 외팔보를 만들 수는 있지만, 집에서 그걸 만들어 볼 생각은 하지 않는 게 좋다. 분명 1만 7,000자리 수는 이번 장에 등장하는 다른 모든 수를 새 발의 피로 만든다. 이 수는 정말 터무니없이 크다.

이제 카드의 외팔보에 걸터앉기는 식은 죽 먹기다(그림5.16). 어디에 앉을 것인가를 결정하기 위해 우리가 해야 할 일은, 우리의 몸무게보다 살짝 더 나갈 만큼의 카드를 맨 위에서 제거한 다음, 남은 카드 위에 걸터앉기만 하면 된다. 그 외팔보 카드의 무게 중심은 바로 다음 카드의 왼쪽 가장자리다. 그걸 염두에 두고 높다란 카드의 꼭대기에 차분히 걸터앉으면 된다. 그 모습은 정말 눈 뜨고 보기엔 너무나 반직관적인 광경이 아닐 수 없다.

요약

수는 정말 매력적인 대상이다. 사물처럼 그 생김새도 크기도 가지각색이다. 수천, 수백만, 수억, 수조, 수경, 그 이상의 수 모두가 우리에게 의미를 지닐 수 있다. 이들 수의 규모를 음미하기 위해서는 맑은 밤하늘의 별을 헤아리는 것부터 카드 외팔보를 만드는 것까지 여러 시나리오를 상상해 보면 된다. 수를 헤아리는 데 익숙해지면, 우리의 정신은 더욱 정밀하고 미묘한 차이를 지닌 새로운 세계를 향해 활짝 열릴 것이다.

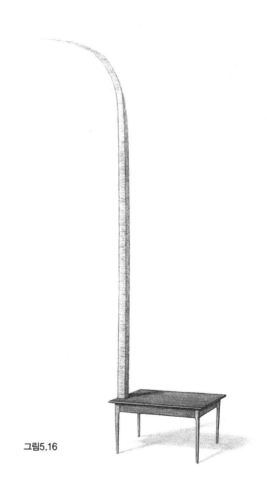

그림5.16

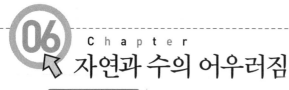

예측할 수 없는 것을 예측하지 않으면, 그것을 결코 발견하지 못할 것이다.

—헤라클리투스

'보나마나······' 8×8단위 정사각형의 넓이는 64제곱단위다. 이것을 퍼
즐 조각처럼 잘라 다시 짜 맞춰서 5×13단위의 직사각형으로 만들 수 없다
는 것은 명백한 사실이다. 넓이가 다르기 때문이다(그림6.1).

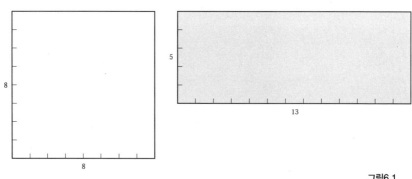

그림6.1

'놀랍게도……' 이 정사각형을 그림6.2와 같이 네 조각으로 잘라서 새로 배열하면 5×13단위의 직사각형이 된다, 물론 실제로는 그렇게 될 수 없다. 새로 배열한 조각의 넓이가 원래의 넓이보다 클 수 없기 때문이다.

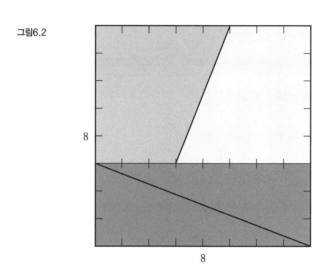

그림6.2

그러나 이런 식으로 아주 그럴싸해 보이는 직사각형을 만들 수는 있다. 대각선상에 아주 살짝 틈이 벌어지긴 하지만 말이다. 이런 기하학적 착각이 일어나는 이유를 알아보게 될 이번 장의 이야기는 파인애플에서 시작해서 미술에서 끝난다.

패턴을 찾고자 하면, 수학에서만이 아니라 일상생활에서도 쉽게 찾을 수 있다. 일단 패턴을 발견하면 전에는 보이지 않던 특징들이 마법처럼 나타나서, 멋진 구조가 문득 아주 선명하게 눈에 들어온다.

군침 도는 파인애플

위대한 발견에 이르는 영감을 얻을 수 있는 곳은 어디일까? 시설 좋은 실험실? 아니면 담쟁이덩굴 우거진 상아탑 안의 먼지 낀 고서적에 둘러싸인 푹신한 가죽의자? 그쯤 되어야 심오한 통찰력이 발휘될 거라고 생각하는 사람이 많을 것이다. 그러나 우리의 이야기는 식품점 통로에서 시작한다. 소박하지만, 결실이 풍성한 곳에서. 특히 맛 좋은 열대 과일인 파이애플을 눈여겨보자.

파인애플은 일단 이국적이고 까칠하고 맛있다. 보통 때는 안에 있는 과육에 관심이 가겠지만, 지금은 바깥의 신체적 매력을 살펴볼 참이다.

처음에는 그저 '바라보기'만 하자. 독자께서도 파인애플을 하나 가지고 직접 탐구를 해 보면 더욱 좋을 것이다. 수학 개념을 생각하며 보내는 시간도 즐겁지만, 파인애플의 수학적 특징을 파헤친 후 덤으로 콜라다 칵테일을 즐길 수도 있으니까 말이다. 건배!

파인애플의 까칠한 생김새를 가까이서 살펴보면, 이내 놀라운 사실을 알게

그림6.3a

된다. 표면에 나선의 주름이 잔뜩 잡혀 있다. 일정한 모양의 돌기 사이의 홈을 손가락으로 훑어보면 파인애플을 감싸고 있는 나선의 굴곡을 느낄 수 있다. (그림6.3b에 감춰진 나선을 표시해 놓았다.) 이제 파인애플을 쥐고 표면을

바라보면, 돌기는 더 이상 무작위로 보이지 않을 것이다. 항상 존재했지만 눈에 잘 띄지 않았던 나선이 이제 눈에 확 들어온다.

그림6.3b

일단 구조를 발견한 후 좀 더 면밀히 살펴보면 더욱 많은 것을 발견하는 경우가 많다. 이번 경우, 다시 파인애플을 바라보면, 엇갈리는 방향으로 나 있는 또 다른 평행 나선들을 발견할 수 있을 것이다(그림6.3c). 두 방향의 나선은 서로 맞물려서 우리에게 친숙하고 아름다운 파인애플의 외관을 이루고 있다(그림 6.3d).

그림6.3c

그림6.3d

나선의 수

지난번 장에서 보았듯이, 셈을 해 보면 새로운 통찰을 얻는 경우가 많다. 정성적("나선이 많다."처럼 물질의 성분이나 성질을 밝히어 정하는) 관찰을 통해 파인애플 전신에 나선이 감싸여 있는 것을 발견했으니, 이제 정량적("나선의 정확한 수는 몇 개인가" 와 같이 양을 헤아려 정하는) 관찰을 해 보는 것이 좋을 것이다. 두 방향 모두 나선의 수를 세어 보자.

나선의 수를 세는 것이 생각만큼 썩 쉽지는 않다. 알아보기 쉽도록 그림 6.3e에 선을 그어 놓았다. 하지만 독자께서도 실제 파인애플을 가지고 꼭 세어 보기 바란다. 3.99달러 정도를 투자하기 싫다면 호기심 많은 다른 손님들의 시선을 한 몸에 받으며 식품점의 여러 파인애플을 섭렵해도 좋다.

그림6.3e

'놀랍게도' 둥그렇고 잘 익은 파인애플의 나선 수는 8개와 13개로 일정하다. 먼저 놀라운 점은 한쪽 나선의 수가 다른 쪽 나선의 수보다 많다는 것이고, 두 번째로 놀라운 것은 본질적으로 모든 파인애플의 나선 수가 동일하다는 것이다.

나선의 회오리

일단 나선에 눈을 뜨면, 온갖 곳에서 나선을 발견하게 된다. 자연계에는 나선형이 아주 많다. 식품점을 떠나 공원을 거닐어 보면, 국화과의 루드베키아 꽃술에 두 방향의 나선이 맞물려 있는 모습이 얼른 눈에 띈다(그림6.4).

그림6.4

이 나선을 세어 보지 않고 어떻게 그냥 넘어갈 수 있겠는가? 나선을 세어 보면, 놀랍게도 한쪽 방향의 나선이 파인애플과 마찬가지로 13개다(그림 6.5a). 내친 김에 다른 쪽도 세어 보자(그림6.5b). 이번에는 나선의 수가 21개다.

그림6.5a

그림6.5b

이제까지 발견한 나선의 수는 8, 13, 21개다. 아름다운 데이지를 찾아서, 꽃잎을 뜯으며 "사랑한다, 사랑하지 않는다……."라고 중얼거리고 싶은 낭만적인 충동을 느낄 수도 있겠지만, 그런 충동에 따르든 말든 그와 별개로, 화사한 중앙의 노란 꽃술 부위가 서로 맞물린 나선형으로 이루어져 있다는 것을 눈여겨보라(그림6.6).

그림6.6

낯익은 사물이라도 아주, 아주 가까이에서 살펴보면 불현듯 구조의 세계가 모습을 드러낸다. 데이지의 나선을 세어 보면, 한쪽 방향은 21개이다(그림6.7a). 이 무슨 우연의 일치인지, 앞서의 루드베키아와 똑같다. 다른 쪽 나선의 수는 34개다(그림6.7b). 우리가 살펴본 자연의 수는 8, 13, 21, 34로 점점 커졌다.

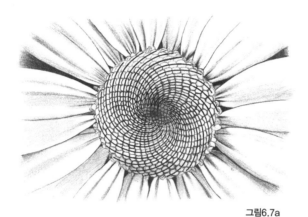

그림6.7a

그림6.7b

솔방울을 하나 따서 나선의 수를 헤아려 보면, 5개와 8개라는 것을 알게 될 것이다. 또 다른 우주적 우연의 일치로 한쪽이 파인애플의 나선 수와 같다. "우연의 일치"는 이렇게 갈수록 확대되어 뭔가 보이지 않은 구조가 관련되어 있을지도 모른다는 궁금증이 치민다. 이제까지 알아본 자연의 수는 5, 8, 13, 21, 34다. 이런 수열이 더 큰 어떤 수열의 일부라면, 거기 놀라운 패턴이 있다. 이것은 무슨 수열일까?

'놀랍게도' 처음의 두 수를 더하면 그 값이 다음 수와 같다. 두 번째와 세 번째의 수를 더하면 네 번째의 수가 된다. 세 번째와 네 번째의 수를 더하면 다섯 번째의 수가 된다. 다른 꽃이나 다른 과일일 경우 나선 수가 다르지만, 집단으로 볼 때 이들 수 목록에는 일정한 패턴이 있다.

실제의 자연에서 추상 수학으로 옮겨 가서, 이 패턴대로 수열을 이어 나갈 수 있다. 다음 항은 21+34, 곧 55이고, 다음은 34+55=89, 다음은 144, 다음은 233이다. 이렇게 한없이 계속할 수 있다. 이 패턴은 역으로도 가능하다. 즉, 5 앞에는 3일 것이다(3+5=8이니까). 또 3 앞에는 분명 2일 것이다. 그 앞에는 1이고, 또 그 앞에도 1일 것이다. 그래서 우리가 손에 넣은 수 목록은 다음과 같다.

1, 1, 2, 3, 5, 8, 13, 21, 34, 55, 89, 144, 233

이렇게 한없이 이어진다. 이 목록은 자연계에서 발견한 패턴을 추상 수학계에 그대로 적용시킨 결과다.

이 수들은 추상적이지만 실세계와도 밀접한 관계를 맺고 있다. 우리는 이런 수열로 우리의 일상 세계를 따스하게 되비쳐 자연계에 대한 새로운 통찰을 얻을 수 있다. 또 무엇을 찾아볼까? 수열을 얻은 솔방울, 파인애플,

루드베키아, 데이지와 비슷한 사물을 좀 더 생각해 보자. 커다란 해바라기를 보면 우리의 기대는 어긋나지 않는다. 거기에는 얼마나 많은 나선이 있을까? 앞서의 우연의 일치대로라면, 34와 55, 혹은 어쩌면 55와 89일 수도 있을 것이다. 우리의 짐작은 옳았다. 작은 해바라기의 나선 수는 34와 55, 더 큰 해바라기는 55와 89다. 직접 확인해 보라. 전에는 눈에 보이지 않던 우리 일상 세계의 구조, 겉보기에는 서로 다른 사물들의 관계가 문득 눈에 들어온다.

단지 사물을 좀 더 가까이 바라봄으로써, 그리고 우리가 관찰한 것을 수량화하는 세련된 단계를 거침으로써, 이렇게 우리는 감춰진 사실들을 찾아낼 수 있다. 보통 때 우리는 건성으로 세계를 바라보지만, 일단 구조에 눈과 마음이 열려서 패턴을 보게 되면, 더욱 풍성한 디자인의 세계를 더욱 명료하게 바라볼 수 있게 된다.

컴퓨터꽃 피우기

그토록 많은 자연계의 나선이 앞서의 수열과 일치하는 이유는 무엇일까? 사실 수학자도 생물학자도 그것을 설명하지 못한다. 그런 나선을 이루고 있는 작은 꽃들, 예를 들어 데이지의 노란 꽃술은 중앙에서 성장하기 시작한다. 새로운 꽃술이 나타나면, 더 오래된 꽃술은 꽃의 원형 가장자리로 밀려난다. 이러한 성장 과정을 거치며, 새로운 꽃술에 밀려 기존의 모든 꽃술이 가장자리 쪽으로 밀려나게 된다.

이러한 작은 꽃, 아주 작은 꽃술이 인간과 같다고 주장하는 이론이 있다. 꽃이나 꽃술이 자기 주위에 가능한 한 넓은 공간을 확보하고자 한다는 점에서 그렇다. 꽃 역시 자리를 잡을 작은 공간을 원한다. 물론 그렇게 밀치락거리는 일이 많을수록, 꽃이 완전히 다 자랐을 무렵에는 그만큼 더 많은 꽃술이 원형 통조림 속의 정어리처럼 빼곡히 들어차게 될 것이다. 과학자들은 이런 행동을 정어리보다는 컴퓨터 모형으로 모의실험을 했다. 즉 작은 꽃이 원형의 중앙에서 성장하려고 하면서, 스스로 가능한 한 주위에 더 많은 공간을 확보하는 방식으로 자리를 잡는다고 가정한다. 컴퓨터 모형 속의 꽃술이 일단 자리를 잡는 과정이 끝나면, 자연계의 꽃과 마찬가지로, 우리가 발견한 수열과 같은 나선 이미지를 형성한다. 원형의 굴레가 크면 클수록 나선의 수도 커진다. 이런 컴퓨터 모의실험으로는 왜 그런 나선이 형성되는지 설명하지 못하지만, 그래도 이런 현상의 핵심에는 각 꽃술이 최대 공간을 확보하려는 경향이 있다는 것을 짐작해 볼 수 있다.

토끼 번식

앞서의 수들을 일컬어 '피보나치 수'라고 한다. 13세기 수학자 레오나르도 데 피사의 이름을 딴 것인데, 레오나르도는 피보나치라고도 불렸다. 보나치 가문의 사람이었기 때문이다(피보나치Fibonacci는 라틴어로 '보나치의 아들'이라는 뜻이다: 옮긴이). 피보나치는 스스로 '비골로bigollo'라는 별명을 썼는데, 그것은 여행을 많이 한 사람, 또는 아무짝에도 쓸모없는 사람이라는 뜻이다. 피보나치가 여행을 광적으로 즐겼고, 아무짝에도 쓸모없어 보이는 수학적 질문에 곧잘 매료되었다는 사실이 문서에 잘 나타나 있다. 피보나치는 비골로라는 별명을 둘 중 어느 의미에서 사용한 것일까?

1202년에 피보나치는 셈과 대수에 관한 논문 〈 리베르 아바치Liber abaci(산술교본)〉를 썼다. 거기에 이런 질문이 나온다. "사방이 벽으로 둘러싸인 곳에서 토끼 한 쌍을 기르는 사람이 있다. 한 쌍의 토끼가 한 달마다 암수 한 쌍의 새끼를 낳고, 새끼도 한 달 후 어른 토끼가 되어 번식을 시작할 수 있는데 임신 기간이 한 달이라면, 한 해에 토끼가 몇 쌍이나 태어날까?"

그의 토끼 번식 문제를 한번 따져 보자. 먼저 주목해야 할 것은, 새로 태어나는 토끼는 모두 암수 한 쌍이라는 것이다. 둘째로, 태어난 지 한 달이 지나면 어른 토끼가 된다. 셋째로, 그 후 정확히 한 달마다 한 쌍의 토끼를 낳는다. 마지막으로, 토끼는 일부일처다.

이 문제는 갓 태어난 한 쌍의 아기 토끼로 시작한다. 한 달 후 한 쌍의 토끼는 어른 토끼가 되고, 임신 기간 한 달이 지나면 암수 한 쌍의 새끼 토끼가 태어난다.

첫 달에는 토끼가 한 쌍뿐이고, 두 번째 달이 시작되어도 역시 한 쌍뿐이다. 그러나 이제 토끼는 건초 위에서 뒹굴 때가 되었다. "집이 들썩이면 노크하지 말라"는 속담이 적용될 때다. 세 번째 달이 시작되면 이제 자랑스러운 부모가 된 원래의 토끼 한 쌍과 아기 토끼 한 쌍을 보게 된다. 토끼는 모두 두 쌍이다.

4개월째가 되면 원래의 한 쌍은 다시 아기 한 쌍을 낳고, 최초의 아기 한 쌍은 어른 토끼가 된다. 그래서 토끼는 모두 세 쌍이다. 5개월째가 되면 원래의 한 쌍이 또 한 쌍을 낳고, 처음 태어난 토끼도 한 쌍을 낳고, 두 번째 태어난 토끼는 어른 토끼가 된다. 그래서 토끼는 모두 다섯 쌍이다. 우리는, 아니 그보다 더 중요한 토끼들은, 결코 죽는 일이 없이 이 과정을 계속한다. 토끼들의 가계도는 그림6.8과 같다.

그림6.8

1개월

2개월

3개월

4개월

5개월

'놀랍게도' 이것 역시 '피보나치수열'이다. 이런 수열이 기록된 최초의 사례가 바로 이 토끼 번식 수수께끼다. 그래서 이 수열에 피보나치의 이름이 붙게 되었다. 그러나 물론 이 수열은 인간에 앞서 자연계가 먼저 보여 주었다. 피보나치가 13세기에 토끼 번식 문제로 이 수열을 보여 주기 전에 자연계는 나선을 통해 이 놀라운 수열을 일찌감치 보여 준 것이다. 시간만 충분하면 인간이 결국 자연을, 다는 아니어도 조금은 따라잡을 수 있다고 생각하면 흐뭇한 일이긴 하다. 하지만 저작권은 자연계에 넘겨줘야 할지도 모른다. 피보나치 수를 이름도 "자연의 수"쯤으로 바꾸고 말이다.

피보나치의 당초 질문에 대한 답, 그러니까 1년 후 몇 쌍의 토끼가 뛰어다녔을지는 독자 스스로 알아낼 수 있을 것이다. 다만 토끼 사육장이 아주 넓어야 한다는 것만 짚고 넘어가겠다. 나중에 사육장에서 자원봉사를 하겠다면, 토끼를 씻겨 주기보다는 얼른 먹이부터 주어야 할 것이다.

번식 개체수

토끼 번식 이야기는 이 정도로 마치고, 피보나치 수의 증식 이야기로 넘어가자. 수열을 따라 우리가 멀리 나아가면 갈수록, 분명 피보나치 수는 더욱 커진다. 그런데 수열은 얼마나 빠르게 커질까? 나선의 수에서 추출한 한 쌍의 수 목록들이 자연계에서 유래한 것이니만큼, 연속되는 각 쌍의 수에는 어떤 비율이 있음 직하다. 그 비율과 소수(小數) 값을 알면 피보나치 수가 얼마나 빨리 커지는지도 알 수 있을 것이다(표6.9).

연속적인 피보나치 수의 비율 표를 살펴보면, 해당 소수(小數) 값이 어떤 특정 값에 근접해 가고 있는 것 같다는 생각이 든다. 소수(小數) 값들은 1.61803……에 점점 가까워지는데, 이 수가 당장은 매력적이거나 자연적으로 보이지는 않는다. 그러나 우리가 아직 이 수의 진가를 몰라보고 있는 것일 수도 있다.

표6.9	이웃한 피보나치 수의 비율		소수(小數) 값
	1/1	=	1.0
	2/1	=	2.0
	3/2	=	1.5
	5/3	=	1.666…
	8/5	=	1.6
	13/8	=	1.625
	21/13	=	1.6153…
	34/21	=	1.6190…
	55/34	=	1.6176…
	89/55	=	1.6181…
	144/89	=	1.6179…

〈넓이 패러독스〉 이번 장 서두의 수수께끼 같은 패러독스는 연속적인 소수 (小數) 값이 어떤 고정된 값에 근접해 가고 있다는 것을 시각적으로 보여 주는 예다. 독자께서 그 수수께끼를 풀어 보았다면, 넓이가 64인 8×8 정사각형을 네 조각 내서 넓이가 65인 5×13 직사각형으로 보이는 도형으로 재배열할 수 있다는 것을 확인했을 것이다. 즉, 조각을 다시 맞춤으로써 면적을 넓힐 수 있다는 패러독스를! 그런 현상이 실제로 가능하다면 다음 할 일은 정해졌다. 하와이에서 손바닥만 한 네모난 땅을 사서, 조각을 내서 이리저리 움직이기를 계속하면 끝내는 하와이를 몽땅 소유하게 될 것이다. 이건 괜찮은 투자다. 물론 상식적으로나 수학적으로 넓이가 그런 식으로 늘어날 리는 없다는 것쯤은 누구나 안다. 우리가 제안한 것을 독자가 '실제로' 할

수는 없을 것이다. 정사각형을 직사각형으로 만드는 데 무슨 잘못이 있었던 것일까?

정사각형을 조각내서 만든 직사각형을 잘 살펴보면 대각선을 따라 미세한 틈이 벌어져 있다는 것을 알 수 있다(그림6.10). 그 작은 틈이 바로 늘어난 것으로 여겨진 넓이에 해당한다. 정사각형과 직사각형의 크기를 나타낸 수인 5, 8, 13은 연속된 피보나치 수다. 8×8과 5×13의 넓이 차이가 1단위라는 것을 다시 주목하라. 알고 보면 거기에는 어떤 패턴이 있다. 즉, 연속된 피보나치 수 세 개가 있을 경우, 중간의 수를 제곱한 값은 양쪽의 수를 곱한 값보다 항상 1이 작다. 예를 하나 더 들어 보자. 연속된 세 개의 피보나치 수 89, 144, 233의 경우, 중간의 수 144를 제곱한 값은 89와 233을 곱한 값보다 1이 작다.

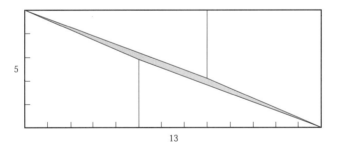

그림6.10 검은 부분의 넓이는 사방 1단위의 정사각형 넓이와 같다.

$$(144 \times 144) - (89 \times 233) = 20,736 - 20,737 = -1.$$

분수를 사용하면 우리의 관찰을 수학적으로 더욱 멋지게 표현할 수 있다. 5, 8, 13단위로 이루어진 정사각형과 직사각형의 변화율을 다음과 같이 나타낼 수 있다.

$$\frac{8}{5} - \frac{13}{8} = \frac{1}{(5 \times 8)} = \frac{1}{40}$$

이것을 일반화시키면, 연속된 3개의 피보나치 수가 나타내는 다음과 같은 아름다운 관계는 항상 참이다.

$$\frac{중간\ 피보나치\ 수}{앞\ 피보나치\ 수} - \frac{뒤\ 피보나치\ 수}{중간\ 피보나치\ 수} = \pm \frac{1}{(앞\ 피보나치\ 수)(중간\ 피보나치\ 수)}$$

이러한 결과는, 표6.9에서 보듯이 피보나치 수가 커질수록 그 증가율이 영이 되는 쪽으로 점점 줄어든다는 뜻이다. 그런데 자연계의 나선 수가 이루는 비율은 어떤 값을 향해 가고 있는 것일까? 1.61803……이라는 소수(小數)는 여전히 아무런 의미 없는 임의의 수 같아 보인다. 그러나 이 수는 앞서 우리의 눈과 마음을 열어 준 나선만큼이나 아름답다는 것을 곧 알게 될 것이다. 그러한 사실을 깨우치기 위해서는 올바른 방향에서 그 소수(小數)에 살그머니 다가갈 필요가 있다.

〈1들 위의 1들〉 우리 도표의 각 분수를 그 앞의 분수와 관련시킨 분수로 나타낼 수 있다. 분수에 그 앞의 분수를 대입시키는 방식으로 관련시키는 것이다(수식6.11).

즉, 그 어떤 비율이든 "연분수continued fraction" 형태로 나타낼 수 있다. "1 더하기 1분의 1 분의 1 더하기 1분의 1……" 식으로 분수 속에 분수 속에…… 분수가 있는 분수가 연분수다(수식6.12). 실제로 우리 도표의 각 분수는 1과 1 + 1/1의 형태로 바꾸어 나타낼 수 있다.

수식6.11

$$\frac{2}{1} = 1 + 1 = 1 + \frac{1}{1}$$

$$\frac{3}{2} = 1 + \frac{1}{2} = 1 + \cfrac{1}{1 + \cfrac{1}{1}}$$

$$\frac{5}{3} = 1 + \frac{2}{3} = 1 + 1 \Big/ \left(\frac{3}{2}\right) = 1 + \frac{1}{\frac{3}{2}} = 1 + \cfrac{1}{1 + \cfrac{1}{1 + \cfrac{1}{1}}}$$

$$\frac{8}{5} = 1 + \frac{3}{5} = 1 + 1 \Big/ \left(\frac{5}{3}\right) = 1 + \frac{1}{\frac{5}{3}} = 1 + \cfrac{1}{1 + \cfrac{1}{1 + \cfrac{1}{1 + \cfrac{1}{1}}}}$$

수식6.12

$$\frac{13}{8} = 1 + \frac{5}{8} = 1 + 1 \Big/ \left(\frac{8}{5}\right)$$

$$= 1 + \frac{1}{\frac{8}{5}}$$

$$= 1 + \cfrac{1}{1 + \cfrac{1}{1 + \cfrac{1}{1 + \cfrac{1}{1}}}}$$

이런 식으로 연속된 피보나치 수들은 우아한 대수적 단순성을 나타내 보인다. 즉, 수열의 이웃한 두 항의 비율을 오직 1로만 이루어진 기나긴 연분

수로 나타낼 수 있다. 나선의 수열을 통한 자연계의 아름다움에 끌린 우리
는 피보나치 수에 이르렀는데, 이제 우리는 피보나치 수가 자연계의 맞수
인 나선 수와 쌍벽을 이루는 아름다운 수학적 구조를 이루고 있다는 것을
알게 되었다. 사실 이런 대수적 단순성이야말로 피보나치 수만의 결정적인
특징이다. 즉, 오직 1로만 이루어진 연분수로 표현될 수 있는 것은 연속된
피보나치 수들의 비율밖에 없다.

　이런 새로운 통찰로 무장을 한 우리는, 사선을 이룬 대형 속에 그 모든 1
을 대입하면, 모든 비율이 지향하는 궁극의 수인 1.618······에 안착할 수 있
다. 점점 첩첩이 쌓이는 1들을 바라보면서 우리는 궁극의 수가 1 더하기 1
분의 1 분의 1 더하기 1분의······라는 것을 알게 된다(수식6.13). 즉, 끝이 없
는 소수(小數) 1.618······은, 끝은 없지만 아주 단순하게 되풀이되는 층층의
1들로 나타낼 수 있다.

수식6.13

$$1 + \cfrac{1}{1 + \cfrac{1}{1 + \cfrac{1}{1 + \cfrac{1}{1 + \cfrac{1}{1 + \cdots \text{ forever!}}}}}}$$

이렇게 끝없이 이어지는 새로운 수를 바라보며, 우리는 우아한 자기 유

사성self-similarity을 발견한다. 한없이 계속되는 1들을 네모로 감싸면(수식
6.14), 그 안의 수는 원래의 수와 같다!

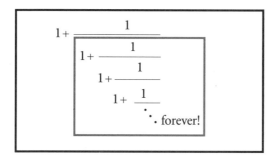

원래의 수를 φ라고 하면 그것을 우리는 다음과 같이 나타낼 수 있다.

$$\varphi = 1 + \frac{1}{\varphi}$$

(그리스어로 φ는 /fi/ π는 /pi/로 발음한다. 영어로는 φ를 /fai/, π를 /pai/로 발음한다.
: 옮긴이) φ의 값을 구하는 일은 고등학교 시절 수학 시간의 아리송한 대수를
다시 떠올려 볼 절호의 기회다. 공포의 "2차 방정식"만 떠올리면 된다. 하
지만 이 자리에서는 머리가 띵한 대수의 모든 단계를 펼쳐 보이는 대신 명
백한 답만 제시하겠다. 답은 이렇다.

$$\varphi = \frac{(1 + \sqrt{5})}{2}.$$

제곱근이 또 뜨악하게 보일지 모르겠지만, $(1+\sqrt{5})/2$를 계산기로 두드리
면 바로 답이 나온다. 1.618033989……. 계산기를 통해 우리는 이 수가 이
웃한 피보나치 수들의 분수가 점점 근접해 가고 있는 바로 그 소수(小數)라
는 것을 알 수 있다.

수학에는 공짜가 없다는 것을 알고 보면 제법 흥미롭다. 아주 **빽빽하게** 한없이 많은 1로 이루어진 연분수를 우리가 나타낼 수는 있지만, 거기에는 대가가 따른다. 즉, 제곱근을 도입해야만 한다. 어느 의미에서 제곱근은 1 들로 이루어진 한없이 복잡한 꼬리를 말아먹었다고 할 수 있다.

수 $(1+\sqrt{5})/2$를 '황금비율Golden Ratio'이라고 한다. 다음 장에서 살펴보겠지만, 이 수는 수천 년 동안 예술가들의 상상력을 자극해 왔다. 사실 이 수를 통해 우리는 아름다움의 개념을 깨우칠 수도 있고, 수학과 개인의 취향이 따로 노는 게 아니라 아주 밀접하게 맞물려 있는 것이 아닐까 하는 생각도 갖게 된다.

파종과 수확의 반복

황금비율로 귀결되는 한없는 1들로 이루어진 연분수는 한없는 피보나치 수열에서 비롯한 것이다. 그러나 피보나치 수 자체는 그저 두 단계만으로 묘사될 수 있다. 첫째, 처음에 1과 1이라는 두 수로 시작한다. 이것을 처음 파종하는 씨앗이라고 하자. 둘째로, 우리는 다음 항을 만드는 과정을 묘사한다. 즉, 앞의 두 수를 더한다는 것이 그것이다. 이런 규칙을 통해 처음의 씨앗은 전체 피보나치수열로 증식한다. 사실 이 수열은 '순환수열recurrence sequence'이라고 부르는 것의 한 예다. 다음 수를 만들기 위해 앞의 값을 이용하기 때문이다. 우리는 처음의 두 수와 그 과정만 알면 이 수열을 만들 수 있다.

이런 식으로 수열을 만드는 핵심 요소를 주목해 보면, 우리가 직접 피보나치 수를 만들 수 있고, 처음에 시작하는 씨앗수를 바꿈으로써 색다른 수열을 만들 수도 있다. 예를 들어 처음에 1과 1이 아니라 2와 1로 시작했다고 하면 어떻게 될까? 다음 수는 2+1=3이다. 또 다음 수는 1+3=4이고, 다음 수는 3+4=7이다. 이런 식으로 계속하면 다음과 같은 새로운 수열이 만들어진다.

$$2, 1, 3, 4, 7, 11, 18, 29, 47, 76\cdots\cdots$$

새로운 이 수열 또한 이름을 갖고 있다. 이것은 '루카스수열Lucas sequence'이라고 불린다. 순환수열을 연구한 19세기 프랑스의 수학자 에두아르 루카스의 이름을 딴 것이다.

피보나치수열 : 1, 1, 2, 3, 5, 8, 13, 21, 34, 55, 89······
루카스수열 : 2, 1, 3, 4, 7, 11, 18, 29, 47, 76, 123······

앞의 두 수를 더해서 다음 수를 만든다는 과정은 동일하지만, 그렇게 만든 두 가지 수열은 전혀 관계가 없어 보인다. 씨앗수가 다르기 때문이다.

루카스수열은 피보나치수열과 공통점이 거의 없다. 처음의 몇 항만 지나면 두 수열은 전혀 달라 보인다. 그런데 정말 관계가 없을까?

루카스 수가 어떻게 커 가는지 보자. 물론 이제 우리는 성장률을 어떻게 구하는지 알고 있다. 연속된 항들의 비율을 구하면 된다(수식6.15). 그 비율은 어디에 귀착할까?

수식6.15

$$1/2 = 0.5$$
$$3/1 = 3.0$$
$$4/3 = 1.333\cdots$$
$$7/4 = 1.75$$
$$11/7 = 1.5714\cdots$$
$$18/11 = 1.6363\cdots$$
$$29/18 = 1.6111\cdots$$
$$47/29 = 1.62068\cdots$$
$$76/47 = 1.61702\cdots$$
$$123/76 = 1.6184\cdots$$

수식6.16

$$\frac{3}{1} = 3$$

$$\frac{4}{3} = 1 + \frac{1}{3}$$

$$\frac{7}{4} = 1 + \frac{3}{4} = 1 + 1\!/\!\left(\frac{4}{3}\right) = 1 + \frac{1}{\frac{4}{3}} = 1 + \frac{1}{1+\frac{1}{3}}$$

$$\frac{11}{7} = 1 + \frac{4}{7} = 1 + 1\!/\!\left(\frac{7}{4}\right) = 1 + \cfrac{1}{1+\cfrac{1}{1+\frac{1}{3}}}$$

$$\frac{18}{11} = 1 + \frac{7}{11} = 1 + 1\!/\!\left(\frac{11}{7}\right) = 1 + \cfrac{1}{1+\cfrac{1}{1+\cfrac{1}{1+\frac{1}{3}}}}$$

$$\frac{29}{18} = 1 + \frac{11}{18} = 1 + 1\!/\!\left(\frac{18}{11}\right) = 1 + \cfrac{1}{1+\cfrac{1}{1+\cfrac{1}{1+\cfrac{1}{1+\frac{1}{3}}}}}$$

'놀랍게도' 이것 역시 황금비율을 향해 가고 있다! 과연 그렇다는 것을 어떻게 확인할 수 있을까? 물론 우리는 그 방법 역시 정확히 알고 있다. 연속된 루카스 수들의 비율을 연분수로 나타내서, 그것이 어디로 향하고 있는지 알아보면 된다(수식6.16).

　연분수 패턴이 앞서 피보나치 수로 만든 연분수와 아주 비슷하다는 것을 금방 알 수 있다. 그런데 이것은 1만으로 이루어진 것이 아니다. 마지막 수 하나만 항상 3이다. 그러나 이 과정을 필요한 만큼 한없이 계속 되풀이하면 어떻게 될까? 마지막 3은 한없이, 한없이 멀어질 것이다. '영원히' 이 과정을 되풀이하면, 3은 지평선 너머로 사라져 버릴 것이다. 그래서 결국에는 한없는 1의 행진만 남을 것이다. 다시 말하면 황금비율로 귀착되는 것이다.

　이렇게 두 길은 모두 황금비율로 통한다! 이러한 루카스수열의 발견은 핵심 찾기라는 뜻깊은 전략을 잘 보여 주는 예다. 한 상황에서 중요한 특성들은 무엇이고, 그 특성들은 서로 무관한가? 우리는 피보나치수열이 황금비율을 향하고, 루카스수열 역시 황금비율을 향한다는 것을 알게 되었다. 논법의 유사성을 바라봄으로써 우리는 훨씬 더 일반적인 진실을 알아낼 수 있다.

　영이 아닌 임의의 두 수에서 시작해서, 앞의 두 수를 더한 수가 다음 수라는 규칙에 따라 한없는 수열을 만든다고 하자. 물론 처음 시작하는 수가 다르면 전혀 다른 수열이 만들어질 것이다. 그러나 어떤 수로 시작하든, 큰 수로 시작하든 작은 수로 시작하든 상관없이, 연속된 수열의 비율은 황금비율에 가까워져 갈 것이다. 어떤 수로 시작하든 관계가 없다. 그 과정이 중요할 뿐이다. 이렇게 우리는 무관한 것을 확인하고 핵심을 추려 냈다.

요약

자연계는 어떤 자연수의 목록, 곧 피보나치 수를 우리에게 알려 주었다. 피보나치 수는 황금비율로 이어졌다. 황금비율의 수가 처음에는 임의적인 수 같고 낯설어 보였다. 그러나 패턴을 지닌 간단한 사실들을 면밀히 바라본 결과, 우리는 황금비율에 놀랍도록 아름다운 구조가 숨겨져 있고, 그것이 아무 뜻 없는 수가 아니라는 것을 알게 되었다. 앞의 두 항을 더한 것이 다음 항을 이루는 모든 수열은 연속된 항들의 비율이 필연적으로 황금비율을 향해 나아간다. 등불을 향해 날아가는 나방처럼 말이다.

자연계와 수학은 우리가 예측할 수 없는 상승작용을 일으켜 우리를 놀라게 한다. 우리는 여러 꽃과 과일들에서 피보나치 수를 발견했고, 예상치 못한 그 수열에서 황금비율을 발견했다. 다음 장에서는 시각적인 기하학의 세계로 우리의 정신과 눈길을 돌려, 자연계만이 아니라 미술의 세계에서도 황금비율이 빛을 발하고 있다는 것을 알게 될 것이다.

제3부

수의 아름다움 탐구
섹시한 직사각형, 불꽃같은 프랙털,
우주의 뒤틀림

PART 3

동틀 녘에 눈을 뜨면 시각적인 세계가 다채로운 모습으로 우리를 반긴다. 의식을 하든 않든 우리 세계의 기하학적 잠재성에 눈을 뜨게 되면 우리의 삶은 더욱 풍요롭고 경이로워진다. 이제 기하학 개념으로의 여행을 통해 우리는 세 가지의 멋진 장관을 엿보게 될 것이다. 고전적인 황금 직사각형의 아름다움, 불꽃 같은 프랙털의 무한히 복잡한 우아함, 그리고 우리 세계가 무한한 신축성을 지녔다고 상상할 때의 놀라운 여러 가능성들이 그것이다. 물리적이고 기하학적 차원의 경험을 통해 우리는 아름다운 모양과 형태를 보고 느끼며 즐기고자 하는 욕구를 만족시킬 수 있다.

우리가 그릴 수 있는 가장 간단한 형태 가운데 하나인 소박한 직사각형 이야기부터 시작해 보자. 직사각형의 형제들 중에서, 그러니까 올곧음을 표상하는 사변형들 중에서, 가장 섹시한 것은 황금 직사각형이다. 미학의 역사에서 황금 직사각형의 위상은 매우 높다. 몬드리안 같은 화가나 르 코르뷔지에 같은 건축가는 자신의 작품에 더없이 매력적인 비율의 이 직사각형을 의도적으로 삽입했다. 이 유혹적인 직사각형의 존재에 대해서는 말도 많다. 이 존재가 어찌나 매혹적인지, 때로 어느 곳에는 존재하지 않을 수도 있는데 한사코 존재한다고 우기는 일까지 있기 때문이다. 이 황금 직사각형이 그토록 빛나는 이유가 무엇인지, 어느 시대 어디에나 존재하는 이유가 무엇인지, 그것을 이제 밝혀 보겠다.

종이접기의 달인들은 종이로 우아한 백조, 용, 우주선까지 척척 만들어낸다. 섬세한 솜씨를 지닌 그런 달인들을 흉내 내려고 하기보다, 우리는 그런 미술 작품을 탐구하며 가장 간단한 종이접기를 해 볼 것이다. 그러나 백조와 용은 포기하지만 물리적으로 절대 불가능한 횟수까지 종이를 접어 보는 수학적 사치를 누리게 될 것이다. 그럼으로써 우리는 명백한 카오스가 아름다운 질서로 탈바꿈할 수도 있고, 거기에는 패턴이 있다는 사실을 발견하게 될 것이다. 가장 간단한 종이접기를 통해 우리는 가장 복잡한 계산을 필요로 하는 복잡성을 발견하고, 드래곤 커브Dragon Curve(용 모양의 곡선)라는 프랙털의 불꽃 같은 외관도 보게 될 것이다. 복잡성과 구조는 흔히 한없이 반복되는 단순 과정에서 생겨난다.

이어서 비현실적인 신축성을 지닌 고무로 이루어진 세계를 상상하고 탐구함으로써 이번의 시각 세계 탐험을 마치게 될 것이다. 그러한 상상의 세계는 현실 세계와 무관하지 않지만 상상 세계는 비현실적인 신축성을 지닌 것으로 가정한다. 어떤 사물을 비틀어서 다른 사물로 만드는 것에 대해 생각하다 보면 우리의 정신은 정말 놀라운 가능성의 문을 활짝 열어젖히게 된다. 예를 들어, 두 구멍이 서로 얽힌 도넛을 자르지 않고, 다만 잡아당기기만 해서 얽히지 않은 도넛으로 만들 수 있다. 상상의 고무를 가지고 노는 시시한 놀이를 통해서도 딱딱한 현실 세계에 대한 통찰을 얻을 수 있고, 나아가서 DNA 재생 행동까지 새롭게 이해할 수 있다.

황금 직사각형, 종이접기, 고무판 기하학 등의 세계를 엿봄으로써 우리는 복잡다단한 경험을 해부해서 간명한 패턴과 질서를 발견하는 방법을 터득할 수 있다. 새로운 여러 패턴을 찾아보고, 불가능의 세계를 탐구해 봄으로써, 우리는 실세계를 더욱 잘 이해하고 음미할 수 있게 된다.

07 정밀한 아름다움에서 순수한 카오스까지

수학의 렌즈를 통해 바라본 아름다움

> 수학이라는 학문은 특히 질서, 균형, 절도를 잘 보여 주는데,
> 그것이야말로 아름다움의 최고 형태다.
>
> —아리스토텔레스

'보나마나……' 그리스의 파르테논 신전과 드뷔시의 작품 〈목신의 오후 전주곡〉, 그리고 우리 배꼽의 위치는 서로 전혀 공통점이 없다.

'놀랍게도……' 매혹적인 황금비율은 파르테논 신전과 드뷔시를 한데 묶고, 우리 배꼽의 완벽한 위치까지도 꼭 집어 준다. 아름다움과 형태에 대해 플라톤이 이상적이라고 생각한 것(적당한 척도와 비례: 옮긴이)을 받아들인 다면, 우리가 매력적이라고 느끼는 것이 무엇인지, 우리의 미적 취향이 어떤지를 수학이 가르쳐 줄 수도 있다.

멋들어진 비율—가장 섹시한 직사각형

낭만적인 음악을 틀어 놓고 편안한 소파에 누워 두 눈을 감고, 이상적인

직사각형을 상상해 보라. 네모반듯하지도 않고, 한쪽으로 너무 길지도 않은 사각형 말이다. 머릿속에서 직사각형이 춤을 추며 상상력을 자극하면, 그림7.1의 네 직사각형 가운데 어느 것이 춤추는 직사각형과 가장 비슷한지 골라 보라.

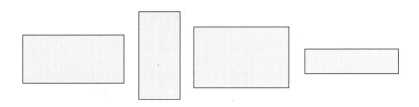

그림7.1

'놀랍게도' 왼쪽에서 세 번째 직사각형을 생각했을 가능성이 가장 높다. 바로 그 직사각형을 좋아하는 사람이 많다. 솔직히 우리가 실제로 투표를 한다면, 어느 사각형이 압승을 거둘 것 같지는 않다. 사실 직사각형의 승자를 뽑는 투표를 했다가는 미국 플로리다주의 2000년 천공 부스러기 악몽이 되살아날 것이다(당시 선거인단을 뽑는 투표에서 투표용지에 구멍을 뚫는 투표기를 사용했는데, 구멍을 뚫을 때 생기는 작은 종이 부스러기가 떨어지지 않고 매달려 있는 표가 많은 데다, 박빙의 득표차를 보여 재검표 소동을 벌였다: 옮긴이). 그러나 대다수 사람들은 세 번째 직사각형에 끌리는 경향이 있다. 밑변 대 높이의 문제로 법정투쟁까지 벌이고 싶지는 않다는 듯이 말이다.

사람과 마찬가지로 직사각형도 생김새가 여러 가지다. 늘씬한 것, 홀쭉

한 것, 작달막한 것, 떡 벌어진 것, 그리고 그 사이의 온갖 것이 있다. 그런데 어떤 직사각형은 그 비율이 너무나 우아해서, 그것을 황금 직사각형이라고 부른다. 그 비율을 보면 탄복스럽다. 그런 직사각형은 직사각형다움의 정수, 직사각형됨의 핵심을 보여 주는 것으로, 역사상 그 어떤 직사각형보다 더 섹시하다. 이렇게 과장어법을 구사하지 않을 수 없는 그 비율은 황금비율과 밀접한 관계가 있다. 앞서 솔방울과 파인애플, 데이지 따위에서 유기적으로 발생한 수들의 황금비율과.

앞서 6장에서 살펴본 자연계의 나선은 노아의 방주에 올라탄 승객들과 닮았다. 쌍쌍이라는 것 말이다. 서로 맞물린 두 방향의 나선 수가 다른데, 한 쌍의 나선은 연속된 피보나치수열의 이웃 항을 이룬다. 1, 1, 2, 3, 5, 8, 13, 21, 34, 55 등의 수열이 그것이다. 이상적인 이런 나선 수열에서 연속된 항들의 비율은 아주 매력적인 황금비율을 향한다. 고대 그리스 문자 φ로 나타내는 이 황금비율은 숫자로 1.618……이다.

황금 직사각형은 밑변과 높이가 황금비율을 이루는 직사각형이다. 그림 7.1의 세 번째 직사각형이 바로 황금 직사각형의 예다. 그러한 비율을 지닌 직사각형은 삶의 굽이굽이에서 우리의 눈길을 끈다. 메모지나 색인카드 같은 것을 보면 사용하고 싶은 이상한 충동을 느낄 때가 있다. 그것들은 어디에나 있다. 찾아서 크기를 재 보라. 표준 크기는 3×5, 좀 큰 것은 5×8과 거의 비슷하다.

유혹적인 메모지의 높이에 대한 밑변의 비율은 5/3=1.666……이거나 8/5=1.600……이다. 두 값은 이제 우리에게 친숙한 숫자인 1.618……에 가깝다. 이것은 황금비율의 디지털 DNA라고 할 수 있는 숫자다. 이런 사실은 이제 그리 놀랍지도 않을 것이다. (3, 5)와 (5, 8) 둘 다 연속된 피보나치 수라는 것을 알고 있으니까. 뉴욕 시 매디슨 거리의 광고 전문가들은 우리의 잠재의식을 자극해서 구매 욕구를 불러일으키기 위해 바로 그런 비율을 왕왕 사용했을 것이다. 우리는 살아가며 정말 수많은 황금 직사각형과 마주친다.

황금비율을 사이에 둔 수학과 매디슨 거리 사이의 관계는 시큰둥해 보일지 모르지만, 인류 역사를 통틀어 황금비율이 반영된 예술 작품은 그야말로 즐비하다.

그리운 그때 그 시절

파르테논 신전은 고전적 아름다움의 극치를 보여 주는 한 예다. 그러나 아테네 여행을 하는 동안 우리더러 그곳에서 묵으라고 하면 떨떠름할 것이다. 인정할 건 인정하자, 그곳은 폐허가 되었다(그림7.2). 그러나 늘 그랬던

그림7.2

것은 아니다. 한때 파르테논 신전은 머물고 싶은 인기 장소였다. 그러니까 적어도 지붕은 있었다.

남아 있는 지붕 선을 외삽하면, 파르테논 신전의 한창 때 모습을 그려 볼 수 있다. 그리고 새로 지붕을 얹은 이 고대 건축물을 황금 직사각형이 거의 완벽하게 둘러싸고 있다는 것도 알 수 있다(그림7.3). 파르테논 신전과 황금 직사각형의 이런 관계는 설계상 의도된 것일까, 아니면 순전히 우연의 일치일까?

그림7.3

의도된 설계인지 우연의 일치인지를 따지기 전에, 고대 그리스 문화 가운데 다른 사례를 살펴보자. 일회용 콘택트렌즈가 나오기 오래전에, 고대 그리스 사람들은 그들의 눈에 점안액—아마도 맹물—을 넣기 위해 세안컵 eyecup이라는 그릇을 사용했다. 예쁘게 장식을 한 이 컵은 대개 손잡이 쪽에 커다란 한 쌍의 눈을 그려 넣었다. 무슨 그릇인가를 확실히 해 두려고 그랬을 것이다. 탄복해 마지않으며 이 우아한 세안컵을 바라볼 때면, 황금비율이 또 우리를 말똥말똥 바라보고 있다는 것을 알게 된다(그림7.4). 컵 끝에서 손잡이 끝까지의 거리를 1/2단위라고 하면, 이 컵의 높이는 놀랍도록 황금비율에 가깝다. 게다가 세안컵의 위쪽 지름이 $1 + \varphi$다.

그림7.4

이러한 고대 미술작품에서 황금비율과 황금 직사각형을 사용한 것은 의도적이었을까? 이 문제는 오늘날까지도 수수께끼로 남아 있다. 고대 그리스인들이 아름다움과 우아함에 대한 선천적인 감각을 발휘해서 잠재의식적으로 그런 비율을 선택했을 거라고 낭만적으로 추측해 볼 수도 있다. 아름다움을 찾는 마음과 추상 수학의 구조가 뜨겁게 손을 맞잡은 거라고.

신성한 비율

고대에서 한 천오백 년 건너뛰어 르네상스 시대로 날아가 보자. 레오나르도 다빈치는 황금 직사각형과 황금비율에 대해 잘 알고 있었다. 사실 그는 〈신성한 비율〉이라는 제목의 논문에 삽화를 그리기도 했다. 그의 미술 작품을 보면 신성한 황금비율이 우아한 자태를 드러내고 있는 것을 볼 수 있다. 예를 들어 성 예로니모의 미완성 초상화를 살펴보면, 완벽한 황금 직사각형으로 이 성인의 신체를 감쌀 수 있다는 것을 알 수 있다(그림7.5). 그러나 앉아 있는 이 성인의 모습이 황금 직사각형에 맞도록 레오나르도가 의도적으로 그린 것인지, 아니면 순수한 미적 취향으로 이런 균형 잡힌 모습을 그리게 되었는지는 알 수 없다.

그림7.5

사실 좀 더 근본적이고 논란이 많은 문제가 있다. 즉, 황금 직사각형이 거기 정말 있는가? 성인 모습에 맞춰 상상으로 추가한 황금 직사각형을 면밀히 살펴보면 다소 수상쩍은 데가 있다. 직사각형의 왼쪽이 인물과 전혀 맞닿아 있지 않다. 또 아래로 늘어뜨린 망토와도 닿아 있지 않다. 완벽한 황금 직사각형을 만들기 위해 왼쪽과 아래쪽으로 길이를 더 늘였다고 볼 수도 있는 것이다.

사실 파르테논 신전으로 돌아가서 우리가 가상한 황금 직사각형의 아래쪽을 뜯어 보면 그 황금의 지반이 허무하게 무너질 수도 있다. 황금 직사각형을 만들기 위해 작위적으로 사각형을 두 번째 계단까지 끌어 내려서 그렸다고 볼 수도 있기 때문이다. 그런데도 황금 직사각형이 정말 거기 있다고 해야 할까? 황금비율 숭배자들에게는 이런 발언이 이단적으로 들리겠지만, 사실 완벽한 황금 직사각형은 만들 수 없다. 그렇기는 해도 물론 황금 직사각형이 예술 작품에 미친 영향은 부정할 수 없다.

예술사 전반에 걸친 여행을 계속해서, 프랑스의 인상주의 시대로 날아가 보자. 역사의 그 순간에 화가들은 과학적인 착상을 통해 영감을 얻었다. 조르주 쇠라는 수학 개념과 미술 사이의 상호작용을 깊이 이해한 화가였다. 쇠라가 마음속의 황금 직사각형으로 캔버스를 공격했다고 말하는 사람까지 있다(물론 이 말에 동의하지 않는 사람도 있지만). 그의 그림 〈퍼레이드〉에서는 여러 개의 황금 직사각형을 찾을 수 있다(그림7.6). 게다가 그는 주도면밀하게 황금비율을 일부러 보여 주는 듯이 다양한 길이의 황금비율을 작품에 선보였다.

표현주의와 모더니즘으로 옮겨 가면 그림이 없이 텅 비어 있는 화폭을 만날 수도 있고, 운이 좋으면 직사각형들을 만날 수 있다. 피트 몬드리안은 "양감volume 파괴", 곧 3차원 입체 공간을 2차원 평면들로 해체한 것으로

그림7.6 세 개의 황금 직사각형(모서리에 숫자 표시)

유명한 표현주의 화가였다. 수많은 닮은꼴들 속에 숨어 있는 "월리를 찾아라."라는 어린이 놀이와 비슷하게, 몬드리안의 그림에서 선과 형태 속에 숨어 있는 황금 직사각형을 찾을 수 있다. 어느 평론가가 그의 작품 속의 선들에 대해 논평을 하자, 몬드리안은 이렇게 응수했다. "나한테는 어떤 선도 보이지 않습니다. 나한테 보이는 것이라고는 선을 둘러싼 공간뿐입니다." 물론 그 공간에는 황금 직사각형들이 북적거렸다.

황금비율의 작품 만들기

대다수의 일반인과 달리, 20세기의 프랑스 건축가 르 코르뷔지에는 수학 개념이 인간의 삶을 편안케 할 수 있다고 믿었다. 그가 보기가 가장 편안한 것은 황금 직사각형이었다. 그는 자신의 많은 작품에 의도적으로 황금 직사각형을 포함시켰다. 그림7.7은 그가 만든 프랑스의 저택인데, 이 저택은

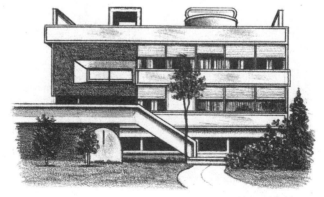

그림7.7

굴뚝을 포함하면 거의 완벽한 황금 직사각형으로 둘러싸인다. 나중에 자세히 살펴보겠지만, 르 코르뷔지에의 심미적인 건축은 황금 직사각형만이 지닌 매력 만점의 특징을 잘 포착하고 있다.

꼭 시각적인 세계에서만 황금비율을 감상하라는 법은 없다. 편안히 기대 앉아서 눈을 감고 그 유혹적인 수치의 아름다움에 '귀를' 기울일 수 있다. 클로드 드뷔시는 황금비율에 매료되어 음악 작품에 그 비율의 아름다움을 포착하고자 공을 들였다. 특히 〈목신의 오후 전주곡〉을 잘 들어 보면, 음의 고저, 장단, 셈여림 안에서 황금비율이 우리를 부르는 소리를 들을 수 있다.

음악의 박자란 규칙적인 진동 단위라고 알려져 있다. 〈목신의 오후 전주곡〉 진동 단위를 헤아려 보면 제법 흥미로운 패턴이 있다는 것을 알 수 있다. 드뷔시는 19마디와 28마디에서 포르티시모(ff, 매우 세게)로 연주하게 했다. 두 수치를 더한 값인 47마디째에서 다시 포르티시모가 등장한다. 이렇게 드뷔시가 작곡한 곡에는 피보나치 수 패턴이 반영되어 있다(표7.8). 표에 나타난 대로 셈여림을 살펴보면 그런 피보나치 패턴을 더 많이 발견할 수 있다.

이 작품은 70마디에서 포르티시모가 극적으로 고조된 다음, 차츰 피아니시모(ppp, 매우 여리게)로 잦아든다. 전체 전주곡의 길이는 129초인데, 시작 부분부터 70마디째의 환상적인 포르티시모까지 길이가 81초다. 두 수치를 나누면 129/81 = 1.592……가 되는데, 이것은 황금비율 1.618……과 인상적으로 가깝다. 드뷔시 작품의 아름다움과 우아함은 의도적으로 황금비율을 끌어들인 덕분일까? 그것은 분명치 않지만, 그 아름다움이 우리 주위에 즐비한 것만은 분명하다. 일단 그 아름다움에 관심을 두기만 하면, 우리는 눈과 귀와 정신으로 아름다움을 만끽할 수 있다.

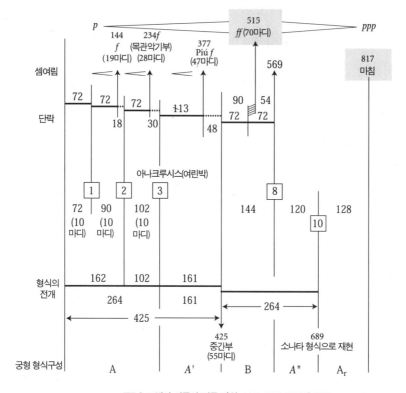

표7.8 드뷔시 작품의 진동 단위. 144f+234f=377f에 주목.

황금 채굴

오늘날과 같이 정보 광고가 판을 치는 시대에, 황금 직사각형 광고를 충분히 했으니 이제 홈쇼핑 호스트가 이렇게 외칠지도 모르겠다. "아, 나도 동감이에요. 이제 우리 모두 자신의 황금 직사각형을 원해요, 안 그런가요?" 이 말에 대해, 일당을 받는 방청객들은 계약서에 명시된 대로 요란하게 박수를 쳐 댈 것이다. 하지만 우리가 꿈꾸는 황금 직사각형을 팔기 위해 대기 중인 홈쇼핑 채널 같은 것은 없으니, 다음과 같은 유물론적인 질문을 제기해 볼 만하다. 즉, 우리가 직접 황금 직사각형을 만들 수 있는 방법은 없는가?

사실 고대 그리스 시대에 알아낸 간단한 기하학적 방법으로 황금 직사각형을 만들 수 있다. 고대 그리스 수학자들(그들이 고대인이 된 것은 사후 고작 1천 년쯤 지나서였다)은 직선자와 컴퍼스만으로 그릴 수 있는 기하학적 대상에 대해 관심이 아주 많았다. 물론 케이블 텔레비전이 나오기 한참 전이라 더욱 그런 문제가 재미있었을 것이다. 하지만 진지하게 말해서, 직선자와 컴퍼스 작도는 수 세기 동안 수학자들을 매료시켰고, 앞으로도 그 어떤 TV 시리즈보다 훨씬 더 오래 사람들을 매료시킬 것이다. 우리도 대부분 고등학교 시절에 이런 작도를 처음 접했다.

교실의 기하학 작도 시간에는 눈금이 없는 직선자를 사용하게 한다. 직선자는 사실 자가 아니다. 눈금 없는 자가 차라리 나은 것은 우리의 물리 세계에서는 어떤 것도 정확히는 측정할 수가 없기 때문이다. 앞서의 장에서 살펴본 것처럼, 전자계산기를 써도 전혀 다른 답이 나올 정도다. 완벽한 측정이란 이론적으로 무한히 많은 자릿수의 정확한 수치를 필요로 한다. 그런 측정을 하는 것은 물론 현실에서 불가능한 일이다. 우리가 하고자 하는 이상적인 수학 작도는 눈금이 없는 직선자와 컴퍼스, 그리고 완벽한 황금 직사각형을 만드는 기하학적 작도법만 있으면 된다. 자, 여기 그 단계가 있다.

'1단계.' 우선 완벽한 정사각형부터 그린다. (하나의 선분이 주어지면, 직선자와 컴퍼스를 이용해서 그 선분을 한 변으로 하는 완벽한 정사각형을 그릴 수 있다. 두가지 도구를 이용해서 그 선분의 정중앙에 점을 찍는다. 그건 또 어떻게 하는가는 지혜로운 독자들의 몫으로 남겨 놓겠다.) 이어서 직선자를 써서 정사각형의 밑변을 왼쪽으로 연장한다. 정사각형의 집으로 가는 진입로를 낸 것처럼 말이다 (도형7.9).

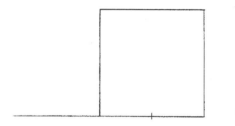

도형7.9

'2단계.' 다음에는 위험한(날카로운) 컴퍼스 끝을 정사각형의 밑변 중앙에 고정시키고 컴퍼스의 다른 쪽에 연결된 연필 끝은 정사각형의 왼쪽 모서리에 댄다. 이 상태에서 컴퍼스를 시계 반대 방향으로 돌려서 원을 그린다. 물론 원의 일부만 그리면 된다(도형7.10).

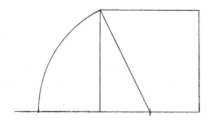

도형7.10

'3단계.' 처음 정사각형을 작도할 때와 비슷한 방법으로 우리의 진입로와 원의 교점을 지나가는 수직선을 진입로 위에 세운다.

'4단계.' 마지막으로 정사각형의 윗변을 연장해서 새로운 수직선과 만나게 한다. 여분의 선과 호를 모두 지운다(도형7.11)

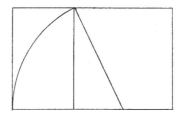

도형7.11

우리가 작도한 것을 보자. 뭔가 직사각의 흥분이 느껴지지 않는가? 흥분이 된다 해도 부끄러워할 필요는 없다. 그건 너무나 자연스러운 일이다. 우리가 방금 작도한 것이 바로 황금 직사각형이기 때문이다. 하지만 정말 황금이 맞을까? 그것을 인정하려면 수학적 증거가 필요하다. 존 레논이 언젠가 썼던 것처럼, "우리가 말하고자 하는 것은 증명에게 기회를 주자는 것뿐이다." 존 레논을 기려서 그렇게 해 보자. (존 레논은 이렇게 말했다 "All we are saying is give peace a chance." 저자는 peace를 proof로 바꾸었다: 옮긴이)

값진 증명

이 직사각형이 황금이라는 것을 증명하려면 어째야 할까? 높이에 대한 밑변의 비율이 정확히 황금비율인 $(1 + \sqrt{5})/2$라는 것을 증명해야 한다. 우리의 도형에는 눈금이 없기 때문에, 정사각형의 각 변의 길이를 그냥 2단위라고 하자. 그렇다면 직사각형의 높이 또한 2단위라는 것을 바로 알 수 있다. 그럼 길쭉한 밑변의 길이는 어떻게 될까? 안타깝게도 그 길이는 분명치 않다. 길이를 측정하기 위해서는 작도의 중간 단계로 돌아가야 한다. 정사각형의 왼쪽 위 모서리와 연결된 대각선, 곧 원의 반지름을 생각해 보면, 도형의 중요 구조가 선명하게 보인다.

먼저 알 수 있는 것은 반지름의 길이가 정사각형의 밑변 중심점에서 직사각형의 왼쪽 끝까지의 길이와 같다는 것이다. 나머지 오른쪽 밑변의 길이는 1이다. 2×2 정사각형 밑변의 절반 길이이기 때문이다. 따라서 직사각형의 나머지 밑변 길이를 구하는 대신, 반지름의 길이를 구하면 된다. 앞서 작도를 할 때 우리는 특별한 직각삼각형의 빗변이 바로 원의 반지름에 해당하는 그런 직각삼각형을 그렸다. 이 직각삼각형은 밑변의 길이가 1이고 높이가 2라는 것을 쉽게 알 수 있다(도형7.12).

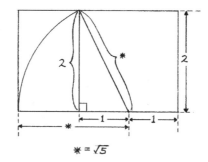

도형7.12

$$* = \sqrt{5}$$

해묵은 피타고라스 정리를 적용하면, 빗변의 제곱은 밑변의 제곱 더하기 높이의 제곱이다.

$$빗변^2 = 1^2 + 2^2 = 1 + 4 = 5.$$

따라서 빗변의 길이는 √5가 된다. 이 값은 황금비율에 포함되어 있던 눈에 익은 수치다. 밑변의 오른쪽 나머지 길이를 더하면, 직사각형의 전체 밑변의 정확한 길이는 1 + √5다. 이 수치를 높이 2로 나누면 높이에 대한 밑변의 비율이 나온다, (1 + √5)/2. 따라서 우리가 그린 직사각형이 진짜 황금 직사각형이라는 것을 확인할 수 있다.

이 증명의 열쇠를 쥐고 있는 것은 황금 삼각형이다. 중요한 이 삼각형은 이번 장 말미에서 다시 만나게 될 것이다.

매력의 이유

그토록 많은 미술 작품에서 황금비율을 발견하게 되는 이유는 무엇일까? 기하학 작도를 해 본 경험을 간직한 채, 르 코르뷔지에의 저택 이야기로 돌

그림7.13

아가 보자. 거기에는 명백히 황금 직사각형이 포함돼 있다. 이제 우리는 그것을 선명하게 볼 수 있다. 특히 우리의 작도법 덕분에, 황금 직사각형과 그 안에 포함된 가장 큰 정사각형 사이의 자연스러운 관계가 두드러져 보인다. 르 코르뷔지에의 저택을 보고 있으면, 오른쪽의 주거 공간이 큰 정사각형을 이루고 있다는 것이 확연히 눈에 띈다(그림7.13)

르 코르뷔지에가 설계한 저택을 보면, 우리가 방금 작도해 본 것과 똑같은 작도법을 확인할 수 있다. 즉, 이 저택은 정사각형 부분에서 시작해서, 왼쪽으로 건물을 잇대어 매력적인 직사각형을 이루고 있다. 황금 직사각형을 이루기 위해 잇댄 직사각형 건물에는 어떤 특별한 점이 있을까? 그 점에 초점을 맞추어, 이 설계도를 90도 돌려서 확대해 보면, 뜻밖의 우연의 일치를 확인하게 된다. 즉, 작은 직사각형이 또 다른 황금 직사각형으로 보인다(그림7.14). 저택의 이런 모습은 수학적으로 사실이다. 여기서 황금 직사각형에 포함된 가장 큰 정사각형을 제거하면, 남아 있는 더 작은 직사각형 역시 황금

그림7.14 눕혀서 본 모습

직사각형이다. 더욱 놀랍게도, 아름다운 이 수학적 진실은 앞서 우리가 살펴본 φ의 값인 연분수 형태를 취하고 있다.

황금빛이 나는 것들

황금 직사각형 안에 포함된 가장 큰 정사각형을 제거하면 또 다른 황금 직사각형이 남게 된다는 것을 우리 눈으로 직접 확인해 보자. 높이가 1인

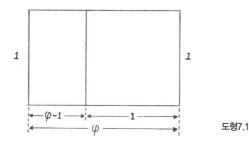

도형7.15

황금 직사각형이 있다고 하면, 밑변의 길이는 물론 φ다. 여기서 가장 큰 정사각형을 제거하면, 더 작은 직사각형이 남고, 그것의 치수도 알 수 있다(도형7.15). 그 치수는 $1 \times (\varphi-1)$이다. 더 작은 이 직사각형이 정말 황금 직사각형인가를 증명하려면, 더 짧은 변의 길이로 더 긴 변의 길이를 나눈 값이 황금비율 φ라는 것을 증명하면 된다. 짧은 변의 길이로 나눈 긴 변의 길이는 $1/(\varphi-1)$이다. 이 값이 φ와 같다는 것을 증명해 보자. 복잡해 보이는 $1/(\varphi-1)$을 연분수로 나타내면 어떻게 될까?

예전의 아름다운 연분수를 불러오면

$$\varphi = 1 + \cfrac{1}{1 + \cfrac{1}{1 + \ddots}}$$

이 등식의 양쪽에서 1을 빼면 다음과 같다.

$$\varphi - 1 = \cfrac{1}{1 + \cfrac{1}{1 + \cdot_{\cdot_{\cdot}}}}$$

그래서 1/(φ−1)이라는 값을 얻기 위해 위 등식을 역수로 바꾸면 이렇게 된다.

$$\frac{1}{\varphi - 1} = 1 + \cfrac{1}{1 + \cfrac{1}{1 + \cdot_{\cdot_{\cdot}}}}$$

이것은 정확히 φ 값이다! 따라서 우리는 더 작은 직사각형의 높이에 대한 밑변의 비율이 황금비율이라는 것을 알 수 있다.

사실 황금 직사각형은 가장 큰 정사각형을 잘라 낸 후 남아 있는 작은 직사각형의 길이와 너비의 비율이 당초 직사각형의 그것과 동일하다는 속성을 지닌 유일한 직사각형이다. 황금 직사각형만이 지닌 핵심 특성이 바로 그것이다. 황금 직사각형이 심미적인 기쁨을 주는 이유도 어쩌면 바로 그처럼 독특한 특성 때문인지도 모른다.

끝없는 직사각형 가계도

수학이 주는 삶의 많은 교훈 가운데 하나는, 일단 아이디어를 발견하면 그것을 끝까지 밀어붙임으로써 새로운 통찰을 얻는 경우가 많다는 것이다. 이번 경우 우리는 황금 직사각형에서 가장 큰 정사각형을 잘라 내고 남은 작은 직사각형 역시 황금 직사각형이라는 사실을 알아냈다. 그럼 이제 어떻할까? 계속 반복한다! 방금 태어난 아기 황금 직사각형에서 가장 큰 정사각형을 잘라 낸다. 남은 것은? 더욱 작은 손자 황금 직사각형이다. 이 과정은 물론 우리가 원하는 만큼 계속 반복해서, 점점 작아져 가는 황금 직사각형들을 한없이 만들 수 있다(도형7.16).

도형7.16

각 정사각형 안에 사분원을 그려 넣으면, 계속 이어진 아름다운 나선을 만들 수 있다(도형7.17).

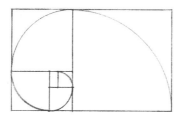

도형7.17

이 나선은 '대수 나선logarithmic spiral'에 가깝다. 우아한 앵무조개에서 볼 수 있는 자연의 나선을 수학적으로 추상화한 것이 대수 나선이다(그림7.18).

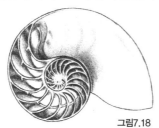

그림7.18

이렇게 또 다시 우리는 수학적 발견을 통해 자연을 더 잘 이해할 수 있고, 예술의 아름다움을 감상하는 심미안도 높일 수 있다는 것을 알 수 있다.

바보의 황금(황금 아닌 황동)

자연계와 예술 작품에 황금 직사각형이 나타나는 여러 사례를 살펴보았는데, 그것이 아무리 환상적이라 해도 모든 직사각형이 황금 직사각형은 아니라는 것 또한 사실이다. 그러한 사실에도 불구하고 있지도 않은 황금 직사각형을 찾으려고 애를 쓰는 사람들이 있다.

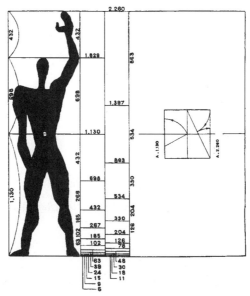

그림7.19 〈인간 척도〉(1946)에서 르 코르뷔지에는 6+9=15, 9+15=24 등으로 이어지는 피보나치 식의 패턴을 보여 주고 있다.

미술계로 돌아가서 르 코르뷔지에의 1946년 잉크 드로잉 작품 〈인간 척도〉를 연구해 보자(그림7.19). 거기서 우리는 인체를 피보나치 패턴으로 해체하려는 그의 시도를 엿볼 수 있다. 그가 옆에 나열한 숫자는 신체의 여러 부위별 높이를 나타낸다. 맨 밑에 있는 수에서 시작해서 위로 올라가면, 6과 9가 보인다. 그 두 수를 더하면 다음 수가 되고, 그 과정이 계속 이어진다. 그래서 피보나치 패턴이 나타나는데, 사실 우리가 지난 장에서 발견한 것을 통해 그것이 씨앗수인 6과 9로 시작하는 수열이라는 것을 알 수 있다. 알다시피 여기서 연속된 항의 비율은 황금비율을 향해 다가간다.

르 코르뷔지에의 드로잉에 나오는 배꼽을 보면 흥미로운 신화 하나가 떠오른다. 사람의 키를 발바닥에서 배꼽까지의 높이로 나눈 값이 황금비율을

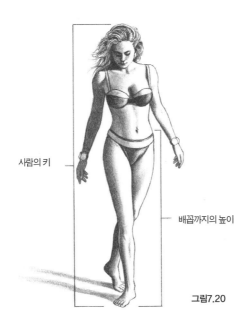

사람의 키

배꼽까지의 높이

그림7.20

이루는 것이 "이상적인" 인간의 모습이라고 믿는 사람들이 있다(그림7.20).
독자께서도 집에서 편안히 측정을 해 보고, 이상에 얼마나 가까운지 확인
해 보기 바란다. 명심해야 할 일은 이 이론이 과학적으로나 수학적으로 증
명된 사실이 아니라는 것이다. 그러니 하체가 짧다고 절망할 필요는 없다.

손바닥의 직사각형 모양이 황금 직사각형과 일치한다고 믿는 사람도 있
다. 이것 역시 편안히 측정을 해서 독자의 손바닥이 플라톤주의자들의 심
미적 매력을 거머쥐고 있는지 알아보기 바란다. 독자께서는 우리 둘레에
황금 직사각형이 즐비하다고 보는가? 파르테논 신전에서도, 배꼽 위치에
서도 황금 직사각형을 발견할 수 있다고 보는가? 어쩌면 우리는 말 그대로
황금 직사각형을 손에 쥐고 있는지도 모른다. 아닐 수도 있지만.

황금 삼각형

우리가 정말 완벽한 황금 직사각형을 작도했다는 것을 확인하는 데 결정
적인 역할을 한 것은 사각형이 아니라 '삼각형'이었다. 한 변의 길이가 다
른 변의 두 배인 직각삼각형이 바로 그것이다. 그런 도형을 우리는 '황금
삼각형Golden Triangle'이라고 부른다. 황금 직사각형을 작도하는 데 핵심 구
실을 하기 때문이다(도형7.21). 황금 삼각형 역시 우리의 심미안을 자극하
는 고유의 특성을 지니고 있다. 그래서 황금 삼각형에 대한 이야기보따리
를 살짝 풀어 놓고, 질서 정연한 카오스의 이미지가 최면을 걸듯 펼쳐지는
모습을 음미하며 이번 장을 마무리하겠다.

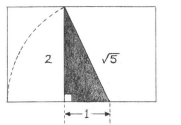

도형7.21

이제까지 이번 장은 직사각형의 형태를 찬미하고, 삼각형의 아름다움과 뉘앙스는 무시해 왔다. 변의 길이나 각이 특별하지 않은 평범한 일상의 세모꼴은 척 보기에 그리 멋져 보이는 것 같지 않다. 그러나 거기에도 흥미로운 속성이 한 가지 있다. 똑같은 삼각형 네 개를 만들어, 그것을 조립해서 원래의 삼각형과 비율이 같고 크기만 더 큰 삼각형 하나를 만들 수 있다. 더 큰 삼각형의 치수는 원 삼각형의 두 배다. 즉 대응하는 변의 길이가 꼭 두 배인 것이다(도형7.22).

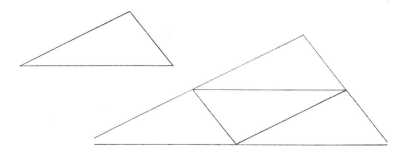

도형7.22 똑같은 삼각형 네 개를 조립해서 비율이 같은(각 변의 길이가 두 배인) 큰 삼각형 하나를 만들 수 있다.

그런데 황금 삼각형은 다른 삼각형이 갖지 못한 한 가지 특성을 지니고 있다. 이 특성은 삼각형들 가운데 심미적으로 가장 아름다운 특성이라고 믿는 사람이 많다. 황금 삼각형은 네 개가 아니라 '다섯 개'로 닮은꼴 삼각형을 조립할 수 있는 유일한 직각 삼각형이다(도형7.23). 어떻게? 큰 삼각

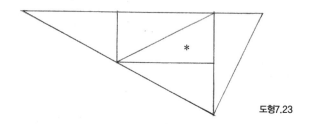

도형7.23

형의 가장 짧은 변이 작은 삼각형의 빗변과 길이가 정확히 똑같고, 큰 삼각형에서 가장 짧은 변과 직각을 이루는 변은 작은 삼각형의 빗변보다 정확히 두 배 길다. 이 직각삼각형의 직각을 이루는 두 변의 길이가 1단위와 2단위이므로 이것은 물론 황금 삼각형이다. 이렇게 똑같은 황금 삼각형 다섯 개로 하나의 더 큰 황금 삼각형을 만드는 흥미로운 과정을 되풀이해서, 더 큰 황금 삼각형 다섯 개로 또 그보다 더욱 큰 황금 삼각형을 만들 수 있다.

이쯤에서 멈출까? 물론 아니다. 수학 패턴은 감자칩과 같다. 일단 맛을 보면 손길을 멈출 수가 없다. 감자칩에 계속 손이 가면 결과가 어떻게 되는지는 누구나 안다. 허리가 굵어진다. 그와 마찬가지로, 황금 삼각형을 계속 잇대어 만들면 황금 삼각형이 한없이 뚱뚱해져서 운동이 절실해질지도 모른다. 하지만 그게 무슨 대수인가? 황금 삼각형이 '영원히' 커지면 어떻단 말인가?

불어나는 카오스

동일한 삼각형 네 개만으로 이루어진 평범한 삼각형을 계속 만들어 가다 보면 전체 평면을 덮을 수 있다(도형7.24). 어떤 비율의 삼각형이든 삼각형 타일을 무한히 많이 갖고 있다면, 그것을 조립해서 원래의 타일보다 더 큰 닮은꼴의 타일을 만들 수 있다. 그런 과정을 영원히 되풀이하면 전체 평면을 한 가지 모양의 타일로 덮을 수 있다.

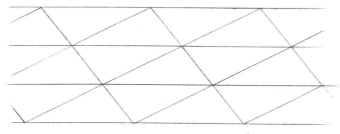

도형7.24

이러한 타일 깔기 방식으로 만든 패턴을 연구해 보면, 편안하고 매력적인 패턴이 편안히 반복되고 있는 것을 볼 수 있다. 사실 우리는 잠재의식적으로 타일들 속에 존재하는 엄청난 양의 대칭성을 포착한다. 타일의 위치를 바꾸어도 새로운 타일은 원래의 타일과 정확히 같은 모양이 된다. 방향을 바꿔도 역시 원래의 타일과 완벽히 같은 모양이 된다. 이러한 성격을 우리는 '병진 대칭성translational symmetry'이라고 부른다. 입자를 어떤 방향으로 이동시켜도 전체 그림이 이동시키기 전과 일치하는 것을 병진(나란히 나아가는) 대칭성이라고 한다.

우리가 막대한 금액을 대출받아 무한히 많은 황금 삼각형 타일을 구입했다고 하자. 그러면 반복적으로 슈퍼 황금 삼각형 타일을 만들어 전체 평면을 덮을 수 있다. 즉, 다섯 개의 타일을 잇대어 슈퍼 타일을 만들고, 슈퍼 타일 다섯 개로 슈퍼-슈퍼 타일을 만든다(도형7.25). 그런 과정을 거듭하면 그 결과는 놀라운 카오스 상태가 된다. 즉, 각각의 타일들이 뒤죽박죽으로 보인다(도형7.26).

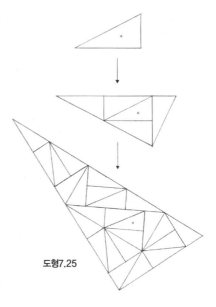

도형7.25

이 타일들에는 병진 형태가 없다. 작은 타일 위치를 바꾸면 원래의 타일과 전혀 다른 형태가 된다. '바람개비 타일 깔기pinwheel tiling'라고 알려진 이런 타일 깔기에는 규칙성이 없다. 자리를 옮겨도 전과 동일한 패턴을 이루는 그런 패턴의 반복성이 없다는 뜻이다. 바람개비라는 말을 통해 떠올릴 수 있는 것은 이런 타일을 까는 동안 점점 커지는 슈퍼 타일이 나선상으로 움직이며 가능한 모든 방향으로 뻗어 간다는 사실이다. 황금 직사각형의 고전적인 아름다움과는 판이하게 다른 이 바람개비 타일 깔기는 수학적 예술의 현대적 형태인데, 이것을 통해 미래 인간의 심미적 취향을 엿볼 수 있을 법하다.

도형7.26

우리의 황금 여행

미학과 황금 직사각형으로의 여행을 통해 우리는 나선과 미술, 음악 등을 새롭게 바라볼 수 있게 되었을 뿐만 아니라, 세계를 더욱 잘 바라볼 수 있는 길이 있다는 것도 새삼 깨닫게 되었다. 우리는 이제까지 수없이 자주 자연의 특성들을 바라보면서도 세부에는 그리 주목하지 않고, 강력한 아름다움을 지닌 풍성한 구조에도 그리 눈길을 주지 않았다. 간단한 생각의 기술을 이용함으로써(이번 장에서는 황금 직사각형의 속성을 알아봄으로써) 우리는 전혀 다른 세계를 볼 수 있다. 예를 들어 여러 패턴을 볼 수 있다.

우리 주위에는 발견되기를 기다리며 숨어 있는 구조가 얼마나 많을까? 뭐든 골똘히 바라보면 거기서 이야기가 펼쳐진다. 깊이 세계를 바라보면 문득 우리는 수학적 패턴으로 조명된 아름다움의 세계를 알아보게 된다. 이제 우리는 미학과 수학이 깊이 관련되어 있다는 것을 알게 되었다. 수학 안에 아름다움이 있고, 아름다움 안에 수학이 있다.

Chapter

종이접기를 못하는 이들을 위한 종이접기

종이접기부터 컴퓨터와 프랙털까지

'보나마나……' '드래곤 커브Dragon Curve'(그림8.1)라고 알려진, 무한히 복잡한 이미지를 만드는 과정은 무한히 복잡한 수학을 필요로 한다.

'놀랍게도……' 드래곤 커브는 아무 생각 없이 종이를 접기만 하면 만들어진다. 한 가지 알아야 할 게 있다면, 그 일을 한없이 되풀이할 필요가 있다는 것이다. 그냥 재미로 패턴을 찾다 보면, 감춰진 구조가 불쑥 나타난다. 이번에 우리가 살펴볼 것은 불꽃 같은 드래곤 커브다. 놀랍게도, 무한히 물결치는 이 곡면을 타일로 삼아 바닥에 깐다면, 한 치의 빈틈도 없이, 겹치는 일도 없이, 바닥을 완전히 덮을 수 있다! 우리는 종이접기를 통해 현대적 연산의 기본 토대를 발견할 수도 있다.

솔직히 말해 보자. 인생에서 우리는 이루 말할 수 없이 복잡해서 도저히 어떻게 해 볼 수 없는 상황과 곧잘 맞닥뜨린다. 그럴 때 우리는 가망이 없다

그림8.1

는 인상을 받고 궤양을 일으킨다. 이번 장에서 우리는 실마리를 잡을 수 없는 인생의 복잡다단함에 대한 은유로, 흥미진진한 종이접기의 이모저모를 두루 탐색해 볼 참이다. 이번 여행이 낙담한 이들에게는 희망을, 궤양에 걸린 이들에게는 제산제를 안겨 주기를 바란다.

여기서 우리의 주된 목적은, 현실을 수용해서 간단한 사례들을 깊이 있게 살펴봄으로써 복잡한 현상을 이해하는 것이다. 반복해서 종이를 접는 과정을 통해, 우리는 한없이 복잡하고 혼란스럽고 일관성도 없어 보이던 현상이나 대상이 실은 대단히 아름다운 구조를 지니고 있다는 것을 알게 될 것이다. 아울러 서로 다른 개념들이 놀랍게도 끈끈히 연결되어 있다는 사실도 알게 될 것이다. 자, 종이 한 장을 집어 들고 슬슬 접어 보자.

종이접기

우선 종이로 해 볼 수 있는 가장 간단한 것을 해 보자. 즉, 종이를 반으로 접는다. 오른쪽 면을 왼쪽으로 넘겨서 접는다(그림8.2). 종이접기를 할 줄

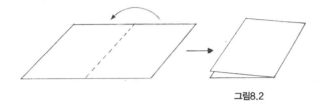

그림8.2

모르는(종이를 우아한 백조로 변신시킬 줄 모르는) 사람이라도 그 정도는 할 수 있다. 하지만 한 번 접은 것으로 만족할 수는 없다. 접힌 종이를 다시 접자. 오른쪽 면을 왼쪽으로(그림8.3). 또 접을 수 있을까? 꼭 직접 해 보기 바란다. 같은 방향으로 모두 몇 번이나 접을 수 있을까?

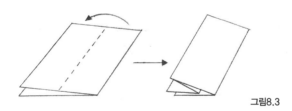

그림8.3

제5장에서 보았듯이, 종이의 두께는 아무리 얇아도 영은 아니다. 종이를 42번 접을 수 있다면, 그 두께는 달에 이르고도 남는다. 51번 접으면 태양에 이르고도 남는다. 두말할 나위 없이 42번 접는 것은 불가능하다. 실은 여덟 번 접는 것도 불가능하다.

여기서 우리의 목적은 종이접기 올림픽 신기록을 세우는 것이 아니다.

그저 가능한 한 여러 번 접으면 된다(다섯 번이나 여섯 번). 그런 다음 종이를 펴서 주름을 살펴본다. 독자께서도 직접 해 보기 바란다.

　최대한 여러 번 접은 후 다시 펼치면, 전혀 구조라고 할 것이 없는 꼬깃꼬깃한 종이만 보인다. 구겨진 카오스 상태에 대한 첫인상을 떨쳐 버리고, 일단 요모조모 관찰을 하며 자세히 한번 뜯어보자. 접힌 곳은 두 가지 모습을 보인다. 들어간 곳과 나온 곳이 그것이다(그림8.4). 이후 들어간 곳, 그러니까 골은 "∨"로. 튀어나온 마루는 "∧"로 표시하도록 하자. 골이나 마루라고 이름을 붙여 주는 것만으로도 대상을 더 잘 이해하게 되는 경우가 많다.

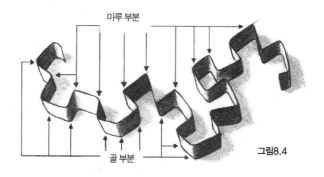

그림8.4

　우리가 이름을 붙여 준 대로, 그림8.4와 같이 접힌 종이의 주름을 왼쪽에서 오른쪽으로 읽어 나가면 다음과 같다.

골 골 마루 골 골 마루 마루 골 골 골 마루 마루……

　이처럼 연속된 골과 마루를 보면, 거기에 무슨 패턴이 있는지 분간이 되지 않는다. 왜 그럴까? 우리는 오른쪽 면을 위쪽으로 일관되게 접었으니, 시종일관된 반복 행위는 뒤죽박죽이 아닌 모종의 패턴으로 나타날 거라고 기대해 볼 수 있다. 하지만 실제로 나타난 모습은 복잡하기만 하다. 이런 복잡성과 마주할 때의 좋은 전략은 복잡한 것을 덮어 두고 간단한 것에서 시작하는 것이다. 이번 경우에는 복잡한 이유가 분명하다. 젠장, 너무 여러 번 접었다! 말끔한 종이로 다시 접어 보자. 이번에는 신기록을 세우겠다는 야망일랑은 접어 두자.

몇 번만 접기

종이를 딱 한 번만 접어서 펼치면(그림8.5), 쓸쓸한 골짜기 하나만 보인다. 여기까지는 좋았다. 두 번 접으면(그림8.6), 골이 둘, 쓸쓸한 마루 하나가 보인다. 세 번 접으면(그림8.7), 주름이 이렇게 주절거린다.

골 골 마루 골 골 마루 마루

종이접기 결과를 한데 나열해서 살펴보면, 우리의 허를 찌르는 뭔가를 보게 될 것이다.

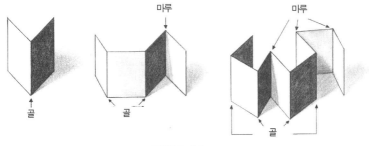

그림8.5~8.7

골

골 골 마루

골 골 마루 골 골 마루 마루

여기에는 패턴이 있다. 즉, 한 번 더 접어서 펼친 종이의 앞부분 주름은 이전의 주름과 동일하다. 이러한 관찰 결과를 확인하기 위해, 좀 더 많이 접어 보자. 이번에는 네 번을 접은 후 펼친다(그림8.8). 골과 마루라는 말 대신 편의상 ∨과 ∧ 기호를 사용해서, 이번 결과를 앞의 세 차례 결과 뒤에 기록해 보면 다음과 같다.

그림8.8

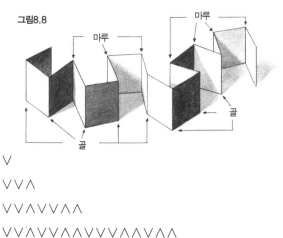

∨

∨∨∧

∨∨∧∨∨∧∧

∨∨∧∨∨∧∧∨∨∨∧∧∨∧∧

다섯 번, 여섯 번을 접어도 이렇게 앞부분이 이전 주름과 일치하는 패턴은 계속된다. 다섯 번 접은 앞부분은 네 번 접은 것과 일치하고, 여섯 번 접은 앞부분은 다섯 번 접은 것과 일치한다는 것을 알 수 있다.

∨

∨∨∧

∨∨∧∨∨∧∧

∨∨∧∨∧∧∨∨∧∨∧∧

∨∨∧∨∧∧∨∧∨∧∧∨∨∨∧∨∧∨∧∧∨∧∧∨∨∧∧

∨∧∨∧∨∧∨∧∨∧∨∧∨∧∨∧∨∧∨∧∨∧∨∧∨∧∨∧∨∧∨∧∨∧∨∧

이러한 관찰 결과를 통해 우리는 예를 들어 일곱 번째의 주름 패턴을 알면, 여덟 번째의 절반에 해당하는 앞부분 주름 패턴을 정확히 알아맞힐 수 있다. 주름을 기호로 나타내서 기록해 보면, 그 패턴이 더욱 선명하게 눈에 들어온다.

일단 구조를 발견했으니 좀 더 면밀히 살펴보지 않을 수 없다. 이번에는 패턴의 중앙 부분을 알아맞혀 보겠다. 밑줄을 친 곳이 바로 중앙에 해당하는 자리다.

∨

∨∨∧

∨∨∧∨∨∧∧

∨∨∧∨∧∧∨∨∨∧∧∨∧∧

∨∨∧∨∧∧∨∨∧∨∧∧∨∨∨∧∨∧∨∧∧∨∧∧∨∨∧∧

∨∧∨∧∨∧∨∧∨∧∨∧∨∧∨∧∨∧∨∧∨∧∨∧∨∧∨∧∨∧∨∧∨∧∨∧

또 다시 우리는 놀라운 우연의 일치를 보게 된다. 중앙은 모두 ∨이다. 이제 나머지 반은 어떻게 예측할 수 있을까? 주름의 골과 마루는 종이를 오른쪽 면에서 왼쪽으로 접는 과정에서 유기적으로 생겨난다. 따라서 자연스레 이런 궁금증이 생긴다. 즉, 중앙의 ∨을 경첩이라고 치고, 양쪽의 ∧와 ∨ 기호들을 접으면 어떻게 될까? 그러니까 중앙의 ∨을 축으로 삼아 오른쪽의 기호를 회전시켜서 왼쪽의 기호에 포개 보는 것이다(그림8.9).

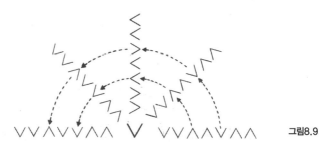

그림8.9

'놀랍게도' 주름의 오른쪽 반 기호를 왼쪽으로 회전시키면 양쪽 기호가 완벽하게 포개진다. 예를 들어 두 번 접었을 때의 결과인 ∨∨∧에서 오른쪽의 ∧를 왼쪽으로 회전시키면 왼쪽의 ∨과 포개진다. 즉, 일치한다(그림 8.10). 마찬가지로 세 번 접은 결과인 ∨∨∧∨∨∧∧를 반으로 접으면 오른쪽의 ∨∧∧가 회전해서 왼쪽의 ∨∨∧와 일치하게 된다(그림8.11). 모든 종이접기 결과가 바로 이처럼 접으면 일치하는 대칭 구조를 이루고 있다.

따라서 이제 우리는 일곱 번 종이접기를 한 결과를 여섯 번째 결과 아래

그림8.10과 8.11

에 기록할 수 있다. 중앙의 자리에 ∨을 먼저 떡하니 써 놓고, 왼쪽에는 여섯 번째의 결과를 그대로 기록한다. 그리고 중앙의 ∨을 축으로 삼아 왼쪽의 기호를 오른쪽으로 회전시키면 된다. 인상적으로 긴 그 결과는 다음과 같다.

∨∨∧∨∨∧∧∨∨∧∧∨∧∧∨∨∧∨∨∧∧∧∨∧∨∨∧∧∨∨∧∧∧∨∨∧∨∧∧∨∨∧∧∨∧∧∧∨∨∧∨∨∧∧∨∧∧∨∧∧∨∨∧∧∧∨∧∧

더 이상 카오스는 없다

우리는 방금 카오스를 길들였다! 이제는 실제로 종이를 접었다 펴서 알아볼 필요도 없이, 이후의 종이접기 결과를 전부 다 알아낼 수 있다. 물리적으로 접기가 불가능한 횟수의 종이접기 결과까지 말이다. 이런 발견을 통해 우리는 물질계의 속박과 한계를 초월할 수 있다. 물리적으로 종이를 일곱 번까지는 접을 수 있다고 해도 여덟 번 접기는 불가능한데, 이제 우리는 여덟 번 접은 종이의 정확한 패턴을 알 수 있다. 일곱 번째의 결과를 기록한 다음, 그 오른쪽에 ∨을 갖다 붙이고, 그것을 축으로 삼아 일곱 번째의 결과를 오른쪽으로 180도 돌려놓으면 된다. 이론적으로 이런 과정을 한없이 계속해서 태양에 이르고도 남는 51번 종이접기 결과까지 기록할 수 있다. 물론 그 기록의 길이 또한 태양에 이르고도 한참 남아돌겠지만 말이다.

이 모든 새로운 통찰은 우리가 본 것을 일단 이름 붙임으로써 가능해진 것이다. 골과 마루로 명명함으로써, 그리고 그 패턴을 찾음으로써, 뒤죽박죽으로 주름진 카오스가 불현듯 크리스털처럼 투명해졌다.

순전한 카오스에서 완전한 규칙성으로

그럼 이제 전혀 다른 면을 살펴보자. 종이접기 결과를 다른 각도에서 탐색해 보면, 불현듯 또 다른 발견을 할 수 있다. 전혀 새로운 방법으로 결과를 예측할 수 있는 간단한 패턴이 숨어 있는 것이다. 그 방법의 첫 단계는 종이접기 결과를 '가운데 정렬' 해 보는 것이다(물론 중앙의 ∨이 한가운데 온다). 그런 다음 맨 처음의 기호에서 시작해서 하나 건너의 결과를 주목해 보라. 그것을 진하게 표시한 결과는 다음과 같다.

∨

∨∨∧

∨∨∧∨∨∧∧

∨∨∧∨∨∧∧∨∨∧∧∨∧∧

∨∨∧∨∨∧∧∨∨∨∧∧∨∧∧∨∨∨∧∨∨∧∧∨∧∧

∨∨∧∨∨∧∧∨∨∧∧∨∧∧∨∨∧∨∨∧∧∨∧∧∨∨∧∨∨∧∧∨∧∧∨∧∧

진하게 표시한 곳은 완벽한 규칙성을 띠고 있다. 골과 마루가 단순히 번갈아 가며 나타나고 있는 것이다. 골, 마루, 골, 마루, 골, 마루, 이렇게.

∨∧∨∧∨∧∨∧∨∧∨∧∨∧∨∧∨∧∨∧∨∧∨∧

이제 진하게 표시하지 않은 곳에 초점을 맞춰 보자. 아니나 다를까 거기에도 주목할 만한 게 있다. 예를 들어 네 번 접은 결과를 보자.

∨∨∧∨∨∧∧∨∨∧∧∨∧∧

여기서 진한 부분을 제거한 나머지는 다음과 같다.

∨∨∧∨∧∧

이것은 어딘가 눈에 익은 모습이다. 독자는 이것이 무엇인지 알겠는가? 이것은 바로 세 번 접은 결과다! 다른 몇 번의 결과를 살펴보면 역시 마찬가지라는 것을 알 수 있다. 골과 마루가 번갈아 가며 나타나는 항을 제거하고 남은 것은 바로 이전 종이접기의 결과이다. 따라서 이 결과에는 놀랍게도 뭔가 유전적인 데가 있다는 것을 알 수 있다.

이제 그러한 환상적인 구조를 이용해서 새로운 종이접기의 결과를 손쉽게 만들어 낼 수 있다. 이전의 결과만 있으면, 그 사이사이에 골과 마루를 번갈아 삽입하면 다음번 종이접기의 결과가 된다. 예를 들어 세 번 접은 결과(∨∨∧∨∨∧∧)를 알고 있다면, 각 항의 사이를 한 칸씩 띄고 거기에 골과 마루를 번갈아 끼워 넣으면 네 번 접은 결과가 된다.

∨∨∧∨∨∧∧	(세 번 접은 결과)
∨ ∨ ∧ ∨ ∨ ∧ ∧	(한 칸씩 띈다)
∨∨∧∨∨∧∧∧∨∨∨∧∧∨∧∧	(골과 마루를 번갈아 끼워 넣으면 네 번 접은 결과가 된다!)

이렇게 우리는 두 가지 방법으로 종이접기의 결과를 정확히 맞힐 수 있는 감춰진 두 가지 패턴을 발견했다. 다음번 종이접기의 결과를 알아낼 수 있는 첫 번째 방법은 ∨을 뒤에 덧붙인 다음 이전 결과를 180도 회전시켜 ∨ 뒤에 붙이는 것이다. 같은 결과를 만들어 내는 두 번째 방법은 이전 결과의 사이를 벌려 놓고 그 사이에 골과 마루를 번갈아 끼워 넣는 것이다.

처음에는 카오스로 보였던 것을 이렇게 길들였지만, 두 방법 모두 이전의 결과를 알고 있어야 다음의 결과를 알 수 있다. 말하자면 여섯 번 종이를 접기 위해서는 다섯 번을 먼저 접어야만 한다. 그러니 여섯 번째의 결과를 알기 위해서는 다섯 번째의 결과를 알아야 한다는 것이 어쩌면 당연한 것도 같다. 그게 자연스럽기는 하다. 하지만 꼭 그래야만 할까? 이 문제에 대한 답은 오늘날과 같은 컴퓨터 시대의 토대가 된 아이디어를 생각해 볼 놀라운 기회를 마련해 준다.

튜링 이야기

모든 컴퓨터, 모든 현금자동지급기, 모든 웹 거래, 모든 컴퓨터 웜(독자적으로 실행되어 스스로를 복제하는 컴퓨터 프로그램), 모든 스팸 메시지의 뒤에서는 컴퓨터 프로그램이 열심히 돌아가고 있다. 우리 삶의 많은 부분에서 중요한 구실을 하는 프로그램들은 사실 비교적 최근에 개발된 기술이다. 컴퓨터 프로그래밍이라는 창조적인 기술을 개척해 낸 이는 영국의 수학자이자 암호전문가이고 컴퓨터 과학의 아버지로 불리는 앨런 튜링(1912~1954)이다. 그가 컴퓨터라는 개념을 최초로 도입한 것은 1932년이다. '유니버설 튜링 머신'으로 알려진 그의 아이디어 덕분에 1950년에 최초의 디지털 컴퓨터를 만들 수 있게 되었다(1970년대 후반까지 세계 최초의 디지털 컴퓨터는 미국 펜실베이니아 대학에서 만든 에니악ENIAC인 것으로 알려져 있었으나, 실은 그보다 2년 앞선 1943년에 튜링이 콜로서스Colossus라는 세계 최초의 디지털 컴퓨터를 만들어 냈다: 옮긴이).

튜링은 콜로서스를 이용해서 독일이 자랑하던 난공불락의 에니그마 암호를 해독하는 등, 중요한 많은 과학적 업적을 세운 것으로 알려져 있다. 에니그마 암호는 제2차 세계대전 때 독일군이 사용한 무선통신 암호다. 여기서 우리는 '유한상태 자동장치finite state automata'로 알려진 튜링 머신의 한 버전을 탐구해 볼 작정이다. 한마디로 말해서 이 장치는 우리가 상상할 수 있는 가장 간단한 컴퓨터다. 랩톱 컴퓨터에 비할 바 없이 단순하지만, 그래도 놀랍도록 뛰어난 능력을 지니고 있다.

유한상태 자동장치는 아주 단순한 기계다. 할 수 있는 일이라고는 일정한 규칙에 따라 수를 읽고 쓰는 것이 전부다. 읽고 쓰는 장치(리더reader기와 라이터writer기)가 딸린 기계 속으로 숫자가 기록된 천공 테이프가 들어가는 모습을 상상해 보라. 천공 테이프가 리더기를 통과하면, 리더기가 각 숫자를 읽는다. 리더기가 숫자를 읽은 후, 라이터기는 천공 테이프 끝에 어떤 숫자를 쓰고, 리더기는 다음 수를 읽는다. 목록의 끝에 쓰이는 수는 읽힌 수를 토대로 해서 돌아가는 특별한 프로그램에 따라 결정된다. 그 개념을 나타낸 것이 그림8.12다.

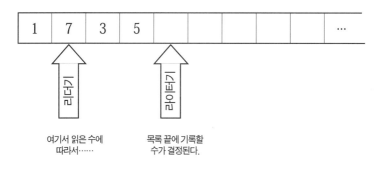

여기서 읽은 수에 따라서······

목록 끝에 기록할 수가 결정된다.

그 후 리더기가 다음 수를 읽는 과정을 되풀이한다.

그림8.12

유한상태 자동장치의 개념을 구체적으로 이해하기 위해, 특별한 예를 들어 보자. 이 "프로그램"은 본질적으로 규칙이 없이 마구잡이로 진행된다. 즉, 숫자를 치환하게 되는 데, 그에 따른 무슨 규칙은 없다.

리더기가 1을 **읽으면, 라이터기는** 목록 끝에 3, 2를 쓴다.
리더기가 2를 **읽으면, 라이터기는** 목록 끝에 0, 2를 쓴다.
리더기가 3을 **읽으면, 라이터기는** 목록 끝에 3, 1을 쓴다.
리더기가 4를 **읽으면, 라이터기는** 목록 끝에 4, 1을 쓴다.
그 후 리더기는 목록상의 다음 수를 읽는다.

이 프로그램을 돌리기 위해서는 천공 테이프에 최소한 하나의 수가 기록되어 있어야 한다. 일단 1에서 시작해 보자. 읽을 수는 1밖에 없다. 리더기가 1을 읽는다. 따라서 라이터기는 3, 2를 그 뒤에 쓴다. 이제 리더기는 다음 수를 읽는데, 그 수는 3이다. 리더기가 3을 읽고, 라이터기는 목록 끝에 3, 1을 쓴다. 리더기는 다음 수인 2를 읽는다. 그 결과는 이런 식이 된다.

1, 3, 2, 3, 1, 0, 2, 3, 1, 3, 2.

컴퓨터가 0을 읽으면 난처해진다. 0을 읽을 때는 어쩌라는 지시가 없기 때문이다. 그러면 어떻게 될까? 컴퓨터가 멈춘다. 프로그램이 멈추면, 이것을 컴퓨터 과학자들은 프로그램 '정지halt' 라고 말한다. 이것은 컴퓨터가 임무를 우아하게 완수했다는 것을 의미할 수도 있다. 그러나 많은 경우 프로그램 '정지'는 문제가 생겼다는 것을 완곡하게 표현하는 말이다. 예로 든 프로그램은 복잡하지 않으니 프로그램에 결함이 있다는 것을 바로 알 수 있다. 그러나 일반적으로 유한한 수의 단계를 진행한 후 튜링 머신이 정지할 것인가(문제가 풀릴 것인가) 아닌가를 미리 알아내기가 매우 어렵다. 컴퓨터 과학상의 이 중요한 쟁점은 '정지 문제halting problem'라고 불린다. 튜링은 특정 프로그램이 정지할 것인가 아닌가를 알아낼 수 있는 일반적인 방법을 만들어 내기는 불가능하다는 것을 1936년에 증명했다.

읽고 쓰는 절차는 매우 간단하지만, 극히 복잡한 계산을 수행하는 컴퓨터 프로그램을 만드는 데 그것을 이용할 수 있다는 것이 입증되었다. 사실 워드프로세서에서 인터넷 검색엔진이나 인터넷뱅킹까지 그 모든 컴퓨터 프로그램은 그것이 아무리 복잡하더라도, 튜링 머신의 간단한 읽고 쓰기 규칙을 토대로 하고 있다. 물론 원하는 작업을 수행할 규칙을 어떻게 만들 것인가가 문제다.

컴퓨터 프로그래머들이 밤을 꼬박 새우며 매달려야 할 복잡한 문제 대신, 간단한 유한상태 자동장치의 다른 예를 생각해 보자. 실은 앞서의 프로그램에서 성가신 0을 제거하고 다시 생각해 볼 참이다. 새로운 규칙은 다음과 같다.

리더기가 1을 **읽으면**, **라이터기**는 목록 끝에 3, 2를 쓴다.
리더기가 2를 **읽으면**, **라이터기**는 목록 끝에 4, 2를 쓴다.
리더기가 3을 **읽으면**, **라이터기**는 목록 끝에 3, 1을 쓴다.
리더기가 4를 **읽으면**, **라이터기**는 목록 끝에 4, 1을 쓴다.

그 후 리더기는 목록상의 다음 수를 읽는다.

1이 기록된 천공 테이프로 이 프로그램을 돌리면, 프로그램이 결코 정지하지 않을 거라는 사실을 쉽게 알 수 있다. 라이터기가 쓰는 모든 수를 리더기가 읽고 작업을 계속 수행할 수 있기 때문이다. 그러니 이 프로그램은 영원히 돌아갈 테고, 숫자의 목록은 끝없이 이어질 것이다. 숫자 1에서 시작하면 앞부분의 작업 결과는 다음과 같다.

1, 3, 2, 3, 1, 4, 2, 3, 1, 3, 2, 4, 1, 4, 2, 3, 1······.

이런 것에 대해 깊은 인상을 받기는 어려울 것 같다. 간단한 이 프로그램은 무한히 많은 수를 따분하게 무작위로 나열해 나가는 것으로 보이기 때문이다. 그러나 다른 이야기로 넘어가기 전에, 이 목록을 단순화시켜 보자. 즉, 각각의 수가 짝수인가 홀수인가를 따져 보는 것이다. 그래서 홀수일 경우 ∨ 기호로, 짝수일 경우 ∧기호로 바꿔 보자. 숫자를 기호로 바꾸면 다음과 같다.

∨∧∨∨∧∨∨∧∧∨∨∧∨∧∧∨∧∧∨∧∧∨∨∨∧∨∧∨∧∧∨∧∧∨∨∧∧∨∨∧∧∨∧∧∨∨∧∨∨∧∧∨∨∧∧······

믿기지 않게도 이 결과는 앞서 우리가 임의의 횟수만큼 종이접기를 한 결과와 같다! 따라서 종이접기 결과는 사실상 극히 간단한 다섯 줄의 튜링 머신 프로그램의 결과다. 더욱 놀라운 것은, 종이접기의 다음 번 결과를 알기 위해 이전의 결과를 알 필요가 이제는 없다는 것이다. 다섯 가지 규칙을 이용해서 "씨앗" 수 1로 시작하면, 임의의 횟수만큼 종이접기를 한 결과를 바로 알아낼 수 있다.

결과의 초기 항은 유기적으로 미래 항을 낳는다. 51번을 접어서 태양에 이르고도 남도록 말이다. 놀랍게도 그 다섯 가지의 간단한 규칙만으로 우리가 여행하길 원하는 곳까지 이를 수 있는 완벽한 종이접기 결과를 보여준다. 아니 실은 우리가 결코 도착할 수 없는 머나먼 곳까지 끝없이 이어지는 미래가 고스란히 그 안에 담겨 있다. 정말이지 카오스 상태로 보이는 종이접기의 마구잡이 형태에는 처음 우리가 발견한 것보다 훨씬 더 많은 구조가 도사리고 있다.

종이 백조부터 종이 드래곤까지

종이접기에 대해 많은 것을 알아냈지만, 종이 백조에 생명을 불어넣는 방법을 알아내는 데는 솔직히 전혀 진전이 없다. 물새 문제가 잠수하기만을 바라며, 여기서는 너무 섬세하고 작은 백조를 넘어, 종이를 접어 불꽃같은 드래곤을 만들어 보겠다. 우리의 드래곤 이야기에는 좋은 소식과 나쁜 소식이 있다. 좋은 소식은 종이접기를 전혀 할 줄 몰라도 된다는 것이다. 그저 초지일관 오른쪽 면을 왼쪽으로 접어 올리는 사소한 동작만으로 족하다. 그러나 곧 알게 되겠지만, 거기에는 어두운 면이 도사리고 있다.

우리가 할 일은 오른쪽 면을 왼쪽으로 몇 번 접은 다음 살짝 펼치는 것이다. 그리고 주름 잡힌 골과 마루를 파악해서 그 결과를 기록한다. 이제 주름진 종이로 다시 돌아와서 이렇게 묻는다. 종이를 잘 매만져서 모든 주름이 직각을 이루도록 하면 어떤 모양이 될까? 예를 들어 한 번 접은 종이는 90도를 이룬다(그림8.13). 두 번 접은 종이를 잘 매만져서 모든 각이 직각을 이루도록 하면 국자 단면 같이 보인다(그림8.14).

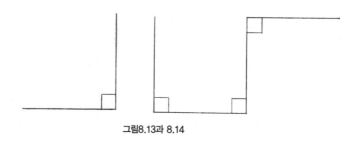

그림8.13과 8.14

두 번 접은 모습을 가지고 세 번 접은 모습을 알아낼 수 있을까? 답은 "그렇다"이다. 우리는 이미 그 방법을 알고 있다. 다음 번 종이접기의 결과를 알아내는 방법은 현재의 결과에 맨 앞부터 맨 뒤까지 사이사이에 골과 마루를 번갈아 끼워 넣는 것이다. 이 방법을 사용해서, 각 직각의 주름 사이에 직각의 골과 마루를 번갈아 가며 만들어 넣어 보자(그림8.15).

그림8.15

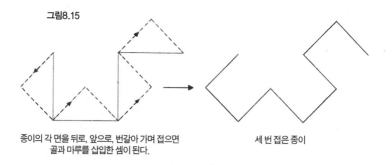

종이의 각 면을 뒤로, 앞으로, 번갈아 가며 접으면
골과 마루를 삽입한 셈이 된다.

세 번 접은 종이

다음번에는 좀 더 이색적인 형태가 된다(그림8.16). 마이클 크라이튼의 1990년 소설 『쥐라기 공원』을 꼼꼼히 읽은 독자라면 이 형태가 눈에 익을 것이다. 그 소설은 '반복iteration'이라고 불리는 여러 장으로 나뉘어 전개되는데, 각 장의 도입부에는 가상의 인물인 이언 맬컴의 말을 인용한 문장과,

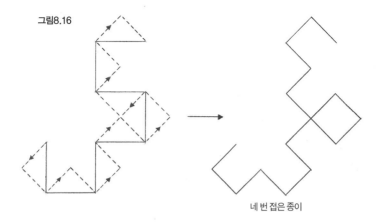

그림8.16

네 번 접은 종이

플롯이 점점 복잡해진다는 것을 비유하는 이미지로 시작된다. 바로 제1장에 해당하는 '첫 번째 반복'에서 다음 인용문과 함께 그림8.16의 이미지가

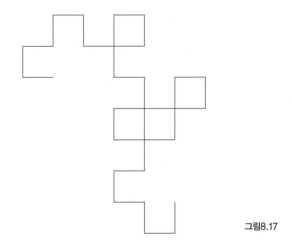

그림8.17

제시된다. "프랙털 곡선의 초기 그림들에서는 그 밑에 깔린 수학적 구조에 대한 실마리를 잡을 수 없을 것이다." 그렇다면 접은 종이를 펼쳐서 직각으

로 펼친 우리의 이 과정이 첫 단계에 불과하다는 뜻이다. 단순 과정이 반복되는 종이접기에는 수많은 단계가 있기 때문이다.

크라이튼은 '두 번째 반복'에서 한 번 더 접은 종이를 직각으로 펼친 이미지를 제시하고 있다(그림8.17). 여기서 이언은 고백한다. "프랙털 곡선의 다음 그림을 보면 느닷없는 변화가 눈에 띌 수도 있다."

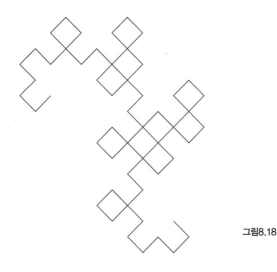

그림8.18

'세 번째 반복'(그림8.18), 곧 여섯 번 종이접기를 한 결과를 이미지로 나타내면 정사각형이 많이 보인다. 물론 정사각형은 종이의 모서리가 서로 만나서 생긴 것이다. 이언은 이렇게 외친다. "곡선이 더 그려질수록 세부가 더 분명히 나타난다." 『쥐라기 공원』 이야기가 전개될수록 이미지는 갈수록 복잡해지고, 이언의 발언은 점점 어두워진다. "불가피하게, 밑에 깔린 불안정성이 나타나기 시작한다."('네 번째 반복', 그림8.19). "시스템 결함이 이제 심각해질 것이다."('다섯 번째 반복', 그림8.20). "시스템 복구는 불가능한 것으로 판명될 것이다."('여섯 번째 반복', 그림8.21). 마지막으로 '일곱 번째 반복'(그림8.22)에서는 "점점 더 수학은 그 함축 의미를 직시할 용기를 요구할 것이다."

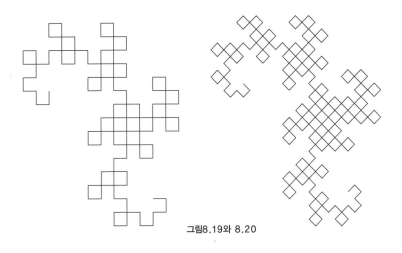

그림8.19와 8.20

여섯 번째와 일곱 번째, 이것은 명백히 우리가 이번 장 서두에서 본 불꽃 같은 드래곤이다. 처음 보았을 때 우리는 그처럼 무한히 복잡한 대상을 만드는 것은 우리의 수학적 능력을 한참 뛰어넘는 것 같았다. 그러나 종이접기를 탐구해 본 지금에 와서는 불을 내뿜는 우리의 적이 실은 오른쪽에서 왼쪽으로 종이를 접는 그런 극히 단순한 과정의 결과라는 것을 알게 되었다.

드래곤 커브는 무한한 횟수를 접은 최후의 결과다. 드래곤 커브의 어두운 면이 무엇인지는 분명하다. 완전한 결과를 얻기 위해서는 '무한한' 횟수만큼 접어야만 한다. 물론 우리가 만든 튜링 머신이라면 무한한 수행 명령이 가능하지만, 실제로 그런 무한한 접기를 완수하려면 평생을 바쳐도 모자랄 것이다. 밝은 면에 대해 말하자면, 단순히 패턴과 구조만 알아내면 처

그림8.21과 8.22

음에는 이해할 수 없어 보였던 것도 투명하게 이해할 수 있다는 것이다.

이언 맬컴의 발언을 읽으면서 짐작했을지 모르지만, 드래곤 커브는 프랙털의 한 예다. 프랙털은 무한히 복잡한 기하학적 대상이다. 흔히 프랙털은 부분을 확대하면 전체와 똑같아지는 자기 유사성을 지니고 있다(그림 8.23). 많은 경우 프랙털 이미지는 거듭 반복하는 단순 과정에 의해 만들어진다. 그래서 드래곤 커브는 프랙털의 정신을 아름답게 구현하고 있다.

그림8.23

빈틈없는 드래곤

이 험난한 지적 여행은 초보적인 종이접기에서 시작해서, 패턴 찾기, 간단한 컴퓨터 프로그램에 이어 불꽃 같은 드래곤에 이르렀다. 마지막으로 깜짝 놀랄 만한 이야기로 이번 여행을 끝내자. 드래곤 커브는 무한히 종이를 접음으로써 만들어지기 때문에, 그 경계선은 무한히 들쭉날쭉하다. 드래곤의 우둘투둘한 피부는 무한히 많은 주름이 잡혀 있다. 아주 뜻밖의 사실은, 드래곤은 피부가 무한히 우둘투둘하면서도 나르시스트의 자기도취 성향을 지녔다는 것이다. 그러니까 드래곤 커브를 여러 개 복제해서 그것을 퍼즐 조각으로 삼으면, 무한히 우둘투둘한 조각들이 서로 완벽하게 들어맞아서, 전체 평면을 빈틈없이 덮을 수 있다(그림8.24)!

그림8.24

드래곤 커브들을 서로 완벽하게 끼워 맞출 수 있다는 사실은 무한한 단순 종이접기 과정에도 구조가 있다는 또 다른 증거이다. 한 가지 유형의 타일로 평면을 전부 덮고자 할 때 바로 이것을 사용할 수도 있다. 제7장에서 우리는 황금 삼각형을 사용해서 평면을 덮는 방법을 알아보았다. 드래곤 커브 타일과 황금 삼각형 타일은 복잡성과 단순성이라는 음과 양의 개념을 함축하고 있다. 황금 삼각형은 너무나 단순하지만, 그것을 평면에 깔아서 그 패턴이 카오스 상태를 이루게 할 수 있다. 그 패턴은 무한히 복잡하고 결코 반복되지 않는다. 여기서 우리가 발견한 드래곤 커브 역시 무한히 복잡하지만, 규칙적인 간격을 두고 반복되어 서로 아귀가 딱 들어맞는다. 이제 화장실에 타일을 깔 때 독자께서는 생각할 거리가 넘쳐나서 머리깨나 아플지 모르겠다. (미안.)

단순한 종이접기를 통해 우리는 아름다운 패턴을 발견했고, 디지털 컴퓨터의 탄생을 돌아보았고, 드래곤 커브 프랙털의 무한한 복잡성을 길들였다. 그보다 더욱 중요한 것은, 구조를 발견한다는 것의 위력을 알게 되었다는 것이다. 구조에 대한 탐구는 사실상 깨달음을 향한 여행이다. 이 여행이 처음에는 아득히 먼 세계로 우리를 데려가지만, 굽이굽이 돌고 꼬부라지고 오르락내리락하며 결국 이 세계로 우리를 다시 데려온다. 그 사이에 우리는 세계를 더욱 깊이 알게 된다. 다음 장에서는 우리는 극한까지 굽이굽이 돌고 꼬부라져서, 이국적이면서 동시에 낯익은 멋진 세계를 발견하게 될 것이다.

Chapter 09

무정형의 세계에 난 굽잇길

무한한 신축성을 지닌 세계 탐험

> 수학적 발명의 동력은 이성이 아니라 상상이다.
>
> — 오거스터스 드 모건

'보나마나……' 그것은 불가능하다. 다섯 자 길이의 밧줄을 두 발목에 연결하고, 발을 질질 끌며 침실로 들어가서, 밧줄을 풀지 말고, 바지를 내린다음 훌렁 뒤집어서 입어 보라. 물론 이런 일은 물리적으로 틀림없이 불가능할 것이다. 그 위대했던 탈출 마법사 후디니라도 말이다.

'놀랍게도……' 이 바지 뒤집어 입기는 전적으로 가능하다. 바지를 끌어내리고 당기고 비틀어서 마침내 앞부분 지퍼가 떡하니 밖으로 이를 드러내고 뒷주머니가 엉덩이에서 덜렁거리도록 바지를 뒤집어 아랫도리에 척 걸칠 수 있다. 대수롭지 않은 이 연습 문제는 고무로 이루어진 세계에서 가능한 여러 깜짝 놀라운 일들의 맛보기로 안성맞춤이다.

경이로움으로 가는 길

거듭 창조적인 아이디어를 내기 위해 누구나 쓸 수 있는 한 가지 방법은 우리의 일상세계에서 시작하는 것이다. 살짝 바꿀 수 있는 뭔가 미묘한 속성을 상상한 다음, 그렇게 살짝 바꾼 상태를 탐구한다. 그랬을 때 여전히 동일한 특성은 무엇인가? 어떤 특성이 달라졌는가? 가상의 세계를 탐구하면 은하수처럼 수없이 빛나는 발상을 할 수 있다. 그럼으로써 우리는 새로운 아이디어를 통해 낯익은 일상세계를 새롭게 통찰하는 시너지 효과를 거둘 수 있다.

고무 놀이 ─ 고무판 세계에서의 이색적인 모험

우리의 조언을 받아들여, 자그마한 변화를 일으킬 수 있는 세계를 상상해 보자. 그러니까 물리적 세계의 모든 단일한 부분이 크게 뒤틀릴 수 있다고 하자. 즉, 모든 대상이 비현실적인 신축성을 지닌 고무로 되어 있는데, 이 고무는 무제한으로 늘어난다. 따라서 각 물체는 늘어나고, 구부러지고, 납작 눌리고, 팽창하고, 줄어들며, 우리 뜻대로 변형된다. 이 세계에서 농구공은 보름달만큼 부풀어 오를 수 있다. 지휘자의 지휘봉은 쭉쭉 늘어나서 세인트루이스의 관광명소인 게이트웨이 아치처럼 변신할 수 있다. 1달러짜리 지폐도 우리가 원하는 만큼 쭉쭉 늘어나서, 오늘날과 같은 고유가 시대에는 그것도 어딘가 크게 쓸모가 있을지 모른다. 일견 우스꽝스러워 보일 만큼 환상적인 신축성을 지닌 이런 세계는 위상기하학, 쉽게 말하면 "고무판 기하학rubber-sheet geometry"이라고 알려진 수학 분야에 속한다.

물론 이런 가상의 영역에는 신축성 외에 다른 흥미로운 특성은 없다. 모든 것이 구조가 없는 죽처럼 흐물흐물하다면, 뚜렷하게 생각해 볼 만한 거리가 없을 것이다. 대신 이런 생각은 가능하다. 이 세계의 물체는 분자로 이루어져 있고, 분자는 이웃 분자와 붙어 있는데, 분자는 늘어나고, 줄어들고, 꼬일 수 있지만, 연결이 끊길 수는 없다. 새로 연결되지도 않는다. 따라서 물체는 늘어나고 뒤틀릴 수는 있어도, 자르거나 붙일 수 없다. 물체가 찢어지면 연결이 끊길 것이다. 또 예를 들어 선분의 양끝을 붙임으로써 원을 만든다면, 전에 존재하지 않았던 연결을 만드는 게 된다(그림9.1).

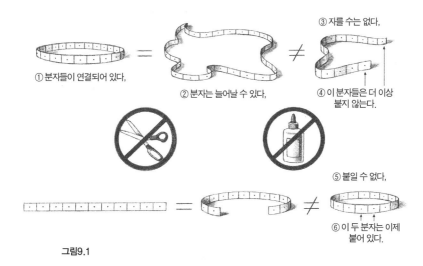

그림9.1

이런 고무 세계에서 무엇이 가능하고 무엇이 불가능한지 확실히 알 수 있도록 신축성이 있는 영어 활자로 연습을 해 보자. 어떤 알파벳 문자끼리 서로 닮은꼴로 변신을 할 수 있을까? S는 C, I, J, L, M, N, U, V, W로 변형시킬 수 있다. 이들 문자는 선이 구부러진 모습만 다르다. 그 선을 꺾거나 구부리거나 펴서 다른 문자로 바꿀 수 있다. 마찬가지로, O는 D로 바꿀 수 있다. 또 E, F, T, Y도 서로 모습을 바꿀 수 있다(그림9.2). 이런 새로운 방

그림9.2

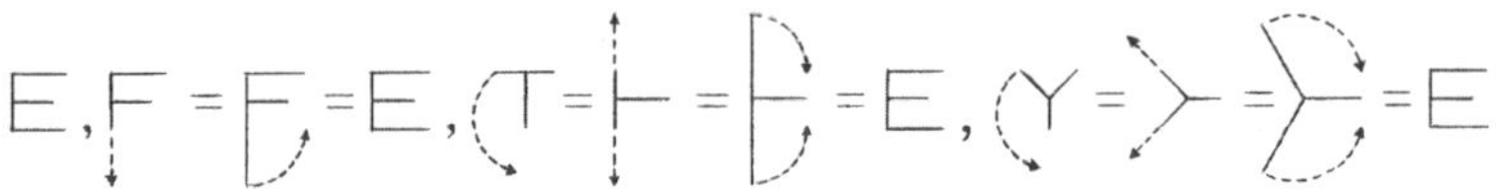

$$E, F = F = E, (T = \vdash = D = E, (Y = \rangle = \rangle = E$$

식으로 세계를 봄으로써, 우리는 어떤 물체나 형상이 늘어나고, 줄어들고, 구부러지는 등 왜곡되어 어떤 다른 모습으로 변형될 수 있는지 알아보게 될 것이다. 영문자 O는 예를 들어 영문자 X로 바뀔 수 없다. X는 한 점에서 네 개의 선이 뻗어 나가는 반면, 원에서는 모든 점이 두 개의 선으로만 뻗어 나가기 때문이다(그림9.3). X를 어떻게 잡아 늘리든 네 개의 선이 뻗어 나간 점에서는 언제나 변함없이 네 개의 선이 뻗어 나갈 것이다(그 선이 구부러질 수는 있다).

그림9.3

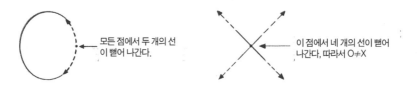

모든 점에서 두 개의 선이 뻗어 나간다.

이 점에서 네 개의 선이 뻗어 나간다, 따라서 O≠X

이렇게 위상기하학 방식으로 변형될 수 있는 세계를 바라보는 것만으로도 꽤 흥미롭기는 하지만, 이런 신축성이 우리 일상의 삶과 무슨 관계가 있

나 싶을 것이다. 얄궂은 금속 태번 퍼즐tavern puzzle에 도전해서 그런 염려를 한 방에 날려 버리자.

태번 퍼즐

이른바 태번 퍼즐은 대장장이가 처음부터 그렇게 엮어서 만든 것처럼 보이는 것으로, 여간해서는 두 조각을 분리시킬 수 없다. 연결된 고리를 제거하는 것, 너무 작은 게 분명한 구멍 속으로 나무 공을 밀어 넣는 것, 혹은 일견 불가능해 보이는 방식으로 퍼즐 조각들을 재배열하는 것 등의 태번 퍼즐이 있다. 그중에서 하나를 골라 보자. 풀지 못하면 맨 정신인데도 맥주 한 잔 걸친 것처럼 낯이 화끈거릴 것이다.

머리가 지끈거리는 태번 퍼즐도 답이 있다. 하지만 아주 독창적으로 조각을 움직여야 한다(제일 먼저 맥주부터 치워야 한다). 그런데 만일 우리가 위상기하학자이고, 이 퍼즐이 우악스러운 쇠붙이가 아니라 신축성 있는 고무로 되어 있다면 어떨까? 그러면 이 퍼즐을 푸는 것은 식은 죽 먹기일 것이

그림9.4

다. 쇠가 아닌 고무 버전의 퍼즐을 푸는 연습을 하면 때로 구부릴 수 없는 쇠붙이 퍼즐을 푸는 데에도 크게 도움이 된다. 예를 들어 보겠다.

　　그림9.4는 하트 모양의 고리를 분리시켜야 하는 태번 퍼즐이다. 이것이 금속이 아니라 고무로 된 퍼즐이라면 어떻게 풀까? 먼저 꽈배기 모양의 막대 크기를 줄여서, 그림9.5처럼 쏙 빼낸다. 이제 하트 고리를 빼기는 쉽다. 더 이상 변형시킬 필요 없이 그냥 뽑아내면 된다.

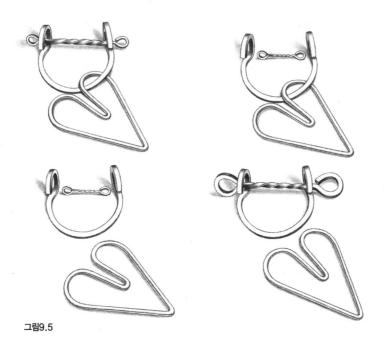

그림9.5

　　이제 원래의 금속 퍼즐도 같은 순서로 풀어 보자(물론 크기를 줄일 수는 없다). 그러기 위해 변형시켰던 것을 변형시키지 않고 그것을 피해서 고리를 벗길 수 있는지 알아본다. 그것은 가능하다(그림9.6). 따라서 우리는 사고가 유연하기만 하면 태번 퍼즐을 푸는 것도 식은 죽 먹기라는 것을 알 수 있다. (하지만 솔직히 말해서 정신이 말짱한 날 유연한 사고로 무장하고 덤벼들어도 풀기가 거의 불가능한 태번 퍼즐도 있다.)

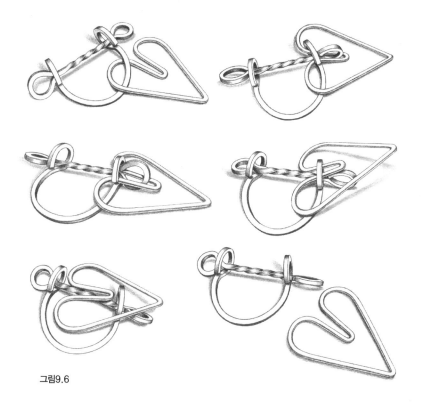

그림9.6

옷 마술 — 고무 팬티와 헐렁 바지

앞서의 사고방식을 우리의 옷에 적용하면, 옷을 벗는 상투적 방법을 흥미롭게 바꿔 볼 수 있다. 다음 질문으로 시작해 보자. "바지를 벗지 않고 팬티만 벗는 것이 가능할까?" 물론 이 팬티는 충분히 신축성이 있다. 답을 말하면 점잖은 독자는 낯을 찌푸릴지도 모르겠다. 하지만 수학의 이름으로 우리는 사실을 지시해야 한다. 좀 더 대담하고 덜 점잖은 독자라면 계속 읽기 전에 스스로 이 위상기하학적 도전에 응해서 즐겁게 고민을 해 볼 수 있을 것이다.

기상천외하게도 이 고무 팬티를 벗는 것은 실제로 가능하다. 태번 퍼즐 풀이법을 써서 그 과정을 알아보자. 먼저 왼쪽 다리가 고무로 되어 있다고 생각한다. 그래서 찌부러뜨리면 몇 센티미터로 다리를 줄일 수 있다(그림 9.7).

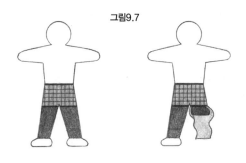

그림9.7

그러면 신축성이 없는 팬티라도 짧아진 다리에서 팬티를 빼내기는 이제 쉽다. 그래서 오른쪽 다리로 팬티를 내리면 된다(그림9.8). 어쩌면 좀 발칙할 수도 있는 이런 고무다리 해법을 염두에 두면, 이제 길이가 정상인 왼쪽 다리에서 팬티를 빼내는 방법을 쉽게 상상할 수 있을 것이다. 이번에는 다리 대신 팬티가 고무로 되어 있을 뿐이니까.

이러한 고무 팬티 벗기 전략을 통해 우리는 문제의 핵심 특징에 초점을 맞추는 것이 중요하다는 것을 알 수 있다. 위상기하학 문제든, 개인적인 문

그림9.8

제든, 심지어 정치적인 문제라도, 문제의 핵심 특징에 초점을 맞추지 못하고 다른 피상적인 특징에 한눈을 팔게 되면 새로운 통찰이나 해결책에 이르지 못하게 된다.

　이번 장의 서두에서 우리는 다섯 자 길이의 밧줄을 두 발목에 연결한 상태에서, 밧줄을 풀지 말고 바지를 내린 다음 홀렁 뒤집어서 입어 보라는 문제를 냈다. 옷 뒤집어 입기는 실제 바지로도 가능하다. 비현실적인 신축성을 가정할 필요도 없다. 다행히 우리가 아끼는, 신축성 좋은 양자quantum 바지를 옷장에서 꺼낼 필요가 없다. 이 퍼즐을 푸는 최선의 방법은 직접 해 보는 것이다. 그리 쉽지만은 않지만 말이다. 다음의 그림9.9를 훔쳐보기 전에 먼저 바지와 씨름을 해 보기 바란다.

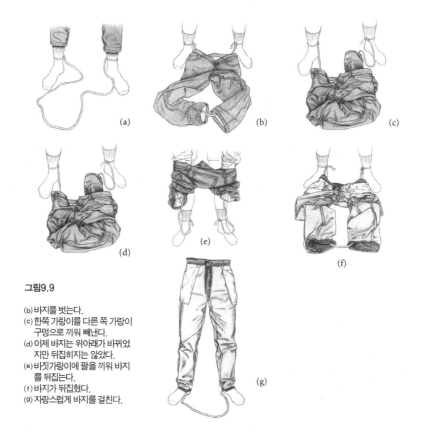

그림9.9

(b) 바지를 벗는다.
(c) 한쪽 가랑이를 다른 쪽 가랑이 구멍으로 끼워 빼낸다.
(d) 이제 바지는 위아래가 바뀌었지만 뒤집히지는 않았다.
(e) 바짓가랑이에 팔을 끼워 바지를 뒤집는다.
(f) 바지가 뒤집혔다.
(g) 자랑스럽게 바지를 걸친다.

지구가 실은 도넛 모양일까?

비좁은 옷방에서 그만 꿈지럭거리고 우리의 시야를 웅장한 전체 세계로 확 넓혀 보자. 지구가 공 모양이라는 것은 누구나 아는 사실이다. 그러나 우리 세계가 엄청난 신축성을 지녔다면, 지구를 어떤 모양이라고 말할 것인가의 개념이 사뭇 달라졌을 것이다. 공 모양의 세계는 바나나 모양의 세계와 동일하다. 공 모양이 바나나 모양으로 변형될 수 있기 때문이다(그림

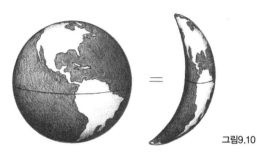

그림9.10

9.10). 하지만 터무니없을 만큼 유연한 신축성을 지닌 세계라도 제약과 한계가 있다. 예를 들어, 나중에 수학적으로 확인해 보겠지만, 도넛은 아무리 변형을 시켜도 공 모양이 될 수 없다. 고무판 태양계에서도 지구는 설탕 시럽을 입힌 도넛과는 모양이 다르다.

그 정도는 직관적으로 알 수 있지만, 고무판 세계에서도 도넛을 변형시켜 공으로 만들 수 없다는 것을 수학적으로 어떻게 증명할 수 있을까? 우리는 다들 일상생활 속의 물건들의 관계를 경험해 봐서 알고 있다. 그러니까 도넛을 잔뜩 먹어 치우면 '우리'가 공을 닮게 될 것이다. 하지만 칼로리에 민감한 고무 기하학 연구를 할 때는 도넛을 베어서 씹는 것이 허용되지 않는다(위상기하학 다이어트를 할 때는 자르고 붙이는 게 허용되지 않는다는 것을 기억

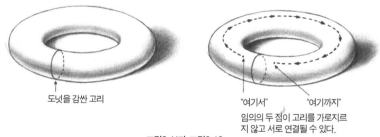

도넛을 감싼 고리

"여기서"　　　"여기까지"
임의의 두 점이 고리를 가로지르지 않고 서로 연결될 수 있다.

그림9.11과 그림9.12

하라. 구멍을 뚫는 것도 안 된다).

앞서 보았듯이, 신축성이라는 속성은 바지 속의 팬티 벗기를 비롯한 놀라운 결과를 가능케 한다. 그러니 더 확실히 탐구해 보지 않고는 도넛을 공으로 만들 수 없다는 것이 사실인지 확신할 수가 없다. 그러자면 도넛 모양의 물체가 지닌 특징이 무엇인지 확인할 필요가 있다. 첫째, 허용된 그 어떤 변형을 가해도 변하지 않는 특징은 무엇인가? 둘째, 공에는 없는 도넛만의 특징은 무엇인가?

첫 번째 특징은 도넛의 표면에 도넛의 구멍을 감싸는 식으로 원을 그려서 알아볼 수 있다(그림9.11). 이 원은 도넛의 표면을 둘로 분리시키지 않는다.

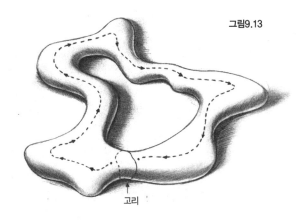

그림9.13

고리

즉, 임의의 점에서 도넛 표면을 따라 여행을 하면, 고리를 가로지르지 않고도 다른 임의의 점과 만날 수 있다(그림9.12).

도넛을 자르거나 붙이지 않고 다른 어떤 식으로든 변형을 해서 그게 우글쭈글하게 보이더라도, 표면에 있는 임의의 두 점은 고리를 가로지르지 않고 여전히 서로 연결될 수 있다(그림9.13).

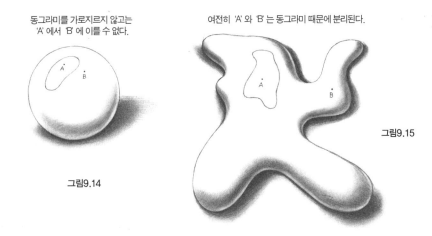

동그라미를 가로지르지 않고는
'A'에서 'B'에 이를 수 없다.

여전히 'A'와 'B'는 동그라미 때문에 분리된다.

그림9.15

그림9.14

그런데 공의 표면에 동그라미를 그리면 어떻게 될까? 동그라미를 어떻게 그리든 간에, 공의 표현은 항상 두 지역으로 분리된다. 즉, 두 지역에 하나씩 점을 찍으면 이 두 점은 동그라미 때문에 항상 분리가 된다(그림9.14). 공을 아무리 일그러뜨리고 아무리 응원을 해 봐도, 공 표면은 동그라미 때

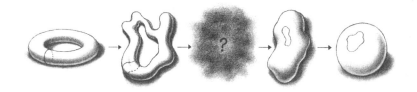

그림9.16 상상의 변형

문에 두 지역으로 분리된다.

하지만 정말 사실인지 확인하기 위해, 이 문제를 다른 각도에서 살펴보자. 도넛을 공 모양으로 바꾸는 것이 '가능하다'고 해 보자. 그러면 도넛을 감싼 고리는 펴지거나 휘어져서 공 표면에 자리 잡게 될 것이다(그림9.16).

그렇다면 두 지역으로 나뉘지 않았던 도넛 표면이 공으로 바뀌면서 두 지

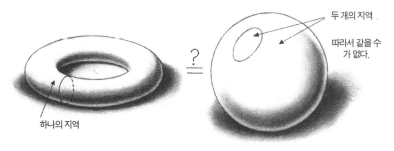

두 개의 지역

따라서 같을 수
가 없다.

하나의 지역

그림9.17

역으로 나뉜다(그림9.17). 다시 말하면, 결코 자르지 않고, 단순히 늘이거
나 줄이는 것만으로 하나의 표면을 두 개의 표면으로 바꿀 수 있다는 말이
되는데, 그것은 있을 수 없는 일이다. 자르지 않고서는 하나를 둘로 나눌
수 없다.

불합리할 만큼의 왜곡이 가능한 세계에서도 공은 도넛과 엄연히 다르다
는 우리의 직관이 옳다는 것은 이렇게 엄밀히 확인이 되었다. 수학적 사고
로 우리의 직관이 옳다는 것을 알고 보니 뿌듯하기도 하다. 그런데 안타깝
게도 다이아몬드 반지 문제에 이르면 현실과 우리 직관 사이의 돈독한 관계
는 무참히 깨지고 만다.

구멍 두 개에 반지 한 개, 분리 불가

구멍이 두 개이고 그 구멍들에 다이아몬드 반지가 끼워진 고무 원반이 있
다고 하자(그림9.18). 고무 원반을 잡아 늘이고 비틀어서 반지가 구멍 하나

에만 걸치도록 할 수는 없다는 게 직관적으로 분명해 보인다(그림9.19).

그림9.18과 9.19

그러한 결과를 얻기 위해서는 고무 원반을 자른 후 반지를 뺀 다음 다시 붙이는 수밖에 없을 것 같다(그림9.20). 단순히 고무를 잡아 늘이기만 해서는 구멍 하나에서 반지를 빼기는 불가능할 것이다.

그림9.20

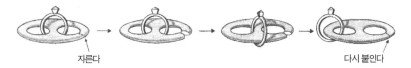

자른다　　　　　　　　　　　　　　　　　　　　다시 붙인다

'놀랍게도' 일견 불가능해 보이는 그런 일이 실은 가능하다. 한 장의 그림이 천 마디 말보다 나을 테니, 환상적인 이 위상기하학의 위업을 그림 9.21로 보여 드리겠다.

보다시피 첫 단계는 간단하다. 고무 원반을 단순히 축 늘어뜨리면 된다. 그러면서 구멍 하나를 좀 더 크게 만든다. 다음 단계 역시 쉽다. 아래로 잡아 늘이면서 구멍 하나를 더욱 크게 만든다. 결코 자르지 않고 잡아 늘이기만 한다. 여기에는 속임수가 없고, 손재간도 마법도 필요 없다. 무제한의 신축성을 지닌 고무를 다루고 있다는 것을 잊지 말라. 우리의 정신 역시 그만큼 융통성이 있는가는 우리 자신에게 달려 있다. 좀 더 고무 원반을 늘이면, 두 구멍에 걸쳐져 있던 반지가 곧 한 구멍에만 걸려 있는 것으로 보이게 된다.

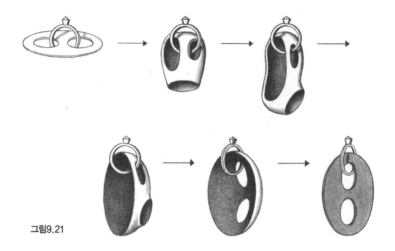

그림9.21

이렇게 그림으로 알아보고 나니 한 가지 궁금증이 생긴다. 자르지 않고 반지를 이동시키는 것이 정말 가능했을까? 놀랍게도 답은 그렇지 않다는 것이다. 반지를 움직인 듯하지만, 반지가 실은 여전히 두 구멍에 걸쳐져 있다! 잡아 늘인 과정을 자세히 따라가 보면, 오른쪽 구멍을 이루고 있던 것이 이제는 고무판의 바깥 곡선을 이루고 있다는 것을 알 수 있다. 당초 고무판의 바깥 곡선을 이루고 있던 것은 오른쪽 구멍이 되었다(그림9.22). 반지는 여전히 전과 같은 "두 구멍"에 걸려 있다. 구멍 하나가 바깥 경계선으로 바뀐 것뿐이다.

우리의 직관과 어긋나는 이러한 반지 이동 착각은 무정형의 세계에서 가능한 경이로움과 이상한 뒤틀림을 잘 보여 준다. 하지만 더 중요한 것은,

그림9.22

이 퍼즐을 통해 우리가 이 책에서 줄곧 되풀이되어 나타나는 주제, 곧 세계를 어떻게 생각하고, 어떻게 이해할 것인가에 대한 통찰을 얻을 수 있다는 것이다. 우리의 직관이 실재와 다르다는 것을 알게 되는 이런 순간, 우리는 자못 놀라게 된다.

특별한 결과나 사건 때문에 놀랐을 경우, 우리가 지각한 것과 실제로 일어난 일 사이에는 분명 다른 데가 있다는 것을 의식적으로 인정해야 한다. 놀란다는 것은 우리의 직관과 생각을 재조정해서 실제와 일치시키라고 권고하는 신호이다. 수학적 사고가 우리에게 제공해 주는 삶의 교훈 가운데 하나는, 놀라운 상황을 항상 다양한 각도와 여러 관점에서 재검토해야 한다는 것이다. 그럼으로써 더 이상 놀라워하지 않고 사실에 대한 직관적 이해가 올바르고 굳건해질 수 있도록 말이다.

또 우리의 눈을 열어 줄 놀라운 일은 다음의 위상기하학 문제와 관련이 있다. 두 구멍이 서로 맞물린 "도넛"(그림9.23a)을 변형시켜 두 구멍이 맞물리지 않은 "도넛"(그림9.23b)으로 만드는 것이 가능할까? 물론 자르거나 붙이는 건 안 된다. 눈이 휘둥그레질 만한 뜻밖의 답은……음, 그건 직접 확인해 보기 바란다. 구구한 설명 없이, 손쉽게 살짝 변형시켜 나간 일련의

그림9.23a

그림9.23b

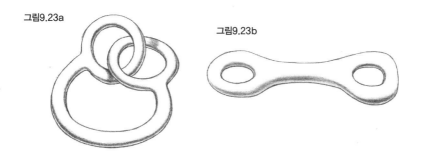

그림9.24

그림만 보여 드리겠다(그림9.24).

이 퍼즐은 시시해 보일지 모르지만, 이런 위상기하학적 구조는 사실 실
세계에 가지를 뻗고 있다. 속옷 벗기와 고리 풀기의 놀라움은 이제 그만 진
정시키고 현미경으로 바라본 생명의 세계로 여행을 떠나 보자. 늘 배배 꼬
여 있는 유선전화 코드가 어떻게 DNA의 비밀 세계에 대한 통찰을 안겨 줄
수 있는가? 이번의 놀라움은 여기서 시작된다.

얽힌 코드와 얽힌 DNA 풀기

휴대전화가 나오기 오래전에 우리한테는 늘 이상하게 코드가 얽히는 유
선전화가 있었다(그림9.25). 그리고 유선전화가 나오기 오래전부터 우리한

그림9.25

테는 각각의 세포 핵 안에 이상하게 뒤얽힌 DNA가 있었다. 유선전화는 마벨(Ma Bell: 엄마 벨이라는 뜻으로 Baby Bell의 모회사인 미국 전신전화사 AT&T의 애칭 : 옮긴이)에게 통신 독점권을 안겨 준 반면(나중에 독점권을 잃고 수많은 베이비벨이 탄생했지만), DNA는 우리에게 우리 자신에 대한 독점권을 주었다. 서로 다른 이 두 세계는 무슨 관계가 있을까? 두 세계는 바로 위상기하학적 매듭 개념으로 묶여 있다.

수학적 '매듭knot' 이란 줄이 꽁꽁 묶여 있는 게 아니라, 그저 줄의 양끝이 붙어서 폐쇄된 상태의 고리를 뜻한다. 그것은 매듭지어질 수도 있고, 그렇지 않을 수도 있다. 가장 간단한 매듭은 전혀 매듭이 없는 고리이다. 그것은 '매듭 풀린 것the unknot' 이라고 불린다(그림9.26). (수학자들이 '매듭 풀린 것' 을 매듭이라고 부른다는 사실은 일반인들이 수학자들과 상종하기 싫은 73번째 이유다.) 정상적인 사람이라면 진짜로 매듭이 지어진 것을 매듭이라고 생각한다. 그런데 매듭이 지어진 고리(그림9.27)는 수학자에게 어떤 의미를 지니고 있을까? 그것은 고리가 잘리지 않는 한 둥근 원으로, 곧 '매듭 풀린 것' 으로, 변형될 수가 없다는 뜻이다.

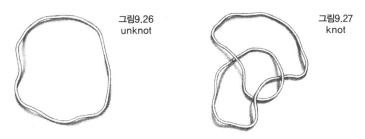

그림9.26
unknot

그림9.27
knot

안타깝게도 얽힌 고리가 정말 매듭이 지어졌는지의 여부를 알아내기가 항상 쉽지만은 않다. 예를 들어 다음 그림9.28의 고리가 정말 매듭이 지어졌는지 눈으로 보기만 해서 알아낼 수 있을까? 아마 알아낼 수 없을 것이다. 중앙의 그림은 얽힌 것을 풀어내면 매듭 없이 원으로 풀릴 수 있고, 양쪽의 두 고리는 자르지 않는 한 완전히 매듭을 풀 수 없다. 매듭이 지어졌는지를 척 보고 알 수 없다고 해서 민망해할 건 없다. 두 매듭 그림을 눈으로 보는 것만으로, 얽힌 것을 풀었을 때 그것이 동일한 모양인가를 알아낼 수 있는 사람은 아무도 없다.

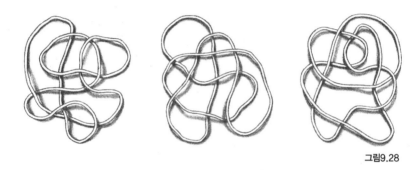

그림9.28

얼기설기 얽힌 고리 뭉치가 만들어 내는 패턴을 연구하면 어느 것이 정말 매듭이 지어졌는가를 알아낼 수 있을 거라고 생각하는 독자도 있을 것이다. 그러나 모든 고리에 적용할 수 있는 간단한 방법은 아직 아무도 발견하지 못했다. 물론 편법을 허용한다면, 즉, 끈을 자르고 다시 붙이는 것이 가능하다면, 어떤 매듭이든 풀 수 있을 것이다. 이제 알게 되겠지만, 위상기하학—고무판 기하학을 연구하는 학문—은 생명체가 모든 규칙을 준수하지는 않는다는 것을 우리로 하여금 통찰하게 해 줄 것이다.

생명의 향신료

이중나선(그림9.29)은 생물학에서 가장 유명한 형태 가운데 하나다. 생명 분자인 DNA(디옥시리보 핵산)의 구조를 나타내는 것이기 때문이다. 생물학자들의 말에 따르면, 우리가 어떤 존재인가는, 곧 우리 존재의 핵심은, 인체의 모든 세포핵 속에 있는 석 자 길이의 DNA에 암호화되어 있다. 그러나 현미경으로나 볼 수 있는 세포핵은 길이가 석 자나 되는 물건을 담을 만한 그릇이 못 된다는 것은 생물학 학위가 없어도 쉽게 알 수 있다. 기다란 DNA 끈을 작은 원룸의 핵 안에 담기 위해서는 정말 꾹꾹

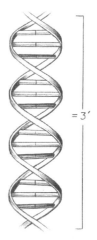

그림9.29

= 3′

눌러 담지 않을 수 없을 것이다. 그러나 일개 점 안에 DNA를 압축해서 때려 넣으면 지나치게 많은 위치에너지가 생길 것이다(이런 위치에너지를 탄성 위치에너지라고 한다 : 옮긴이). 따라서 어머니 대자연은 꼬인 유선전화 코드의 위상기하학과 마벨에게 배울 게 있다.

그림9.25에 나타난 유선전화의 나선 코드는 DNA의 기하학적 속성을 일부 지니고 있다. 가장 중요한 속성 가운데 하나는 이 코드가 쉽게 꼬인다는 것이다. 그래서 수월하게 압축이 된다. 뒤얽힌 유선전화 코드는 수화기를 들어서 얽힌 것을 풀어 주면 된다. 그러면 코드가 정상적인 나선 모양이면서도 얽히지 않은 모양으로 돌아간다. 이렇게 유선전화로 간단히 연습을 해 보면 DNA를 저장하는 문제에 대한 자연의 해법을 알 수 있다. DNA는 전화코드처럼 스스로 몸을 사려서 '초나선supercoiling' 상태가 된다. 그렇게

해서 DNA는 과다한 위치에너지를 만들어 내지 않고 비좁은 공간에 자리 잡을 수 있다. 다음에 혹시 코드가 배배 꼬인 유선전화를 보거든 짜증을 내지 마시기 바란다. 바로 그런 모양 속에서 자연은 비좁은 핵 안에 DNA를 포근히 담아 두는 위상기하학적 방법을 발견했으니까 말이다. 그 방법은 완벽하다. DNA가 복제되기 전에는.

세포가 분열해서 새로 생긴 두 개의 세포는 DNA 하나가 공동 친권을 주장하는 걸 원치 않는다. 곧, 각 세포는 자기만의 DNA를 필요로 한다. 그래서 DNA는 둘로 분열해서, 각자 새로 생긴 세포 속에 자리 잡는다. 이론적으로 우리는 DNA의 아름다운 이중나선이 서서히 풀리면서 사다리꼴이 한 단 한 단 분리되는 상상을 해 볼 수 있다(그림9.30). 그러나 위상기하학에 따르면 그렇게 분리되기는 불가능하다. DNA 사다리의 양 측면은 서로 단단히 몸을 사리고 또 사려서 초나선 상태에 있다. 그렇게 얽힌 형태에서는 단이 분리된 후 두 끈이 떨어져 나가기는 불가능하다.

두 나선을 분리하는 것이 불가능하다는 것을 직접 확인해 보기 위해, 석자 길이의 끈을 뭉치고 비틀고 주물럭주물럭해서 단단한 공으로 만들어 보라. 그런 다음 양 끝을 쥐고 힘껏 잡아당겨서 끈을 분리해 보라. 보나마나 끈은 뒤얽혀서 풀리지 않을 것이다. DNA 사다리의 양 측면이 분리되는 앞서의 그림이 실제와 다르다는 것은 이런 실험으로 쉽게 알 수 있다. 연결된 끈에 대한 이런 위상기하학적 사실은 DNA 복제에 대한 생물학적 사실과 통한다. 즉, 실험실에서 수백만 달러를 들일 필요도 없이 그런 사실을 알아낼 수 있는 것이다. 여기서 또 우리는 추상 수학의 위력을 새삼 확인할 수 있다.

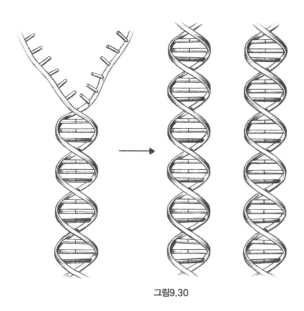

그림9.30

　결론은 이렇다. DNA 사다리의 양 측면이 잘리지 않고는 이중나선이 분리될 수 없다. 위상기하학에 따르면 자연이 편법을 쓰는 게 분명하다는 것이 증명된다. 초나선으로 꼬인 것을 풀기 위해서는, DNA 사다리의 양 측면이 어떤 식으로든 서로 통과해야만 한다. 이때 자연은 실제로 편법을 쓴다. DNA 복제가 이루어지는 동안, 사다리 측면이 절단되고, 서로 통과한 후 다시 달라붙는 것이다. 위상기하학의 세계에서 이것은 심한 반칙 행위이다. 잘리고 붙을 때 물론 칼이나 테이프가 쓰이진 않는다. 어떤 오묘한 효소에 의해 DNA가 그렇게 풀리고, 절반의 생명체가 독립을 하게 된다.

　이렇게 무정형의 가상 세계에서 추상적인 개념을 가지고 놀다 보면 딱딱한 실세계에 대한 놀라운 통찰을 얻을 수 있다. 위상기하학적 쟁점은 가장 근본적인 우리 삶의 국면에도 고스란히 적용된다. 유전자 연못gene pool에

머리를 담그고 바라본 현미경적 세계를 떠나기 전에, 호기심을 자아내며 우리의 직관에 도전장을 내미는 몇 가지 물리 실험을 하며 머리를 말리자.

운명의 꼬임

우리는 종종 모든 일에 양면성이 있다는 말을 듣는다. 하지만 마땅히 양면이 있어야 할 곳에 단 하나의 면밖에 없는, 우아하게 꼬인 세계가 여기 있다. 이 세계, 그러니까 살짝 꼬여서 폐쇄된 이 고리를 '뫼비우스 띠Möbius band'라고 한다. 유명한 역사가 깃든 매력적인 이 띠는 여러 박물관을 우아하게 장식하기도 하고, 심지어는 재활용품 플라스틱 용기에도 새겨져 있다. 위상기하학을 음미하는 이 자리에서 우리는 종이와 가위를 가지고, 꼬인 세계에 대한 우리의 직관이 올바른지를 살펴보겠다. 그리고 한 차례 꼬인다는 것의 미묘한 뉘앙스도 알아보겠다.

뫼비우스 띠를 만들면서 시작해 보자. 이것만큼은 독자도 직접 만들어보기를 강력히 권하고 싶다. 종이 띠는 길이 30센티미터 안팎, 너비 5센티미터 안팎이면 적당하다. 이 종이의 양 끝을 맞대면 아주 납작한 원통형 고리가 된다(그림9.31).

그림9.31

이 원통형 띠에는 양면(바깥 면과 안쪽 면)이 있고, 위아래 두 개의 가장자리가 있다는 것을 주목하라. 이 모양을 보고 굴렁쇠나 참치 통조림 라벨을 떠올릴 수도 있을 것이다. 아주 평범하고 낯익은 모양이다.

그러나 독자께서도 이미 알아차렸겠지만, 이 책의 주제는 평범한 것과 거리가 있다. 평범한 것을 흥미롭게 한 번은 꼬아 놓았기 때문이다. 그럼 이제 꼬아 보자, 말 그대로. 그저 한쪽 끝을 비틀어서, 정확히 말하면 180도 돌려서, 다른 쪽 끝에 테이프나 풀로 붙이면 된다(그림9.32). 이렇게 만든 것이 바로 뫼비우스 띠다. 여기에는 고상함과 우아함과 아름다움과 요염함과 흥미로움과 신비함이 고스란히 한데 얼크러져 있다.

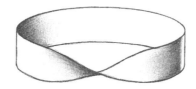

그림9.32

외곬

어떻게 종이 띠 하나에 그 모든 속성이 다 담겨 있을 수 있단 말인가? 손가락으로 먹을 찍어서(아니면 사인펜으로) 탐구를 시작해 보자. 먹을 묻힌 손가락으로 띠의 가장자리를 천천히 쓸고 지나가면, 놀랍게도 출발한 지점에 도착하게 된다. 즉, 먹이 묻지 않은 가장자리가 없다. 상식적으로 띠에는 두 개의 가장자리가 있어야 할 것 같다. 띠가 참치 통조림 라벨처럼 보일 때는 그랬다. 그런데 뫼비우스 띠에는 가장자리가 하나밖에 없다.

이번에는 뫼비우스 띠의 면을 살펴보자. 사인펜으로(혹은 손가락으로 먹을 찍어서) 바깥쪽에서 띠의 중앙에 선을 그으며 빙 돌아가 보라(그림9.34). 빙

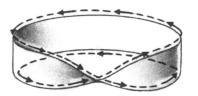

그림9.33

빙 돌아서 결국 처음 시작한 곳에 이르게 된다. 즉, 펜을 한 번도 떼지 않고 (먹을 썼다면 손가락을 한 번도 떼지 않고) "양면"을 빙빙 돌았다는 이야기다. 이렇게 우리가 확인한 것은 뫼비우스 띠에 한 면밖에 없다는 사실이다!

그림9.34

종이 띠의 한쪽을 180도 돌려서 다른 쪽에 붙여 만든 뫼비우스 띠는 이렇게 가장자리도 하나, 면도 하나뿐이다. 뫼비우스 띠의 놀라운 점은 여기서 그치지 않는다.

길게 자르기

뫼비우스 띠는 아름다움을 보여 주는데, 이 아름다움은 피상적인 것이

아니다—띠를 잘라서 펼쳐 보면 감춰진 매력이 드러난다. 가위로 띠의 중앙을 길게 반으로 잘라 보자(그림9.35). 보통의 경우 물건을 반으로 자르면 두 개가 된다. 그러나 뫼비우스 띠는 그런 보통의 물건이 아니다.

실험 결과를 충분히 음미하는 유일한 방법은 직접 해 보는 것이다. 뫼비우스 띠를 직접 만들어서, 가운데를 길게 반으로 잘라 보라. 띠는 두 개가 되지 않고, 다만 두 번 꼬인 하나의 긴 띠가 된다(한 번 더 자르면 얽혀 있는 두 개의 띠가 된다 : 옮긴이). 이런 놀라운 결과를 제대로 음미하기 위해 뫼비우스 띠에 대한 우리의 이해를 깊게 하려면 어떻게 해야 할까? 다시 말해서, 면이 하나뿐이고, 가장자리도 하나뿐이고, 반으로 잘라도 여전히 하나인 뫼비우스 띠와 친해지는 방법은 무엇일까?

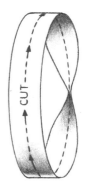

그림9.35

약간의 조립이 필요하다

세계를 바라보는 유력한 방법 하나는 그것이 어떻게 만들어졌는가를 주목하는 것이다. 뫼비우스 띠의 경우에는 일종의 조립도, 곧 어떤 물건의 조립 전 상태를 나타낸 그림으로 그것을 알아볼 수 있다. 이 조립도는 직사각형 종이 띠에 풀칠을 할 가장자리를 표시한 그림이다. 조립 지침은 양쪽 가장자리에 화살표로 나타내는데, 화살표가 같은 방향으로 향하도록 붙이면 된다.

뫼비우스 띠 조립도를 보기 전에 더 간단한 조립도를 먼저 살펴보자(그림 9.36). 가장자리에 화살표를 그려 넣는데, 화살표가 맞은편과 같은 방향으로 향한 것을 서로 붙이면 참치 통조림 라벨 같은 종이 띠가 된다. 그렇다면 뫼비우스 띠의 조립도는 어떻게 그려야 할까?

그림9.36

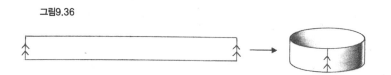

답은 간단하다. 화살표를 반대 방향으로 그리면 된다(그림9.37). 화살표가 같은 방향이 되도록 띠를 반 바퀴 비틀어서 붙이면 뫼비우스 띠가 된다. 그러나 아직 붙이지 말고, 조립되지 않은 상태의 뫼비우스 띠 조립도를 살펴보자.

그림9.37

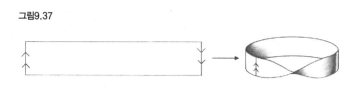

이런 화살표로 나타낸 풀칠 지침에 따르면, 오른쪽 가장자리의 화살표는 왼쪽 가장자리의 화살표와 겹쳐진다(그림9.38). 그런데 조립하지 않은 상태에서 볼 때, 띠의 오른쪽 위 화살표는 왼쪽 아래 화살표와 겹쳐지게 된다(그림9.39).

그림9.38

그림9.39

이런 조립도를 보면 뫼비우스 띠의 특징을 좀 더 쉽게 파악할 수 있다. 예를 들어 왼쪽 위 모서리에서 동쪽으로 나아간다고 하면, 오른쪽 위 모서리에 이르게 되는데, 뫼비우스 띠를 조립하면 거기서 왼쪽 아래 모서리로 연결된다. 띠의 아래쪽 가장자리는 사실상 위쪽 가장자리에 계속 이어져 있다. 그래서 더 나아가면 오른쪽 아래 모서리에 이르게 되는데, 그것은 처음 출발한 왼쪽 위 모서리와 연결되어 있다. 이렇게 띠의 위와 아래 가장자리를 모두 지나서 출발지점으로 돌아오게 되는 것이다(그림9.40). 따라서 우리는 뫼비우스 띠의 가장자리가 하나밖에 없다는 것을 기하학적으로 증명한 셈이다. 이것은 앞서 먹 묻힌 손가락으로 확인해 본 대로이다.

그림9.40

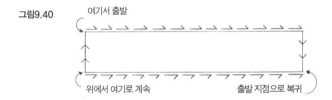

놀라운 특성

통조림 깡통 라벨은 중앙을 절단하면 하나였던 띠가 두 개가 된다(그림 9.41). 그런데 조립도를 잘 보면 뫼비우스 띠의 중앙을 절단한 후 어째서 여전히 띠가 하나뿐인가도 알 수 있다. 그것을 알아보기 위해서는 그저 개미에게 동쪽으로 계속 걸어가라고만 하면 된다(그림9.42). 조립되지 않은 띠의 상반부를 오른쪽 끝까지 걸어간 개미는, 하반부 왼쪽 끝으로 공간 이동을 해서 하반부 오른쪽 끝에 이른 다음, 출발지점인 상반부 왼쪽 끝으로 돌아오게 된다. 이렇게 개미는 중앙을 자른 뫼비우스 띠가 둘이 아닌 하나라는 것을 증명한 셈이다.

그림9.41

좀 더 직관에 도전해서 상상력에 불을 댕기기 위해, 뫼비우스의 띠에 대한 다음 질문에 답해 보라. 띠를 길게 자르는데, 이번에는 중앙을 자르지 않

그림9.42

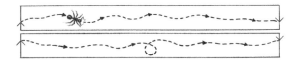

고 3분의 1에 해당하는 부분을 잘라 나가면 어떻게 될까(그림9.43)? 이 실험 결과는 정말 환상적이다. 이 띠를 자를 때 중앙선을 침범하고 싶은 강렬한 유혹에 넘어가면 안 된다! 직접 잘라 보기 전에는 그림 9.44의 하단에 거꾸로 써 놓은 그 결과를 훔쳐보지 마시기 바란다. 일단 실험 결과를 확인한 후, 조립도를 통해 잘라 낸 모

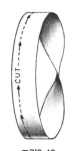

그림9.43
왼쪽 가장자리를 계속
잘라 나간다.

습을 살펴보면 놀라운 결과가 그리 놀라울 것도 없다는 것을 알 수 있다.

그림9.44

시끄 정지가 당바미와, 지각사렁 긍사미를 긍내사 얻긍 금 배 코 징지진.

뫼비우스 띠를 일단 알게 되면, 일상생활을
하며 도처에서 뫼비우스 띠를 발견하게 된다.
재활용이 가능한 비닐봉투는 물론이고, 유리
병, 마분지상자에도 뫼비우스 띠가 그려져 있
다(그림9.45). 뫼비우스 띠는 본질적으로 매력
덩어리일 뿐만 아니라, 환경적으로도 흠잡을
데가 없다는 말씀.

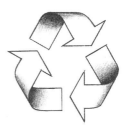

그림9.45

도넛 굴리기

수학적 사고가 일상생활에서 우리에게 안겨 주는 또 다른 중요한 덕목은
새로운 아이디어를 만들어서 더욱 창조적인 삶을 살 수 있는 방법을 일깨워
준다는 것이다. 그 방법은 그저 눈여겨 바라보며 여러 가지 변종을 헤아려
보는 것이다. 지금의 경우 예를 들어 우리는 뫼비우스 띠를 만들기 위해 직
사각형의 짧은 쪽 가장자리 양쪽을 풀칠하는 지침을 표기한 조립도를 만들

었다. 이 조립도에 영감을 받아 이번에는 다른 두 가장자리까지 풀칠하는 조립도를 그려서 새롭고 이색적인 것을 만들어 보자.

예를 들어 직사각형의 마주보는 두 쌍의 변(수평의 두 변과 수직의 두 변)에

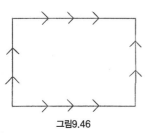

그림9.46

서로 같은 방향의 화살표를 그렸다고 하자(그림9.46). 이 종이를 위아래로 둥그렇게 말아서 밑변과 윗변의 화살표가 겹치도록 풀칠을 하면, 대롱이 만들어진다. 이 대롱 좌우의 둥근 가장자리에도 화살표가 표기되어 있다는 것을 주목하라. 이제 이 대롱을 구부려서, 둥근 가장자리를 맞붙이면 맛있는 도넛 모양이 만들어진다(그림9.47).

그림9.47

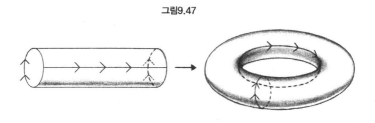

뒤틀린 병

성공을 맛보았으니, 이제 다른 방법으로 직사각형 가장자리를 붙여 보지 않을 수 없다. 이번에는 더욱 흥미로운 물건을 만들게 될 것이다. 이것은 도넛의 고요한 대롱 모양에 뫼비우스 띠의 요상한 뒤틀림이 결합한 물건이

다. 먼저 조립도를 살짝 바꿔 보자. 도넛 조립도에서 좌우의 화살표만 서로 다른 방향으로 바꾼다(그림9.48). 이 좌우의 화살표 방향은 뫼비우스 띠를 만들 때와 같다.

이제 붙여 보자. 위아래로 말아서 붙이면 전처럼 대롱이 된다. 그런데 대롱을 구부려서 붙이려고 할 때 곤혹스러워진다. 화살표의 방향이 겹치지 않기 때문이다(그림9.49). 이 화살표가 같은 방향이 되도록 붙이려면 어떻게 해야 할까?

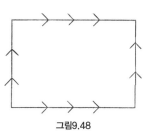

그림9.48

그림9.49

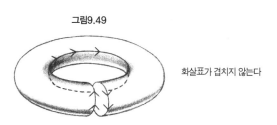

화살표가 겹치지 않는다

왼손과 오른손으로 대롱의 양끝을 쥐고 난감하게 앉아 있다가 우리는 문득 새로운 발견을 하게 된다. 대롱 끝이 모두 천장을 향하도록 나란히 쥐고서 바라보면, 화살표가 돌아가는 방향이 동일하다(그림9.50). 하지만 두 끝을 붙이려고 양손을 가까이 가져가면, 이 화살표 방향은 서로 엇갈린다. 다시 해 보자. 대롱의 양 끝이 천장을 향하고 있는 한, 화살표의 방향은 동일하다. 그런데 양 끝을 서로 마주 보게 하면 방향이 서로 엇갈린다. 화살표 방향이 동일한 상태로 양 끝을 겹치게 하려면 어찌해야 할까?

답은 편법을 쓰는 것이다. 대롱의 왼쪽 옆구리에 구멍을 뚫어서 오른쪽

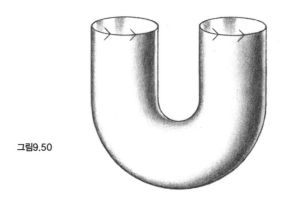

그림9.50

부분을 끼워 넣는다(그림9.51). 대롱의 양 끝이 만날 때까지 밀어 올리면 양 끝의 화살표가 같은 방향이 된다. 이제 그것을 붙이면 완성된다. 우리가 방금 만든 것이 바로 '클라인 병 Klein bottle'이라는 것이다. 솔직히 이것은 구멍 난 클라인 병이다. 대롱 안으로 끼워 넣어야 했기 때문이다. 하지만 좋은 쪽으로 생각해 보면, 구멍 난 클라인 병이라도 그 속성을 헤아려 보는 데는 아무런 지장이 없다.

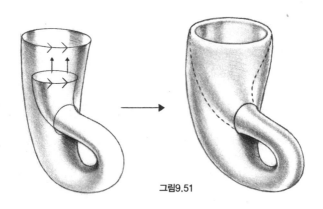

그림9.51

밀봉한 샴페인 병에는 안과 밖이 있지만, 클라인 병은 안팎이 없다. 클라인 병에는 두 가지 결함이 있는데, 하나는 샴페인을 담아 두면 김이 다 빠져버린다는 것이다. 또 하나는 제약이 있는 우리의 실세계에서는 클라인 병을 완벽하게 만들 수 없다는 것이다. 이런 사소한 결함만 빼면, 클라인 병은 매력적인 수학적 형태들 가운데서 최고로 손꼽힌다.

클라인 병 탐사와 우주 탐사

클라인 병은 아주 우아하다. 우리의 개미를 병 밖에 내려놓고 안으로 산책을 보내서 병의 안팎을 탐사해 보자(그림9.52). 조금은 나이아가라 폭포와 닮은 지역을 둘러보기로 작정한 개미가 아래로 내려간다(A). 좁은 터널 같은 길을 가며 개미는 서서히 밀실공포증을 느낀다(B). 그러다 개미는 길

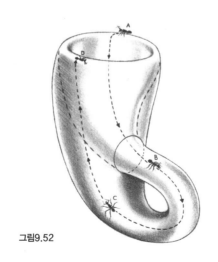

그림9.52

이 넓어지자 마음이 놓인다(C). 개미가 천장에 도착했을 때(D), 우리는 개미가 처음 출발한 곳의 맞은편에 있다는 것을 알게 된다. 이것은 분명 양 끝을 붙여서 밀봉을 했는데도 안팎이 없다는 이상한 상황에 맞닥뜨린 것이다. 물론 클라인 병이 한 면밖에 없다고 해서 놀랄 것은 없다. 한 면만 있는 뫼비우스 띠를 이미 보았기 때문이다.

그림9.52 육면체 도넛의 맞은편 면을 붙이기 위한 표면 조립도

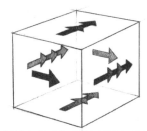

세 쌍의 표면 가운데 한 쌍을 붙였다(다른 쌍을 붙이는 것은 난제다)

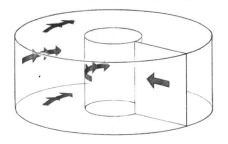

클라인 병, 뫼비우스 띠, 그리고 도넛 표면은 유난히 아름다운 수학적 대상이다. 그런 위상기하학적 창조물은 꽤 환상적이고 추상적으로 보인다(도넛은 빼고). 하지만 그렇다고 해서 실용성이 없는 것은 아니다. 그런 지적 장난감을 만든 방법을 우주적 과업에 적용할 수 있기 때문이다. 즉, 혹시 우리 우주의 구조가 구형일 경우 그 모습을 상상해 볼 수 있다. 그런 우주 모형을 만들기 위해서는, 우리가 클라인 병과 도넛을 만들 때 사용한 조립도와 비슷하면서도 한 차원 높은 조립도를 이용하면 된다. 방법은 이렇다.

클라인 병이나 도넛을 만들 때는 평면 사각형을 사용했지만, 이번에는 육면체를 사용해 보자. 육면체에는 물론 여섯 개의 면이 있다. 사각형으로

도넛을 만들 때 맞은편의 변을 서로 붙였듯이, 이번에는 육면체의 맞은편 면을 서로 붙인다. 육면체에서 마주 보는 세 쌍의 면을 서로 붙였다고 상상해 보자. 이것이 비현실적일 만큼 대단히 신축성이 있는 육면체라면, 일단 두 면을 쭉 잡아 늘려서 구멍 난 원통형 고무 도넛을 만들 수 있다(그림9.53).

안타깝게도 아무리 신축성이 좋아도 남은 두 쌍의 표면을 붙이는 것은 물리적으로 불가능하다. 그래도 세 쌍을 모두 붙였을 경우 어떤 물건이 만들어질지 생각은 해 볼 수 있다. 우리가 육면체의 한 표면을 관통해서 지나간다면 맞은편 표면을 뚫고 나타날 것이다. 우리가 둥둥 떠올라서 상반신이 천장을 뚫고 지나가면, 그 상반신은 바닥을 뚫고 솟아오를 것이다(그림9.54).

그림9.54
육면체 도넛의 맞은편 면을 붙이기 위한 표면 조립도, 세 쌍의 표면 가운데 한 쌍을 붙였다(다른 쌍을 붙이는 것은 난제다).

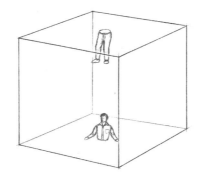

우리가 한쪽 벽을 꿰뚫어 보면, 우리의 뒤통수가 보일 것이다. 실은 멀어져 가는 우리 자신의 무한히 많은 모습을 보게 된다(그림9.55).

천문학자들은 이런 현상이 실제로 밤하늘에 나타나는지 알고자 한다. 반대 방향에 똑같은 별이나 은하가 있지나 않은지 말이다. 물론 면들이 맞붙은 육면체는 존재 가능한 우리 우주의 모형 가운데 하나일 뿐이다. 그처럼 구부려 붙이는 조립도를 만듦으로써 우리는 클라인 병과 같은 속성을 지닌 3차원 세계 모형을 만들 수 있다. 어쩌면 우리는 실제로 클라인 병 우주를 배회하면서도 그런 줄도 모르는 개미 같을 수도 있다.

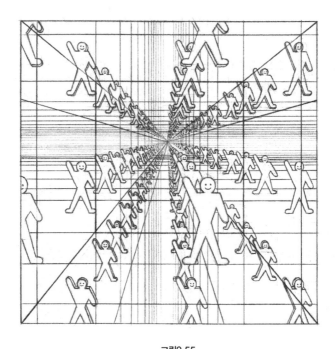

그림9.55
도넛 우주: 앞을 바라보는 이 빵과자 사람은 자신의 뒤통수를 보게 된다. 이 공간은 끝이 없고 무한하지만, 실은 그저 육면체의 맞은편 면을 붙여 놓은 것일 뿐이다. 무한한 우리 우주는 혹시 이렇게 생긴 게 아닐까?

구멍을 깁고 여행 가방 꾸리자

클라인 병을 발견함으로써 우리 내면은(혹은 외면이?) 뜨끈해졌지만, 뜨악한 문제가 하나 남아 있다. 표면이 하나뿐인 물건을 만들기 위해 우리는 대롱에 구멍을 뚫어야 했다. 구멍을 안 뚫으면 안 되는 걸까? 답은 "그렇다"이다. 현실에서는 그렇다. 그러나 3차원 기하학의 세계를 벗어난다면 어떨까? 그렇다면 답은 반대로 바뀐다. 4차원에서는 대롱에 구멍을 뚫지 않아도 된다. 다음 장에서는 우리의 3차원을 초월한 세계를 탐사하게 될 것이다. 그러니까 4차원으로 여행을 떠나는 것이다. 우리의 광활한 상상의 놀이터에서는 멋지고 경이로운 일들이 끝없이 일어나서, 일상세계를 바라보는 새로운 관점을 일깨워 줄 것이다. 거기서는 구멍이 뚫리지 않은 완벽한 클라인 병을 만드는 것이 가능하다. 무한한 신축성을 지닌 위상기하학의 세계는 우리 자신과 세계를 전혀 다른 관점에서, 더욱 유연하게 바라볼 수 있도록 해 주었다. 그런 멋진 무정형의 고무판 기하학 세계를 떠나, 이제 새로운 차원으로 넘어가 보자.

현실 초월
4차원과 무한대

PART 4

지난 세 장에서 우리는 현실 너머를 엿보았다. 수학은 현실세계에 얽매이지 않는다. 수학은 공중에 성을 쌓을 수도 있고, 아이디어 혹은 개념의 아름다움, 장엄함, 흥미진진함은 그 아이디어 자체처럼 끝이 없다. 여기서 우리는 두 가지 초월적인 수학의 세계를 탐구하게 될 것이다. 시대를 통틀어 호기심 많은 사람들의 상상력에 불을 댕겼던 그 세계는 바로 4차원과 무한대이다.

4차원은 실제 경험을 바탕으로 한 개념으로, 우리 정신의 소산이다. "만일 ~하다면?"이라는 질문에 대한 답으로 새로운 우주를 생각해 냄으로써 발생한 것이 4차원이다. 만일 우리가 현실에서 경험할 수 없는 움직임이 가능하다면 어떨까? 우리의 직관을 확대해서 오로지 상상으로 만들어 낸 개념을 수학에 포함시킬 수 있을까? 물론 가능하다. 그처럼 일리가 있는 개념을 창조함으로써 우리는 현실 기하학의 한계를 뛰어넘을 수 있는 가능성을 탐구하고 해명하고 검토할 수 있다.

무한대는 이러한 질문에서 비롯한다. "다음은 뭘까?" 우리가 셀 수 있는 그 모든 수 다음의 수는 무엇일까? 무한대를 합리적으로 이해할 수 있을까? 답은 "그렇다"이다. 우리는 단순하고 소박한 개념을 이용해서 무한대의 세계를 유유히 유람해 볼 수 있을 것이다. 우리의 유한한 경험에 대해 생각해 보고, 그 한계를 뛰어넘어 모든 실제의 수를 압도하는 큰 수를 생각해 봄으로써 우리는 무한대를 이해하게 될 것이다.

무한대에 대한 우리의 개념이 성숙해서 무한대의 경계를 돌파함으로써 이번 여행은 끝날 텐데, 이때 우리는 무한대가 무한대 안에 갇혀 있는 게 아니라는 놀라운 통찰을 얻게 될 것이다. 무한대 너머에 무한대가 있다! 무한대가 중중첩첩하다. 우리는 그 수많은 무한대를 발견하고, 진실로 한계가 없는 웅장한 파노라마와도 같은 무한대 개념을 맛보게 될 것이다.

우리의 세계를 넘어 무한한 상상의 세계로 날아가는 방법은 단순한 개념들—너무나 기본적이어서 평소에는 눈여겨보지 않고, 활용할 생각도 해보지 않은 개념들—에 초점을 맞추는 것이다. 이 방법은 강력하다. 단순한 일상경험을 바라봄으로써 우리는 수정처럼 맑게 번뜩이는 통찰을 얻을 수 있다. 그래서 우리는 어떤 인간도 볼 수 없고 다만 상상하고 탐구할 수만 있는 세계를 창조할 수 있다. 단순한 것들을 깊이 이해하는 것이야말로 우리가 찾아 즐기고자 하는 새로운 차원, 새로운 경이로움을 발견하는 열쇠다.

Chapter 10 이웃 세계

4차원의 마법

> ······들어 봐. 아주 죽여주는
> 멋진 세계가 가까이 있어. 가 보자.
> ─e. e. 커밍스

'보나마나······' 초대형 유리 수족관 안에 가라앉은 금고에 스포트라이트가 비취자 관객은 손에 땀을 쥔다. 이내 산소가 고갈될 금고 안에 몸을 오그리고 들어간 사람이 있으니, 바로 세기의 마술사 데이비드 카퍼필드다. 째깍째깍 시간이 흐르고 금고 안으로 물이 스며든다. 탈출의 귀재 후디니 씨의 경우도 그랬지만, 카퍼필드 씨가 탈출을 한다는 것은 불가능하다는 것을 우리는 알고 있다. 마침내 대형 수족관에서 금고를 꺼내 자물쇠를 딴다. 금고가 열리자 무대 위로 물이 쏟아진다. 관중은 입을 딱 벌린다. 금고가 텅 비어 있다. 그때 갑자기 데이비드 카퍼필드가 빳빳하게 주름 잡힌 턱시도를 걸치고 무대 옆에서 나타나자 우레 같은 박수갈채가 터진다. 정말이지 이 마술 하나만으로도 입장료가 아깝지 않다.

'놀랍게도······' 우리가 4차원을 이용할 수 있다면, 그러니까 공간의 자유도를 한 단계 높인다면, 금고에서 감쪽같이 사라져서 빌린 턱시도를 걸치고 딴 데서 다시 나타나는 것쯤은 식은 죽 먹기다. 카퍼필드 씨의 마술은 한마디로 시시하다. 4차원에서는 모든 마술사가 밥줄을 잃고 말 것이다. 데이비드 카퍼필드는 길거리 매점에서 카리스마 넘치는 동작으로 햄버거나 뒤집어야 할지도 모른다. 4차원이라는 흥미진진한 세계는 탐구하고자 하는 이들에게 수많은 길을 열어 주고, 마술로 밥벌이를 할 길은 막아 버린다.

마법을 믿으십니까? 그렇다면 4차원도?

4차원에 대해서는 누구나 들어 봤겠지만, 그건 정확히 어떤 것일까? 그저 공상과학 소재? 시간? 내 열쇠가 갑자기 사라진 곳? 곧 알게 되겠지만, 4차원의 세계는 정말 마법의 세계 같다. 닫힌 상자에서 없던 토끼가 튀어나올 수도 있다. 단단히 수갑 채워진 손을 그냥 쑥 뽑아낼 수도 있다. 손재주가 비범해질 수도 있다―실제로 오른손에 쥔 것을 왼손으로 순간 이동시킬 수 있다. 이런 마법의 세계를 탐구하는 것은 그 자체로도 흥미진진할 뿐만 아니라, 그것을 계기로 삼아 우리의 3차원 실세계에 대해 새로이 통찰을 할 수도 있다.

물론 우리가 살고 있는 이 세계가 생각보다 훨씬 더 마법적일 가능성이 있다. 또 다른 차원과 함께 살아가면서도 그것을 발견하지 못하고 있을 가능성이 있는 것이다. 어쩌면 그것은 우리의 열쇠처럼 방석 밑에 숨어 있거나, 발밑에, 혹은 바로 왼쪽에 있을 수도 있다. 그러나 숨겨진 차원이 실제로 있든 없든, 4차원이라는 '개념'을 탐구하는 것만으로도 우리의 개인적 경험의 한계를 돌파해서, 전에는 보이지 않던 경이로운 세계를 훔쳐보는 데 도움이 된다.

4차원이란 무엇인가? 이 질문을 하기 전에 생각해 봐야 할 좀 더 기본적인 질문이 있다. 차원이란 무엇인가? 이 물음에 답하기 위해 주변 세계를 둘러보는 것부터 시작하자.

자유도— 우리의 공간 너머의 모험

우리의 이동의 자유는 공간에 의해 물리적으로 제한되어 있는 것처럼 보인다. 우리는 앞뒤, 좌우, 상하로 움직일 수 있다(그림10.1). 서로 다른 이 세 가지 방향을 조합함으로써 우리는 어디든 원하는 곳으로 나아갈 수 있다. 이렇게 우리는 '3차원'의 세계를 지각한다. 좀 모호한 말이지만, 차원이란 물리적 자유도를 나타내는 말이다(자유도degrees of freedom란 주어진 조건

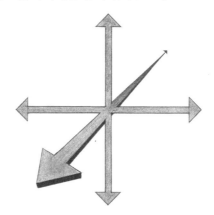

그림10.1

아래서 자유롭게 변할 수 있는 변수의 수를 말한다 : 옮긴이). 좋든 안 좋든 우리가 가진 모든 것은 자유도가 3인 듯하다.

좀 더 정확하게, 고정된 기준점에서 임의의 곳을 가리키는 데 필요한 방향의 수를 차원이라고 생각해 보자. 예를 들어 실내 천장에 매달린 백열전구에 붙어서 졸고 있는 모기의 위치를 지정하고 싶다고 하자. 한쪽 방구석을 기준점으로 사용한다면, 그 구석에서 이 흡혈 손님한테 이르기 위해 동쪽으로 3단위, 북쪽으로 4단위, 위로 7단위 이동해야 한다고 하자. 이렇게 우리는 3차원 공간에서 좌표를 부여함으로써 정확한 위치를 지정할 수 있다(그림10.2).

그림10.2

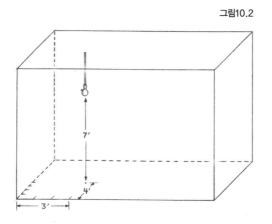

늘 그랬듯이 새로운 개념의 의미를 이해하는 최선의 길은 가장 간단한 예를 들어 생각해 본 다음 복잡한 것으로 옮겨 가는 것이다. 3차원 세계가 우리에게 익숙한 것은 분명하지만, 단순한 것과는 거리가 멀다. 그러니 일단 3차원 세계에서 물러나 더 단순한 세계, 가지고 놀기 좋은 저차원의 세계부터 탐구해 보자.

2차원 평면이나 1차원 선의 세계를 생각해 볼 수 있지만, 그보다 더 단순한 세계가 있다. 생각할 수 있는 가장 저차원의 세계는 0차원의 공간이다. 전혀 이동의 자유가 없는 이 세계에서는 위치를 지정하기 위한 방향이라는 것도 필요 없다. 특정 위치를 지정하기 위한 좌표가 필요 없다면, 위치를 선택할 일도 없다는 얘기다. 다시 말하면 전체 공간에 하나의 위치만 존재한다. 0차원의 세계는 단순한 하나의 점이다(그림10.3).

여기에 자유도는 없다. 사실 여기서는 전혀 움직일 수 없다. 우리가 0차원의 세계에서 산다면 지금 우리는 집에서 편안히 쉬고 있을 것이다. 그런 이점에도 불구하고 0차원의 세계는 갑갑하니까, 하나의 차원을 더해서 약간의 공간을 부여해 보자.

●

그림10.3

0차원 다음은 1차원의 세계다. 이 세계는 하나의 선, 혹은 무한히 긴 하나의 길이라고 볼 수 있다. 전체 1차원의 세계는 영원히 계속되는 하나의 길로 이루어져 있다. 이 길을 하나의 수직선number line(그림10.4)이라고 할 때, 이 세계 어딘가에 위치하기 위해서는 단 한 가지 정보— 곧, 주소 수 —만 있으면 된다(그림10.5).

그림10.4

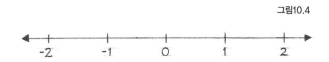

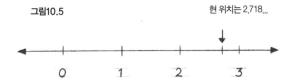

그림10.5

현 위치는 2.718...

평면상의 집과 그 위

또 하나의 차원을 더하면 2차원 세계가 된다. 이것은 탁자의 표면과 같은 평면으로 나타낼 수 있다. 2차원 세계는 자유도가 2다 — 남북과 동서. 다시 말해 평면의 위치를 지정하기 위해서는 두 가지 정보가 필요하다. 좌표의 원점이라고 불리는 중앙 출발점에서 북쪽이나 남쪽으로 얼마, 동쪽이나 서쪽으로 또 얼마나 떨어져 있는가를 지정할 필요가 있다. 남북이 거리라

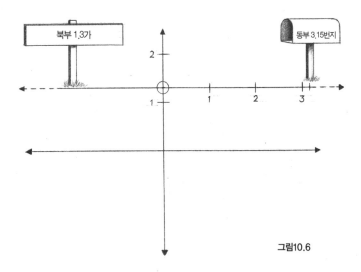

그림10.6

면 동서는 번지가 된다(그림 10.6).

이제 우리의 일상세계로 눈을 돌리면, 우리가 바라보는 모든 공간이 3차원이라는 것을 알 수 있다. 정확한 위치를 지정하기 위해서는 최소한 세 가지 정보가 필요하기 때문이다. 누군가 남부 57가 서부 125번지에 산다고 말해도, 우리는 그 사람의 위치를 정확히 알 수 없다. 그 번지의 건물 1층에 사는지 30층에 사는지 알 수 없기 때문이다(그림10.7). 즉, 몇 층인가라는 또 하나의 정보가 필요하다. 우리의 3차원 세계에서는 남북, 동서, 상하의 방향 정보가 모두 필요하다.

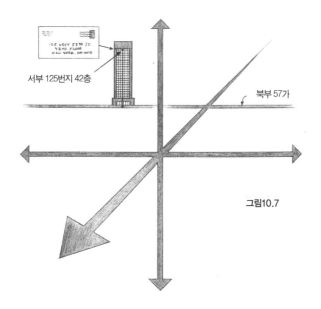

서부 125번지 42층

북부 57가

그림10.7

그럼 4차원의 세계는 어떤 세계일까? 말하기는 쉽다. 그 세계의 어떤 지점을 정확히 지정하기 위해서는 네 가지의 정보가 필요하다. 물론 맞는 말이지만, 이런 말만으로는 그 신비한 세계에 대한 통찰을 얻을 수 없다. 그러니 세계를 구축해 봄으로써 우리의 직관을 구축해서, 4차원에 이르는 길을 알아보자.

잉크로 그린 4차원

선은 점들의 연속으로 볼 수 있다. 즉 잉크를 채운 한 점을 한 방향으로 죽 끌면 선이 그어질 것이다(그림10.8). 이렇게 1차원 공간은 0차원 공간에 잉크를 채워 끌어당긴 것이라고 할 수 있다. 이런 구구한 비유를 할 것도 없이, 1차원 공간은 그저 0차원 공간이 빽빽이 밀집한 것으로 볼 수 있다.

그림10.8 잉크를 채운 한 점을 죽 끌면 선이 그어진다.

잉크를 채운 선을 이제 새로운 방향으로 끌어당기면, 잉크가 퍼져 면을 이룰 것이다(그림10.9). 마찬가지로, 면은 2차원 선들이 빽빽이 밀집한 것으로 볼 수 있다.

그림10.9

다음 차원으로 넘어가서, 3차원 공간이란 잉크를 채운 평면을 새로운 방향으로 끌어당긴 것, 곧 평행한 면들이 밀집한 것으로 볼 수 있다(그림 10.10).

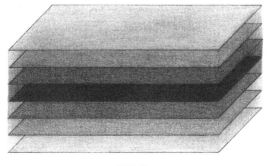

그림10.10

편의상 3차원 공간을 엄청난 종이 더미로 보아도 된다(그림10.11). 각 종이는 평면을 나타내고, 거기엔 두께가 없다. 그러나 그것이 한 장씩 첩첩이 쌓이면 3차원 공간이 된다. 수북한 직사각의 종이 더미를 보면 마음도 흐뭇해진다(복사기에 복사지를 새로 채워 줘야 할 때 특히 그렇다).

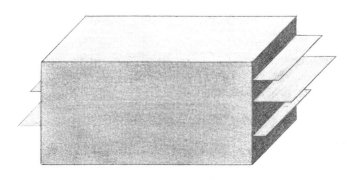

그림10.11

이렇게 패턴으로 생각하면 안 보이는 세계도 시각화된다. 이제 잉크로 4차원을 그려 보자. 어떻게? 3차원 공간 전체에 잉크를 흠뻑 채워서 전혀 새로운 방향으로 끌어당기면 된다. 그런데 이 새로운 방향은 눈에 보이지 않

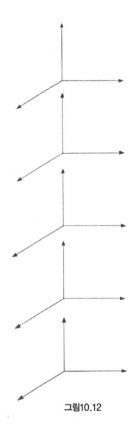

는다. 우리는 3차원 세계에 포함된 방향만을 감지할 수 있기 때문이다. 신통치는 않지만 그 대안으로 이렇게 생각해 보자. 4차원 공간이란 3차원 공간을 무더기로 쌓아 둔 거라고(그림10.12). 이 이미지는 상상하기가 쉽지 않다. 우리 주변의 모든 것은 3차원 공간이라서, 그것을 어떻게 쌓아야 3차원 공간과 다를지 알 수가 없기 때문이다. 보통의 3차원 공간보다 단순히 양만 늘어나서는 안 된다. 문제는 우리의 3차원 공간에 포함된 것과는 전혀 다른 방향으로 쌓아야, 혹은 끌어당겨야 한다는 것이다. 그것은 어떻게 해야 한다는 뜻일까?

그림10.12

우리가 만든, 아니 만들고자 한 4차원 공간은 현재로선 아무런 의미도 없다. 아직 그것은 우리가 파악할 수 없는 추상 세계이기 때문이다. 생소한 이 4차원 세계를 이해하려면 어째야 할까? 대체로 우리는 다음 조언과 같은 전략을 택한다. "누군가를 알고 싶다면 입장 바꿔 생각해 보라." 하지만 안타깝게도 우리는 4차원의 입장을 모른다. 4차원은 워낙 생소해서 어디서 시작해야 할지 알 수가 없다. 그렇다면 어째야 할까? 4차원은 잠시 접어

두고 2차원으로 돌아가 보자.

2차원 세계 역시 우리에게는 공상 과학 소설의 세계 같다. 그러나 4차원에 비하면 한 가지 큰 이점이 있다. 훨씬 단순하다는 것이 그것이다. 2차원의 평범한 평면 세계를 여행해 보면 우리의 3차원은 물론이고 4차원 세계까지 훨씬 더 잘 이해할 수 있도록 해 줄 존재를 만나게 될 것이다. 3차원보다 더 단순한 세계와 더 복잡한 세계를 두루 여행해 보면, 낯익은 우리의 3차원 세계도 다른 차원의 관점에서 보면 공상 과학 소설의 세계처럼 환상적이라는 것을 알게 될 것이다.

우리, 눈을 맞추며 건배할까요?

이 책의 종이 표면 같은 평면밖에 없는 2차원 세계로 여행을 떠나서, 거기 사는 사람을 만나 보자. 그들은 이 표면 이외에는 아는 게 없다. 앞 페이지가 있고 다음 페이지가 있다는 것도 모르고 산다. 이런 상상을 해 보면 낯선 세계를 파악하는 능력을 기르는 데 도움이 된다. 이 종이 표면의 세계 같은 2차원에 산다면 어떻게 될까? 세상은 어떻게 보일까? 무엇을 볼 수 있을까? 무엇을 어떻게 먹을까? 그곳 주민이 우리에게 어떻게 보일까?

그럼 먼저 2차원 인간을 창조해 보자. 이름은 납작이라고 하고, 이 표면의 여백 어딘가에 산다고 하자. 그의 2차원 세계를 우리의 3차원 관점에서 바라볼 때, 납작이는 우리 눈에 어떻게 보일까? 원한다면 여백에 납작이를 그려 넣어도 좋다.

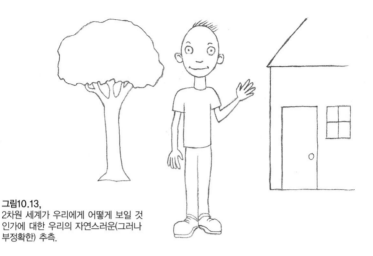

그림10.13,
2차원 세계가 우리에게 어떻게 보일 것
인가에 대한 우리의 자연스러운(그러나
부정확한) 추측.

우리에게 미소 짓는 모습을 생각해 볼 수도 있고, 그림10.13 같은 이미지를 떠올려 볼 수도 있을 것이다. 아무래도 좋지만, 이것은 잘못된 이미지다. 왜? 납작이의 전체 세계가 종이 표면과 같다는 것을 명심하라. 납작이가 미소 짓는 얼굴이 그림 같이 생겼다면, 그는 무엇을 바라볼 수 있을까?

그림10.14,
2차원 세계에서 우리 눈이 피부로 둘러
싸여 있다면, 우리는 피부 내부만 보게
된다. 바깥을 보고자 하는 사람에게는
안됐지만.

이 경우 그가 볼 수 있는 것은 그의 머리 내부에 있는 것뿐이다. 그의 주위 평면 세계에서 그는 머리 바깥의 세상은 볼 수가 없다(그림10.14). 물론 우리가 굽어보고 있는 종이 위 공간은 그에게 존재하지 않는다. 그의 눈은 그의 신체 '안에' 있다. 우리의 눈 위치를 생각해 보자. 우리의 눈은 신체 내부와 외부 세계 사이의 접촉면에 있다. 납작이의 눈도 세상을 내다볼 수 있도록 바깥 가장자리에 위치할 필요가 있다.

납작이의 입은 어떨까? 자기 살을 먹을 생각이 아니라면 그림10.15 같은 곳에 입이 있어서는 곤란하다. 2차원 세계의 음식을 입에 넣으려고 해도 피부가 가로막고 있기 때문이다. 그의 피부(바깥 테두리를 두른 원)는 입과 외부 세계 사이의 상호작용을 가로막는 경계를 이루고 있다. 우리의 입은 몸 안에 파묻혀 있지 않고, 실용적으로 바깥 표면에 위치하고 있다. 납작이의 1차원적 피부가 내부 장기를 외부 세계와 차단하는 경계를 이루고 있듯이, 우리의 2차원적 피부 역시 경계 구실을 한다.

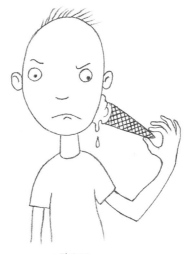

그림10.15
그의 피부는 2차원 세계의 음식이 입에 들어가는 것을 가로막는다
(다이어트 필요하신 분 있으면 이렇게?).

이러한 새로운 통찰로 무장을 하고 이제 납작이의 세계가 어떻게 보일지 생각해 보자. 그가 보는 그의 세계와 우리가 보는 그의 세계는 전혀 딴판이다. 납작이가 살아가기 위해서는, 그의 신체 부위들이 우리가 처음 생각한

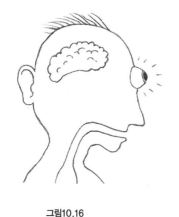

그림10.16

곳에 위치해 있으면 안 된다. 그의 입과 눈과 귀는 반드시 그의 경계선에 위치해 있어야 한다(그림10.16). 그렇지 않으면 음식이나 정보를 받아들일 수가 없기 때문이다. 우리는 납작이보다 월등히 유리한 위치에 있다는 것에 주목하라. 즉, 우리가 있는 곳에서는 페이지의 사물 전체를 볼 수 있다. 그것들의 외부만이 아니라 내부까지 볼 수 있다! 사실 2차원 평면의 그 어떤 것도 우리의 3차원 시야에서 벗어날 수 없다.

유추에 의해, 이제 우리는 4차원 존재—이름을 디디라고 하자—가 우리의 3차원 세계를 우리보다 훨씬 더 잘 볼 수 있다는 것을 알 수 있다. 즉, 4차원 세계의 한 조각인 3차원 세계의 그 어떤 것도 디디의 눈을 피할 수 없다. 디디는 우리 피부를 꿰뚫지 않고도 우리의 내장을 주물럭거릴 수 있다. 그처럼 우리가 여분의 자유도를 가지고 외과 수술을 할 수 있다면 어떨지 상상해 보라! 그런 희한한 가능성을 예증하기 위해, 마술 이야기로 돌아가서, 유추에 의해 4차원 세계에 대해 더욱 깊이 통찰해 보자.

여분의 자유도를 이용해서 없는 토끼 꺼내기

열린 상자 속을 들여다본다. 비어 있다. 상자를 닫고 봉인한다. 아브라카

다브라, 수리수리 마하수리. 상자가 다시 열리고, 길을 잃은 분홍 토끼가 불쑥 나타난다(그림10.17). 이런 놀라운 마술이 4차원에서는 어떻게 가능한 것일까?

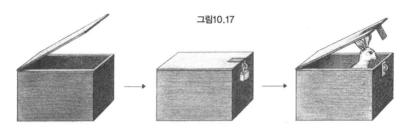

그림10.17

"단순한 것을 깊이 이해하기"라는 비결이 바로 수수께끼를 푸는 열쇠이다. 4차원과 관련된 문제가 곤혹스러울 때면, 먼저 더 낮은 차원으로 내려가서 비슷한 일을 생각해 보면 된다. 더 단순한 차원으로 내려가면 추상적인 4차원을 어떻게 이해해야 할지 깨달을 수 있다. 4차원을 이용해서 상자속의 토끼를 꺼내는 대신, 3차원을 이용해서 2차원 평면에서 토끼를 실종시키는 마술을 부려 보는 것이다.

2차원에서 봉인을 한 상자란 그저 단순한 사각형이다(그림10.18). 사각형은 평면을 둘로 나눈다. 사각형의 내부와 외부로. 3차원의 상자가 내부와 외부로 공간을 나누는 것과 마찬가지이다(그림10.19).

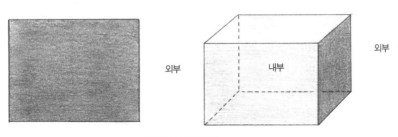

그림10.18과 10.19

이제 평면에서 사는 2차원 인간이 봉인된 상자에서 눈을 떼지 않고 줄곧 지켜보고 있다고 하자(그림10.20). 3차원의 존재인 우리가 세 번째 차원을 이용해서, 2차원 평면의 관객에게 들키지 않고 봉인된 상자 안에 토끼를 집어넣을 수 있을까?

그림10.20

물론 가능하다. 우리는 상자 안에 토끼를 "공수"할 수 있다. 관객은 평면에서만 움직일 수 있는 반면, 우리는 평면의 상공에서 움직일 수 있는 여분의 자유도를 가지고 있다. 우리는 2차원 세계 전체를 조감하며 움직일 수 있다(그림10.21a와 b). 우리는 상자를 보면서 그와 동시에 상자의 내부와 외부를 동시에 볼 수 있다. 그건 평면 '안'에 사는 존재에게는 불가능한 일이

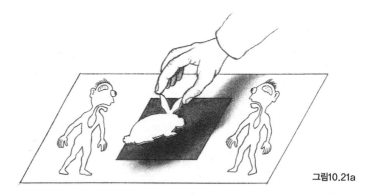

그림10.21a

그림10.21b

다. 우리에게는 상자가 열려 있다. 즉, 상자는 그저 탁자 위의 사각형으로 존재한다. 그건 우리의 3차원 세계를 얇게 썰어 낸 조각이라고 할 수 있다. 우리는 상자의 외부와 마찬가지로 내부 지역에도 바로 접근할 수 있다. 그래서 우리는 그저 2차원 토끼를 집어서 2차원 상자 상공으로 가져가서 그 상자 안에 내려놓기만 하면 된다. 관객한테 들키지 않을까? 관객은 봉인된 상자만 볼 수 있을 따름이다. 우리는 그들의 평면 세계에서 완전히 벗어난 곳에서 움직이고 있기 때문이다. 2차원의 관객은 우리가 토끼를 내려놓는 방향을 가리키지도 못한다. 그들은 상자를 열어 보고 화들짝 놀랄 것이다. 아까는 없던 토끼가 눈을 말똥거리고 있으니 말이다(그림10.21c).

그림10.21c

4차원을 이용해서 봉인된 상자 안에 토끼를 집어넣는 원래의 마술로 돌아가 보자. 이제 유추를 해 보면 된다. 4차원 공간은 평행한 3차원 공간의 층들로 이루어져 있다. 여분의 네 번째 자유도를 통해 바라보면, 봉인된 상자가 고스란히 들여다보인다. 3차원에서 2차원 사각형의 내부를 보듯이 말이다. 그래서 4차원의 마술사 보조는 토끼를 "공수"해서 봉인된 상자 안에 토끼를 넣을 수 있다. 물론 전혀 새로운 자유도의 방향에서. 4차원 공간의 3차원 조각 안에 있는 관객은 그 사이에 무슨 일이 벌어졌는지 전혀 보지 못한 채, 완전히 봉인된 것처럼 보이는 상자를 열었을 때, 놀랍게도 실제 토끼가 안에 들어 있는 것을 발견하게 된다.

여분의 자유도가 있으면 그보다 낮은 차원의 세계를 볼 수 있다. 그곳 주민은 전혀 볼 수 없는 것을 말이다. 게다가 낮은 차원의 모든 것을 한눈에 볼 수 있다. 낮은 차원의 주민들이 보기에는 완전히 닫혀 있는 것의 내부와 외부를 동시에 볼 수 있다. 3차원 세계에 사는 우리에게 이것은 직관에 어긋나는 사실이다. 완전히 잠긴 금고의 내부를 볼 수 있을 뿐만 아니라, 우리에게 들키지 않고 그 안에 물건을 집어넣을 수도 있고 빼낼 수도 있다니. 그러나 봉인된 사각형을 주시하고 있는 평면 세계의 주민들에게도 그것이 반직관적이긴 마찬가지이다. 그들에게는 사각형이 완전히 봉인되어 있지만, 위에서 굽어보는 우리는 사각형의 경계를 전혀 건드리지 않고 내부를 탐사할 수 있다. 1차원의 경계선은 2차원 평면을 안과 밖으로 분할한다. 마찬가지로 잠긴 금고는 우리의 3차원 세계를 금고의 내부와 외부로 분할한다. 4차원에서 볼 때 3차원 상자란 그저 공간을 얇게 베어 낸 한 조각에 지나지 않는다.

자르지 않고 매듭 풀기

매듭이 진 고리가 하나 있다고 하자(그
림10.22). 줄을 움직이는 것만으로는 매
듭을 푸는 것이 불가능하다. 실제로 매듭
을 푸는 유일한 방법은 줄을 잘라서 매듭
을 푼 후 줄을 다시 이어 붙이는 것이다.
그러나 4차원을 이용할 수 있다면, 칼이

그림10.22

나 가위의 힘을 빌리지 않고 그 어떤 매듭이든 거뜬히 풀 수 있다. 어떻게?
이 해법을 이해하기 위해 다시 2차원으로 돌아가 보자.

사실 2차원 세계에는 매듭이라는 게 있을 수 없다. 2차원에서는 모든 것
이 납작한데, 매듭이란 세 번째 차원을 필요로 하기 때문이다. 즉, 줄이 서
로의 '위'로 가로질러 가야만 매듭이 생긴다(그림10.23). 그렇기는 하지만

그림10.23

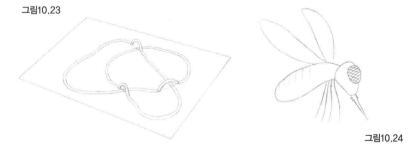

그림10.24

2차원을 통해 매듭을 푸는 해법을 파악할 수는 있다. 흡혈 체체파리가 평면
에 산다고 하자(그림10.24). 소를 죽인다는 이 괴물을 잡기 위해 2차원 시민
들은 위험을 무릅쓰고 2차원 올가미를 던졌다. 체체파리는 올가미에 둘러

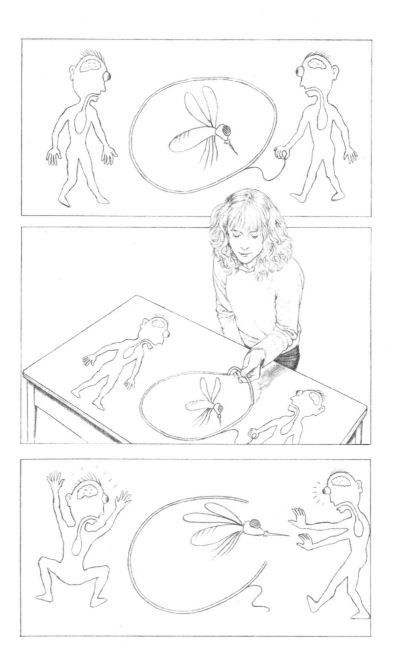

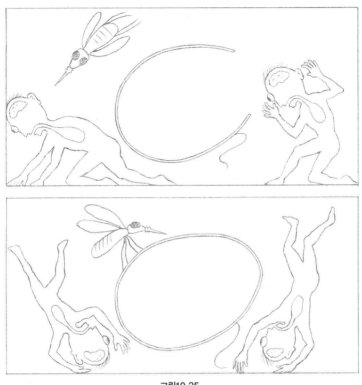

그림10.25

싸여, 2차원의 다른 공간과 차단되었다. 봉인된 것이다. (이 대목과 이후의 이야기를 만화로 그리면 그림10.25와 같다.)

무사히 위기를 넘겼는데, 3차원 테러리스트가 2차원 시민들을 위협하기 위해 체체파리를 풀어 주기로 마음먹었다. 하지만 그녀는 체체파리가 3차원 테러리스트들에게도 위험한 존재라는 것을 알고 있다. 그래서 그녀는 파리를 건드리지 않고 일을 마쳐야 한다. 그녀는 파리를 둘러싼 올가미를 살짝 들어 올린다는 아이디어를 냈다.

그것이 평면 세계의 시민들에게는 어떻게 보일까? 그들의 관점에서는 올가미의 일부가 느닷없이 사라진 것처럼 보인다. 밧줄이 잘리지 않았는데도, 평면 세계의 시민들에게는 일부가 잘려서 사라진 것처럼 보인다. 물론 체체파리에게도 똑같이 보인다. 그래서 파리는 그 사이로 탈출해서 다시 시민들을 공격한다.

이때 테러리스트가 슬쩍 올가미를 다시 내려놓으면, 시민들에게는 올가미가 불가해하게도 다시 온전해진 것으로 보인다. 사실 밧줄은 잘린 적이 없다는 것을 우리는 안다. 그저 새로운 차원으로 들렸을 뿐인데, 평면 세계의 시민들에게는 그것이 보이지 않는다. 이렇게 우리의 슬픈 이야기는 막을 내린다―이것은 다차원무기WMD의 섬뜩한 예이다.

그럼 이제 우리는 줄을 자르지 않고 4차원을 이용해서 매듭을 풀 준비가 된 셈이다. 테러리스트가 사용한 더 높은 차원의 전략을 구사하면 된다. 즉, 우리가 4차원의 존재가 되어 밧줄의 일부를 4차원으로 들어 올리면 된다. 그러면 밧줄의 일부가 3차원 공간에서 우리 시야 밖으로 사라져서, 마치 그 부분이 잘려 나간 것처럼 보일 것이다(그림10.26).

실제로 밧줄은 훼손된 게 아니라 단지 우리 눈에 보이지 않는 평행 3차원 공간으로 이동한 것뿐이다. 그러나 우리의 3차원 세계에서는 밧줄의 일부가 사라졌기 때문에, 매듭을 쉽게 풀 수 있다(그림10.27). 이제 우리의 4차원 친구는 사라진 밧줄의 일부를 다시 우리 세계에 내려놓는다. 우리에게는 밧줄 끝이 마술처럼 달라붙는 것처럼 보인다(그림10.28). 갑자기 밧줄은 다시 고리가 된다. 그러나 매듭은 없다. 4차원을 이용하면 이렇게 자르지 않고도 매듭을 풀 수 있다!

또 우리는 이 기술을 적용해서, 제9장의 구멍 난 클라인 병 문제를 해결

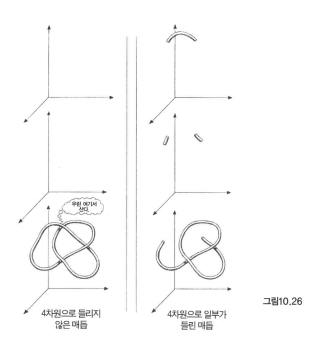

4차원으로 들리지
않은 매듭

4차원으로 일부가
들린 매듭

그림10.26

할 수 있다. 표면이 닫힌 병 같은 모양이면서도 한 면밖에 없는 아름다운 클

라인 병을 3차원에서 만들기 위해서는 옆구리에 구멍을 뚫어야 했다(그림

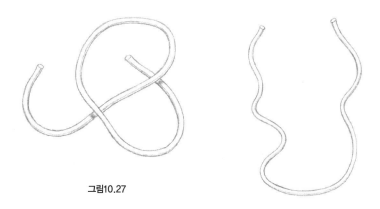

그림10.27

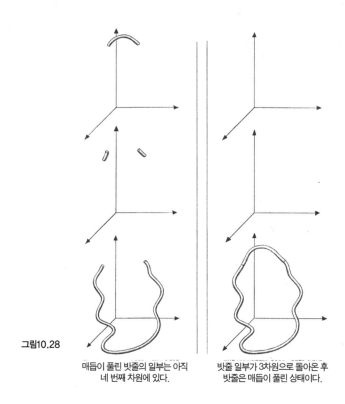

그림10.28

매듭이 풀린 빗줄의 일부는 아직
네 번째 차원에 있다.

빗줄 일부가 3차원으로 돌아온 후
빗줄은 매듭이 풀린 상태이다.

10.29). 그러나 여기에 4차원을 적용한다면, 클라인 병은 더 이상 외과수

술을 할 필요가 없다. 대롱의 옆구리 일
부를 4차원으로 슬쩍 들어 올리기만 하
면 된다(그림10.30). 대롱 옆구리에 구
멍이 난 것처럼 보이지만 실제로 잘라
낸 것이 아니라는 것을 우리는 알고 있
다. 그 부분은 4차원 공간에 떠 있어서
우리 눈에 보이지 않을 뿐이다. 이제 우
리는 따로 구멍을 낼 필요 없이 그곳으

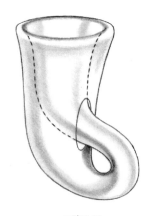

그림10.29

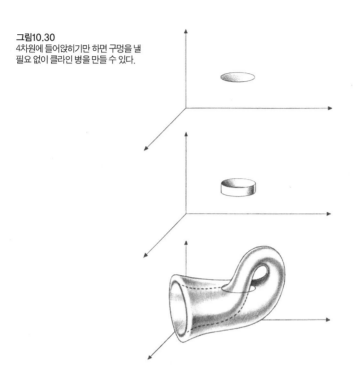

그림10.30
4차원에 들어앉히기만 하면 구멍을 낼
필요 없이 클라인 병을 만들 수 있다.

로 대롱을 집어넣으면 된다. 밧줄을 자르지 않고 매듭을 풀었듯이 말이다.

구멍이 없는 완벽한 클라인 병을 3차원 공간에서는 만들 수 없다. 구멍을 내지 않고 대롱 끝을 연결할 수 있을 만한 자유도가 없기 때문이다. 따라서 우리는 클라인 병의 고향이 원래 4차원이라는 것을 알 수 있다.

잉크를 채워 끌어당김으로써 상자 만들기

낮은 차원에서 높은 차원까지 여러 차원을 구축하는 기본 개념으로 무장한 우리는 이제 그 어떤 차원의 문제에 맞닥뜨려도 해법에 도전해 볼 수 있

다. 우리의 다차원 능력을 증명하기 위해, 4차원 기
하학에 뛰어들어 4차원 입방체를 만드는 방법을 알
아보자.

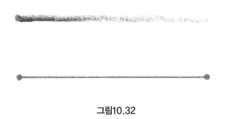

그림10.31

어디서 시작해야 할까? 4차원과 씨름을 하려면
우리는 언제나 영에서 시작한다. 0차원의 사물이란 무엇일까? 간단하다! 0
차원에서는 모든 것이 하나의 점이다. 그래서 0차원 사물은 점이다(그림
10.31). 여기서 1차원으로 나아가려면 어째야 할까? 점에 잉크를 채우고
새로운 방향으로 1단위 끌어당기면, 1차원 사물, 곧 선분을 얻을 수 있다(그
림10.32).

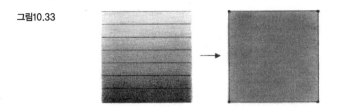

그림10.32

이제 그런 식으로 계속하면 된다. 선분에 잉크를 채우고 수직 방향으로 1
단위 끌어당기면 2차원 사물, 곧 정사각형이 된다(그림10.33). 정사각형 전

그림10.33

체(내부와 경계선)에 잉크를 채우고 그것들과 수직 방향으로 끌어당기면 3차

원 사물, 곧 입방체를 얻을 수 있다(그림10.34).

그림10.34

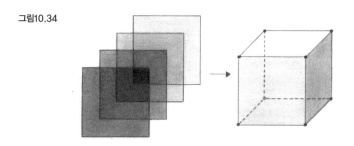

이제 우리는 다음에 어째야 할지도 안다. 입방체 전체(마치 스펀지라도 되는 듯이 내부의 점들에까지) 잉크를 채우고, 전체 입방체를 그 모든 것에 '수직'이 되는 방향으로 1단위 끌어당기면 된다. 그렇게 우리는 4차원 사물, 그러니까 4차원 입방체(그림10.35)를 만든다. 물론 여기서 멈출 필요는 없

그림10.35

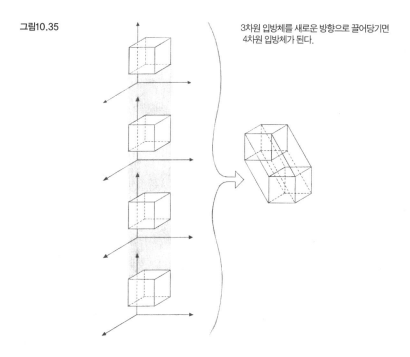

3차원 입방체를 새로운 방향으로 끌어당기면 4차원 입방체가 된다.

다. 채워 넣을 수 있는 잉크가 있고, 끌어당길 수 있는 새로운 방향만 있으면, 더 높은 차원을 계속 만들어 나갈 수 있다(그림10.36).

그림10.36   5차원 입방체

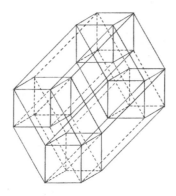

입방체 해체

우리의 3차원과 4차원 입방체 그림은 사실 왜곡되어 있다. 표면이 전부 완벽한 정사각형이 아니고 직각도 아니기 때문이다(그림10.37). 무엇이 문

그림10.37

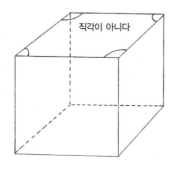

직각이 아니다

제일까? 종이 평면에 입방체를 정확히 재현할 수는 없다는 것이 그 답이다. 입방체는 3차원을 필요로 하는데 종이는 2차원밖에 제공하지 못한다. 원근법을 이용해서 입방체의 각도와 표면에 여분의 차원이 있는 것처럼 보이게 만들었을 뿐이다. 우리의 3차원 눈으로 그림을 바라보면 그것이 3차원이라는 것을 본능적으로 감지한다. 뇌에서 각 조각을 조립해서 그것을 입방체로 보기 때문이다.

4차원 입방체는 시각화하기 어렵다. 우리가 4차원의 복잡한 원근법을 간파할 만한 4차원의 눈을 갖고 있지 않기 때문이다. 3차원 입방체가 이 책 페이지보다 다만 한 차원만 더 가지고 있다는 것에 주목하라. 그래서 평면 그림에 한 차원만 더 보충해 넣으면 되지만, 4차원 입방체의 경우에는 두 개의 차원이 더 있다. 그러니 평면 그림으로 표현하려면 차원을 더욱 압축할 필요가 있다. 3차원 "영상"이라면 4차원 입방체를 좀 더 정확하게 표현할 수 있다. 3차원 모형을 2차원 종이 페이지에 재현하는 것은 불가능하지만, 그림10.38을 보면 4차원을 어떻게 3차원으로 표현할 것인지 실마리를 잡을 수 있다. 이 모형에서는 표면이 정사각형이 아니고, 각은 직각이 아니다.

그림10.38

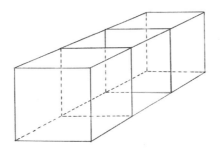

그런데 우리는 모든 각이 직각이고 모든 면이 정사각형인 3차원과 4차원 입방체 모형을 만들 수 있다. 전혀 다른 방식으로 포착하는 것이다. 그러니까 포스트모던 시대의 교훈을 받아들여, 입방체를 해체하면 된다. 3차원 입방체의 접힌 부분을 펴면, 모든 각이 직각을 이룬 여섯 개의 완벽한 정사각형이 되고, 그것을 평면에 십자가 꼴로 모아 놓을 수 있다(그림10.39). 입방

그림10.39

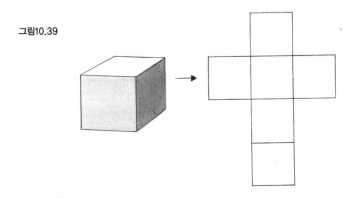

체로 조립을 하려면, 정사각형의 변을 한 쌍씩 맞붙이면 된다(그림10.40).

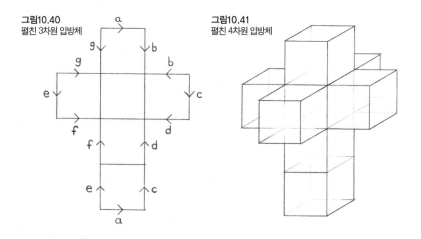

그림10.40
펼친 3차원 입방체

그림10.41
펼친 4차원 입방체

마찬가지로 4차원 입방체의 접힌 부분을 펴면, 모든 각이 직각을 이룬 완벽한 여덟 개의 정육면체가 되고, 이것을 모아 놓으면 팔 두 개를 더한 십자가 꼴이 된다(그림10.41). 이 3차원 입방체의 '면face'을 한 쌍씩 결부시켜 맞붙이면 4차원 입방체가 된다(그림10.42).

그림10.42
(안 보이는 면들도 이런 식으로 붙인다)

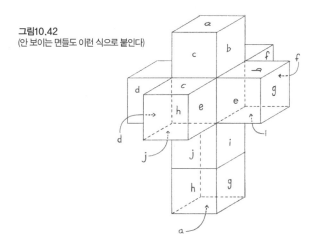

화폭에 담은 4차원

4차원 입방체를 펼친 모습으로 제시한다는 흥미로운 개념에 영감을 받은 초현실주의 화가 살바도르 달리는 1954년에 〈십자가에 못 박힌 예수—초입방체〉(그림10.43)를 완성했다. 이 그림에서 우리는 종교적 의미를 띤 4차원을 보게 된다. 4차원이라는

그림10.43

순수 개념과 기하학은 과학자와 수학자뿐만 아니라 이렇게 예술가들에게도 영감을 주었다. 달리만이 아니라, 마르셀 뒤샹과 맥스 웨버 같은 화가도 4차원을 이용한 그림을 그렸다.

뒤샹의 〈계단을 내려오는 누드 2〉(1912)에서, 우리는 누드에 잉크를 채워서 계단 아래로 끌어내리기라도 한 것처럼 전체 움직임을 한눈에 볼 수 있다(그림10.44). 그렇게 뒤샹은 4차원을 빗대어 움직임의 총체성을 포착한 놀라운 이미지를 창조한 것이다. 그의 그림은 네 번째 차원을 시간이라고 볼 수 있을 것인가 하는 궁금증을 자아낸다. 원한다면 그렇게 볼 수도 있

그림10.44

을 것이다. 사실 여분의 자유도는 여러 방식으로 해석될 수 있다. 네 번째 차원을 소리나 색깔로 볼 수도 있다. 네 번째 차원을 시간으로 볼 때의 난점은, 우리가 나머지 세 차원에서처럼 앞뒤로 쉽게 움직일 수가 없다는 것이다. 또한 네 번째 차원이 다른 세 차원과 전혀 달라야 할 이유도 찾기 힘들다. 네 번째 차원도 공간이라고 생각함으로써 우리는 3차원 너머의 세계와 그 기하학에 대한 새로운 통찰을 얻을 수 있다.

맥스 웨버의 그림 〈4차원의 내부〉(1913)는 4차원을 으스스하고 낯선 세계로 제시한다(그림10.45). 우리는 여분의 자유도가 얼마나 낯선지 앞서 살펴본 적이 있다. 그러나 이제 유추를 통해, 우리는 4차원 세계가 우리의 눈에 보이는 지평선 바로 너머에 있다는 것을 알 수 있다. 우리의 여행과 예술가들의 작품을 통해 알 수 있듯이, 네 번째 차원은 분명 창조성과 아름다움과

그림10.45

경이의 원천이다.

4차원의 교훈

4차원은 낭만적이고 신비한 매력을 지니고 있다. 그것은 공상과학의 영역이나, 우리 감각이 미치지 않는 세계에 자리 잡고 있는 것 같다. 이번 장에서 우리는 4차원을 향해 나아가 보았을 뿐만 아니라, 탐구하고 음미해 보았다. 어려운 쟁점에 맞닥뜨렸을 때에는 흔히 정면으로 도전하는 것보다 좀 더 쉬운 목표부터 공략하는 것이 최선이라는 것을 얼른 인정할 필요가 있다. 그래서 우리는 3차원 세계에서 한층 더 단순한 2차원 세계로 물러나서, 평면으로 이루어진 세계에서라면 우리의 삶이 어떠할지 헤아려 봄으로써 결국은 4차원 세계까지 여행해 볼 수 있었다.

체계적인 유추를 해 봄으로써 생각을 발전시키는 것은 새로운 통찰을 낳는 멋진 방법이다. 그러한 기법을 통해 우리는 사소한 문제에 대한 것이라도 그 이해의 수준이 때로 우리의 생각만큼 그리 대단치 않다는 것을 알 수 있다. 낯익은 세계를 다른 관점에서 바라봄으로써 새롭고 경이로운 발견을 할 수 있다. 그렇게 새로운 통찰을 얻어 외삽(기지의 사실로부터 미지의 사실을 추정)함으로써 독창적이고 중요한 아이디어를 얻을 수 있다. 4차원을 다루면서 우리는 틀에 갇힌 사고에서 벗어나는 길을 배운다. 유한한 차원의 바깥나들이는 이쯤에서 접고, 이제 우리의 여행은 끝없는 무한대의 세계로 나아갈 때가 되었다.

> 나는 우물 안 개구리가 될 수도 있었고
> 무한한 세계의 왕이 될 수도 있었다.
>
> —윌리엄 셰익스피어

'보나마나……' 탁구공 10개를 통에 넣고 팔을 뻗어 아무거나 하나 꺼내면, 이제 9개가 남았다는 것은 누구나 알 수 있다. 다시 10개를 더 집어넣고 또 하나를 꺼낸다. "신수학(new math, 1960년대 이후의 집합론에 기초한 수학 : 옮긴이)"을 배운 이라도 통 속에 공이 18개 남았다는 데 동의할 것이다. 다시 반복하면 이제 27개가 남아 있다. 다시 하면 36개. 다시 하면 45개. 여기에는 패턴이 있다. 그런데 만일 '영원히' 계속하면 어떻게 될까?

'놀랍게도……' 통은 텅 빌 것이다. 도무지 믿기지 않는, 반직관적인 무한대의 세계에 온 것을 환영한다.

우리들 대부분이 일상의 삶에서 만나는 무한대에 가장 가까운 숫자는 아마도 빌 게이츠의 재산일 것이다. "무한대"라는 말만 들어도 어쩐지 막막하고, 아리송하고, 신비한 느낌이 든다. 얼마 전까지만 해도 무한대가 경외심을 일으키는 모호한 수수께끼 같고, 신직이고, 모든 것을 아우르는 그 모든 것, 알 수 없고 상상도 할 수 없는 것이라는 생각을 사람들은 떨칠 수 없었다. 사람들은 무한대에 대해 뾰족하게 할 말이 없었지만, 다만 무한대가 크다는 것만은 누구나 인정했다. 무한대는 더할 나위 없이 크다는 데 동의한 것이다. 하지만 그들은 틀렸다.

이 책의 마지막 부분인 이번 두 장에서 살펴보겠지만, 우리는 무한대와 그 너머까지 이해할 수 있다. 무한대는 건조기에서 꺼낸 양말의 짝을 맞추는 것보다 더 쉽다는 것을 알게 될 것이다. 무한대는 서로 엉키는 법이 없으니까. 무한대로의 여행이 어렵지는 않지만, 반직관적인 계시와 통찰을 우리에게 안겨 줄 것이다.

알 수 없는 수들

무한대는 모든 수보다 더 크다는 게 누구나의 생각이다. 그건 확실히 14보다 크다. 2,343보다 크다. 1,234,826보다도 크다. 사실 그건 다음 수보다도 훨씬 더 크다.

14,736,030,038,738,738,574,387,983,475,937,984,794,357,398,753.

무한대가 고래라면, 그 어떤 커다란 수라도 고래 머리 가죽의 비듬 하나만도 못하다.

위압적인 무한대의 개념과 맞닥뜨리기 전에, 먼저 좀 쉬워 보이는 문제부터 살펴보자. 익숙한 자연수, 곧 1, 2, 3, 4……를 우리는 이해할 수 있을까? 줄임표 전까지는 알 만하다. 하지만 여기서 줄임표는 영원히 계속된다는 뜻인데, 영원이란 길고 긴 시간이다.

1, 2, 3, 4 정도는 누구나 잘 안다. 양말이나 젓가락, 쌍둥이 등 우리 주변의 짝들을 늘 보기 때문에 2를 잘 안다. 마찬가지로 세발자전거, 이인삼각, 삼시 세끼 등 익숙한 말들을 통해 3도 우리는 직관적으로 안다. 4로 말하면, 카드놀이를 하는 사람의 숫자이고, 전형적인 방의 네 벽, 자동차 바퀴 등의 수이다. 그러나 수가 커질수록 우리의 직관은 졸아든다.

전에 살펴보았듯이 미국의 부채는 13자리 숫자로 이루어져 있다. 특히 2003년 1월 1일의 부채는 6,420,664,216,307달러를 기록했다. 이 수는 이름도 있다. "워매! Holy cow!" 혹은 좀 더 정확하게는 "6조 4,206억 얼마." 이런 거액의 크기는 거의 실감이 나지 않는다.

천문학자들은 우주의 총 원자 수를 80자리의 수로 나타낼 수 있다고 추산한다. 하지만 그렇게 큰 수가 우리에게 무슨 의미가 있겠는가? 나아가 천 자리의 수라면 어떨까? 백만 자리의 수라면? 백만 자리의 수는 사실상 아무 의미가 없지만, 그 정도의 수도 전체 수에 비하면 고래 비듬에 지나지 않는다. 무한대에 이르기 한참 전의 수도 우리는 감을 잡지 못할 정도이다.

우리 우주의 입자 수를 초과하는 수는 만들 수 없다. 형편이 그런데도 우리가 무한대를 이해하길 바랄 수 있을까? 우디 앨런은 이렇게 탄식한 적이 있다. "차이나타운에 가는 길도 찾기 어려운데 우주를 '알기' 바라는 사람이 있다니 놀랍다."

무한대는 우리 손 안에 있다

이제 알게 되겠지만, 다행히도 무한대의 높이는 우리의 등정 능력 안에 있다. 무한대에 대해 먼저 놀라운 사실은, 우리가 그것을 전적으로 이해하는 것이 '가능하다'는 것이다. 이해하기 어려운 것을 이해하기 위한 우리의 전략은, 너무 거대해서 다루기 어려운 고매한 개념에서 뒤로 물러나, 쉽고 익숙한 것에 대해 먼저 곰곰 생각해 보는 것이다. 곤란한 도전에 직면했을 때의 기본 방침은, 정면 대응을 피해서 다른 길을 모색하는 것이다. 이번 경우에는 곧바로 무한대를 이해하려고 하는 대신, 먼저 5를 이해하려고 해 보자. 5는 만만한 수이다. 손가락이 대부분 다섯 개니까.

동일한 수의 표본들을 비교해 봄으로써 우리는 결정적인 정보를 얻을 수 있다. 5의 경우, 왼손의 손가락을 하나의 표본으로 삼고, 오른손의 손가락을 다른 표본으로 삼는다. 먼저 왼손 새끼손가락 끝을 오른손 새끼손가락 끝과 맞대고, 다음에는 약지를, 다음에는 중지, 검지, 엄지를 차례로 맞대면, 아주 단순하면서도 오묘한 현상을 보게 된다(그림11.1). 우리가 보는 것은 '짝'을 이루었다는 것이다. 다시 말해서 왼손 손가락과 오른손 손가락은 1 대 1 대응이 이루어진다. 설령 5까지 세지 못한다 해도, 왼손의 손가락 수는 오른손의 손가락 수와 같다는 것을 우리는 확실히 알 수 있다.

이제 우리는 5에 대한 새로운 의미를 알게 되었다. 5는 왼손 손가락들과

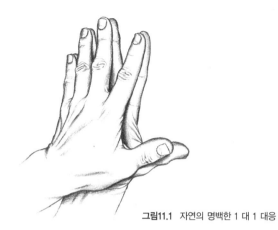

그림11.1 자연의 명백한 1 대 1 대응

정확히 짝을 이루는 어떤 집합의 크기이다. 두 집합의 원소가 짝을 이루면, 즉 한 집합의 각 항목이 다른 집합의 각 항목과 1 대 1 대응을 하면 두 집합의 수는 동일하다. 지당한 이 개념은 단순하면서도 자연스럽다. 이러한 두 집합의 1 대 1 대응을 수학 용어로는 '전단사bijection'라고 한다. 수가 얼마나 많은가를 '셈' 하는 데서 집합을 '비교' 하는 것으로 발상을 전환하는 것, 이것이 바로 무한대의 세계를 여는 열쇠이다.

무한대의 열쇠

'원소가 1 대 1 대응을 하는 두 집합은 크기가 같다.' 이제 이 아이디어를 음미하며 "대응을 한다는 것은 수가 동일하다는 뜻"이라는 개념이 어디로 이어지는지 알아보자. 왼손의 손가락과 오른손의 손가락, 혹은 미국 국기의 별과 주의 숫자 같은 작은 집합을 비교할 때는, 대응을 한다는 것은 수가 동일하다는 뜻이라는 것을 분명히 알 수 있다.

이제 미지의 세계로 한 발 내디딜 때가 되었다. '무한히' 많은 원소를 포함한 집합을 생각해 보자. 어딜 가면 무한 집합을 발견할 수 있을까? 한계가 있는 물리적 현실은 떨쳐 버리고 마음껏 상상의 세계로 날아가 보자.

〈무한 호텔에 오신 것을 환영합니다〉 하얏트, 힐튼, 옴니, 포시즌, 모텔6 같은 숙박업소는 잊어버리고, 이번 여행에서는 무한 호텔에서 하룻밤 묵어야 한다. 이 호텔의 슬로건은 이렇다. "자연수만큼 많은 방이 있습니다."™ 그리고 "무한 호텔에는 항상 빈방이 있습니다."™ 무한 호텔은 이름값을 한다. 객실이 줄지어 있는데, 객실 번호가 1, 2, 3, 4……'영원'까지 있다. 자연수 하나에 해당하는 방이 하나씩 있다. 복도가 환상적이다! 물리적으로 이런 걸 지을 수 있을까? 물론 불가능하다. 정신으로는? 당연히 가능하다. 이 객실들은 우리의 상상세계에 존재한다. 방문이 난 복도는 끝이 없고, 각 방문 안쪽에는 소박하지만 매력적인 객실이 있다(그림11.2).

그림11.2 무한 호텔의 끝없는 복도.

첫 번째 슬로건은 분명 사실이다. 자연수만큼 많은 방이 있다. 그런데 두 번째 슬로건도 사실일까? 이 굉장한 호텔은 "만원사례" 팻말이 필요 없다는 게 사실일까? 물론 줄잡아 64억 명이 사는 우리의 실세계에서 유한한 수의 사람이 숙박을 한다면 슬로건은 사실이다. 모든 인간이 묵을 만한 방은 충분히 있다. 이미 세상을 뜬 모든 사람한테까지 방을 하나씩 내주어도 무한히 많은 방이 비어 있다. 믿기지 않는 이런 일이 사실이라면 이 호텔의 크기가 조금은 더 실감이 날 것이다. 모든 인간이 투숙을 해도 본질적으로 호텔은 여전히 텅 빈 거나 다름없다!

너무나 커서 물리적으로 존재할 수 없는 호텔이 존재하는 것으로 상상했다면, 여기서 멈출 이유가 뭐가 있겠는가? 좀 더 상상력을 발휘해서, 불가능한 시나리오를 생각해 보자. 즉, 무한히 많은 사람이 산다고. 새로운 가상의 이 세계에서도 "무한 호텔에는 항상 빈방이 있습니다."™라는 모토가 사실일 수 있을까? 객실을 채우는 몇 가지 시나리오를 살펴보고 우리가 호텔을 잘 경영할 수 있겠는지 알아보자.

〈무한 더하기 1은 무한보다 클까?〉 세인트루이스 카디널스 팀을 늘려서 선수들이 무한히 많다고 해 보자(세인트루이스 카디널스는 미주리 주 세인트루이스의 메이저 리그 야구팀이다. 카디널cardinal에는 집합의 '농도'라는 뜻이 있다 : 옮긴이). 각 선수들은 1, 2, 3, 4…… '영원'까지 등번호가 박힌 옷을 입고 있다. 어느 날 그들은 무한 호텔에 투숙하기로 했는데, 우연히 객실은 텅 비어 있었다. 각 선수들이 독방을 차지할 수 있을까? 물론이다. 접수계원이 1번 선수를 1호실에, 2번 선수를 2호실에, 이런 식으로 방을 배정해 주었다. 곧,

각 선수는 등번호와 같은 번호의 방에 들었다. 이렇게 우리는 선수와 방을 1
대 1 대응시켰다(그림11.3). 방을 얻지 못한 선수는 없고, 빈방도 없다. 따
라서 선수 집합과 방 집합은 크기가 같다는 것을 알 수 있다. 이거야 놀라울
것도 없다. 그런데 (무한히 많은) 방이 다 찼으니, 접수계원은 "만원사례" 간
판에 불을 넣어야 할 것 같다. 계원이 스위치를 올리고 일이 마쳤다는 안도
감에 한숨을 내쉰다.

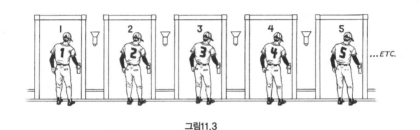

그림11.3

그때 카디널스 팀 구단주가 들어와서는 "만원사례" 간판을 보고 볼이 부
었다. 접수계원은 호텔이 선수들로 가득 차서 빈방이 없다고 해명했다.
"마지막 방이라도 주시오." 구단주가 툴툴거리며 말했다. 계원은 눈을 굴
리며 "마지막 방"이라는 것은 없다고 설명했다. 방은 끝이 없기 때문이다.
마찬가지로 끝이 없는 선수들로 방은 다 찼다. 접수처가 소란스러운 것을
알고 나온 지배인은 쩔쩔매고 있는 계원과 화가 난 구단주를 보았다. 지배
인은 두 사람을 진정시키고, 모든 선수들에게 방을 내주고 구단주에게도
방을 마련해 줄 수 있다고 장담했다. 계원과 구단주가 믿지 못하자, 지배인
이 자상하게 설명을 해 주었다.

방법은 이와 같다. 선수들을 모두 나오게 해서 옆방으로 옮기라고 말한

다. 1번 선수는 2호실로, 2번 선수는 3호실로, 3번 선수는 4호실로, 이렇게 일제히 방을 옮긴다(그림11.4). 이 과정이 끝난 후 선수들은 분명 여전히 각 방을 갖게 된다. 14890003862번 선수는 몇 호실을 쓸까? 물론 14890003863 호실이다. 모든 선수들은 순순히 곧바로 방을 옮겼다. 그러자 이제 1호실 이 비었고, 카디널스 구단주가 편안히 묵을 수 있게 되었다.

그림11.4 모두가 옆방으로 하나씩 밀려나도 각방을 갖는다.

이렇게 선수들과 객실은 1 대 1 대응을 하는데, 선수에 구단주를 더해도 객실과 1 대 1 대응을 한다는 것을 알 수 있다. 무한 집합의 선수들에 새로 한 명이 추가되어도 집합의 크기는 증가하지 않는다. 그래서 호텔방과 여 전히 1 대 1 대응을 하는 것이다. 마찬가지로 또 다른 사람, 예를 들어 감독 이 와도, 모든 사람을(구단주까지도) 옆방으로 다시 옮기면 감독을 포함한 모 든 사람이 방 하나씩 차지할 수 있다. 사실 100명 더 와도, 기존의 모든 사람 을 100번 이후의 방으로 옮겨서 100명이 더 투숙을 할 수 있다. 따라서 무한 집합에 유한한 수의 원소를 더하는 것은 집합의 크기를 증가시키지 않는다.

〈무한대의 절반은 무한대보다 작을까?〉 격렬하게 야구 연습을 하다가 선수 의 반이 부상을 당했다고 하자. 그들은 공교롭게도 등번호가 모두 홀수인 선수들이다. 그래서 1, 3, 5, 7, 9, 11, 13……번 선수들은 귀가 조치되었다. 그러니 이제 호텔은 반이 비었다. 홀수 객실이 모두 빈 것이다. 조용한 것을 좋아하는 사람이라면 이런 변화를 반기겠지만, 팀의 단합과 투지를 북돋는 데에는 바람직하지 않다. 그래서 호텔에 남은 선수들, 곧 짝수 등번호의 선수들은 모두 방을 옮겨서 사이의 빈방을 채우기로 했다. 2번 선수는 1호실로, 4번 선수는 2호실로, 6번 선수는 3호실로, 8번 선수는 4호실로, 이렇게 영원까지(그림11.5).

그림11.5 방과 짝수 선수들 간의 1 대 1 대응. 이제 모든 방이 찼다.

그들이 일단 방을 옮기자 아주 특별한 현상이 발생했다. 빈방은 어디 있을까? 5호실에는 10번 선수가 들고, 6호실에는 12번 선수가, 22호실에는 44번 선수가 들고, 이런 식으로 사이의 방을 모두 채웠다. 복도 멀리 있는 1031021호실에도 선수가 들었다. 등번호는 물론 2062042번이다. 우리가 보는 모든 방, 상상할 수 있는 모든 방에 선수가 들었다. 짝수 등번호의 선수들은 모르고 우리만 아는 사실이지만, 짝수의 선수들과 객실은 1 대 1 대응을 했다. 즉, 무한집합의 원소의 절반을 제거한 후에도 집합의 크기는 달라지지 않는다!

'농도 cardinality'라는 수학 용어는 집합(특히 무한집합)의 크기를 나타내는 데 쓰인다. "두 집합은 농도가 같다."는 말은 두 집합의 원소가 1 대 1 대응을 한다는 뜻이다. 수학적으로 말해서, 이제까지 우리는 짝수 자연수의 집합이 전체 자연수의 집합과 농도가 같다는 것을 증명한 셈이다. 근본적으로 무한대의 절반은 무한대보다 작지 않다.

〈무한대 더하기 무한대는 무한대보다 클까?〉 이번에는 판을 키워 보자. 카디널스 선수가 모두 회복되어 전체 선수가 다시 호텔에 들었다고 하자. 1번 선수는 1호실, 2번 선수는 2호실, 이런 식으로 투숙했다. 이번에는 한두 명을 더 투숙시키는 것이 아니라, '무한히' 많은 새로운 손님을 투숙시켜 호텔이 넘쳐 나는지 알아보자. 샌프란시스코 자이언츠 팀의 무한히 많은 선수가 현장에 도착했다. 자이언츠 선수들 역시 등번호가 1, 2, 3, 4……로 '영원'까지 계속된다. 카디널스 팀을 거리로 내쫓지 않고, 한 칸씩 밀어내는 방법으로 자이언츠 팀 전부에게 각방을 줄 수 있을까?

일단 자이언츠의 1번 선수를 1호실에 들게 하고, 다시 카디널스 팀을 모두 옮기고 자이언츠 2번 선수를 2호실에 들게 한다. 사실 앞서 살펴보았듯이, '유한한' 횟수만큼 손님을 옆방으로 옮기고 '유한한' 수의 자이언츠 선수를 투숙시키는 것은 얼마든지 가능하다. 그런데 무한한 손님을 옆으로 옮기고 무한한 새 손님을 더 받을 수 있을까? 이런 무한한 방 이동을 한번 해 보자. 그렇다면 옆으로 이동시킨 카디널스 팀의 1번 선수는 몇 호실에 묵게 될까? 그는 1호실이나 2호실, 아니 1억 호실이나 1조 호실에 들 수 없다. 실은 그 어느 방에도 묵을 수 없다. 우리가 생각할 수 있는 객실 번호는 '유한'한데, 자이언츠 팀이 앞쪽의 무한한 방을 차지하고 있기 때문이다. 그렇다면 카디널스의 1번 선수는 불행하게도 거리로 내보내야 할까? 하지만 그럴 경우 모든 카디널스 선수가 쫓겨날 테니 적어도 외로움에 떨 일은 없을 것이다.

무한 호텔이 완전히 꽉 찼는데, 무한히 더 많은 사람을 받으면 손님이 넘쳐 나서 방이 모자랄 것 같다. 정말 그럴까? 앞서 살펴본 것처럼 "무한 이동" 방법은 통하지 않는다. 하지만 양 팀의 선수 모두를 객실과 1 대 1 대응시킬 수 있는 방법이 있다. 짝수 등번호의 선수만 남아 있던 상황의 전략을 다소 바꿔 보자.

카디널스 1번 선수는 1호실, 2번 선수는 2호실, 이런 식으로 투숙한 원래의 상황으로 돌아가서, 다른 방법으로 선수들을 옮겨 보자. 그러니까 이번에는 1번 선수를 2호실, 2번 선수를 4호실, 3번 선수를 6호실, 이런 식으로 방을 옮기게 한다. 예를 들어 40211번 선수는 등번호의 두 배인 80422호실로 이동하게 된다(그림11.6). 이렇게 카디널스 전원을 새 방으로 옮겼고,

그림11.6 전체 카디널스 팀원이 짝수 방에 든다.

선수들은 짝수 방을 모두 채웠다. 하지만 홀수 방은 이제 텅 비어 있다. 이제 자이언츠 1번 선수를 1호실, 2번 선수를 3호실, 3번 선수를 5호실, 4번 선수를 7호실, 이런 식으로 홀수 방에 투숙시킬 수 있다(그림11.7). 이렇게 우리는 무한한 수의 카디널스 선수들을 한 명도 거리로 내쫓지 않고 역시 무한한 수의 자이언츠 선수 전원을 투숙시킬 수 있다. 양 팀 선수들과 객실

을 1 대 1 대응시킨 것이다.

그림11.7 자이언츠 팀원이 홀수 방에 들어 모두가 각방을 쓸 수 있다.

무한대 집합을 두 배 해도 원래의 집합보다 더 커지지 않는다. 세 배, 네 배를 해도 마찬가지다. 이미 꽉 찬 호텔에 무한히 많은 새 손님이 오고, 또 와도, 여전히 "만원사례" 간판에 불을 켤 일이 없다. 정녕 무한 호텔에는 언제나 빈방이 있을 것이다……, 정말?

요는 이것이 문제다. '모든' 무한대는 크기가 동일한가? 즉, 모든 무한대 가 자연수 1, 2, 3,……의 집합과 1 대 1 대응을 할 수 있는가? 이제까지 호 텔의 방이 모자라게 하려고 별의별 수를 다 써 본 경험과 직관으로 미루어 볼 때, 무한대는 역시 무한대인 것 같다. 그러나 사실 우리가 앞서 이미 발 견했듯이, 무한대의 세계를 제대로 알기 위해서는 우리의 직관을 재훈련할 필요가 있다. 무한대를 생각할 때 우리의 직관이 얼마나 빗나갈 수 있는가 를 알아보기 위해, 무한 호텔을 떠나 무한대의 탁구공 속에서 허우적거려 보자.

탁구공 퍼즐—초광속으로 공 넣고 빼기

무한히 많은 탁구공을 병사처럼 줄지어 늘어놓았다고 하자. 공마다 번호가 적혀 있다—1, 2, 3, 4, 5……영원까지. 공은 순서대로 늘어서 있다. 실제로는 불가능해도 얼마든지 이 모습을 상상은 해 볼 수 있다. 번호가 적힌 탁구공 병사들 옆에는 초대형 통이 있다 — 이 통의 크기는 전무후무하다. 이제 상상의 세계에서만 실행 가능한 60초의 초고속 모험을 시작할 준비가 되었다(그림11.8).

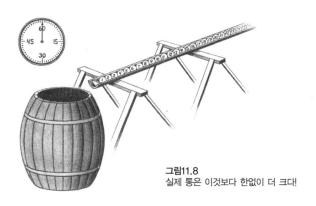

그림11.8
실제 통은 이것보다 한없이 더 크다!

타이머를 맞춘다. 빨간 초침은 0에서 시작해서 60초에 한 바퀴를 돈다. 처음에는 느긋하게 시작한다. 처음 1/2분(30초) 동안 1번부터 10번까지의 공을 통 속에 떨어뜨린 후 1번 공을 꺼내서 버린다. 30초 안에 이 정도 일을 하는 것은 어려울 것 없다.

이제 시간은 30초가 남았다. 속도를 올려 보자. 남은 시간의 절반(15초)

안에, 그다음 11번부터 20번까지 열 개의 공을 통에 넣고 2번 공을 꺼내서 버린다. 이번에는 조금 서둘러야 할 것 같지만, 아직 이건 아무것도 아니다. 남은 시간의 절반(7.5초) 안에 그다음 21번부터 30번까지 열 개의 공을 통에 넣고 3번 공을 꺼내서 버린다. 이런 식으로 계속한다. 남은 시간의 반이 지나는 동안 통 속에 그다음 번호의 공 열 개를 넣고 가장 낮은 번호의 공 한 개를 꺼내서 버린다.

이것이 어떻게 실행되는지 정리해 보자. 첫 번째로, 정해진 총 시간(60초)의 반인 30초 동안, 1~10번 공 열 개를 통 속에 넣고 1번 공을 제거한다. 두 번째로, 남은 시간의 반인 15초 동안 11~20번 공을 넣고 2번 공을 재빨리 제거한다. 세 번째로, 남은 시간의 반인 7.5초 동안 21~30번 공을 넣고 3번 공을 신속하게 제거한다. 네 번째로, 남은 시간의 반인 3.75초 동안 31~40번 공을 넣고 4번 공을 부리나케 제거한다. 이런 식으로 계속하다가 정해진 60초가 되면 실험을 끝낸다.

마지막에 가까워질수록 속도는 점점 빨라진다. 사실 거의 순식간에 속도는 음속을 돌파해서, 뭘 생각할 겨를도 없다. 곧이어 광속을 돌파한다. 이 때는 우리의 손이 보이지 않을 것이다. 사실 광속보다 이루 말할 수 없이 더 빨라진다. 그건 불가능한 일이지만, 우리 실세계의 물리적 한계는 잊어버리고 상상으로 실험을 계속해 보자.

점점 빨리 이렇게 하는 핵심 이유는 "10 넣고 1 빼기"를 무한히 해서 얼른 그 결과를 상상해 보기 위해서이다. (공을 한 번 넣고 빼는 데 1분이 걸리게끔 실험을 해 볼 수도 있겠지만, 그랬다가는 넣고 빼기를 영원토록 해야 한다. 어쨌거나 상상의 실험이니 아무래도 좋다.)

어쨌든 이 실험은 무한히 반복을 한 후 60초가 되어 끝난다. 우리는 지친다. 빛보다 빠른 속도로 움직였으니 영혼의 다리마저 후들거릴 정도다. 일단 열기를 식히고 안정을 되찾은 다음, 통 속을 들여다본다. 무엇이 보일까? 통 속에는 무한히 많은 탁구공이 들어 있을까? 한번 추리해 보라.

〈타당한 추측〉 앞서의 질문에 답하는 한 가지 방법은 이 실험을 하는 동안 통 속에 얼마나 많은 공이 남았을지 생각해 보는 것이다. 처음 30초가 지난 후 통 속에는 9개의 공이 들어 있다(10개를 넣고 1개를 뺐다). 두 번째 시간 후에는 18개가 들어 있다(10개를 더 넣고 1개를 또 뺐다). 세 번째 시간 후에는 27개가 들어 있다. 패턴이 나타나기 시작한다. 네 번째는 36개(곧, 4×9개), 다섯 번째는 45(5×9)개. 매번 통 속 공의 숫자는 9개씩 늘어난다. 따라서 이런 추측에 따르면 60초 후에는 통 속에 무한히 많은 공이 남아 있을 것 같다. 무한히 9개의 공을 더했으니까 말이다. 이 추측은 타당해 보인다.

〈통 속에 공이?〉 60초가 지난 후 통 속에 공이 들어 있다고 믿는 사람이 있다고 하자. 그래서 그는 통 속을 들여다본다. 거기 공이 있다. 뭔가 궁금해진 그는 공을 하나 꺼낸다. 궁금증은 더욱 커진다. 과연 몇 번째 공일까? 탁구공에는 번호가 적혀 있다는 것을 잊지 말라. 당연히 그가 꺼낸 공에도 번호가 있다. 우리는 그게 몇 번인지 그에게 물어본다. 대답을 기다린다. 기다린다. 그건 정말 몇 번인지 궁금하다.

4일까? 그럴 리는 없다. 4번 공은 확실히 꺼냈다는 것을 우리는 알고 있다. 네 번째로 꺼냈다. 17번일까? 그것도 아니다. 17번째에 분명히 꺼냈다.

그럼 1,009,328번은 어떨까? 천만에, 그것은 1,009,328번째에 꺼냈다. 그럼 대체 몇 번 공을 꺼냈단 말인가? "무한대"라고 말할 사람이 있을지 모르겠다. 하지만 "무한대"는 숫자가 아니다. "무한대"라고 쓰여 있는 공은 없다. 사실 이 문제의 공에 쓰일 만한 숫자는 없다. 그러나 모든 공에는 숫자가 있다. 따라서 이 경우 남아 있는 공은 없다는 얘기가 된다. 통 속은 텅 비어 있다!

〈반직관을 직관으로 만들기〉 통 속에 남은 공이 없다니 믿기지가 않는다. 말도 안 된다. 그건 정말 전적으로 우리의 직관에 어긋난다. 이런 사실은 우리의 생각을 재조정할 필요가 있다는 것을 보여 주는 예이다. 그래야만 통이 비어 있다는 정답이 우리에게 의미를 갖게 될 것이다.

직관을 계발하는 데 도움이 될 수 있도록, 시나리오를 살짝 바꿔 보자. 통 '속'에 번호가 적힌 공을 미리 '전부' 넣어 두었다고 치는 것이다. 그래서 처음 30초 동안 1번 공을 꺼낸다. 두 번째로 2번 공, 세 번째로 3번 공을 꺼낸다. 이런 식으로 영원히 되풀이한다. 이렇게 살짝 시나리오를 바꾸면, 통 속에서 공을 전부 꺼냈다는 것을 확실히 알 수 있다. 남은 시간의 반은 무한히 계속된다. 따라서 60초 후 통은 완전히 빈다. 이런 시나리오를 잘 음미해 보면, 한 번에 공을 열 개씩 넣는다는 것은 사람 헷갈리게 하는 연막에 지나지 않는다는 것을 알 수 있다. 우리가 초점을 맞추어야 할 핵심 사항은 체계적으로 공을 '전부' 꺼낸다는 사실이다.

집합들, 특히 무한집합들을 비교한 크기에 대한 우리의 직관은 1 대 1 대응을 토대로 해야 한다. 여기서 다시 우리는 남은 시간의 반이 거듭되는 횟수와 공에 쓰인 번호가 1 대 1 대응을 한다는 것을 알 수 있다. 예를 들어 37번 공은 횟수 37번째와 대응한다.

지난번의 문제—무한 호텔의 방이 모자라게 할 수 있을까?—에 대한 열쇠도 바로 이런 발상의 전환을 필요로 한다. 이 문제를 좀 더 차원 높은 수학적 어법으로 표현하면 이렇게 된다. "모든 자연수 집합의 무한대보다 더 큰 무한대가 있을까?" 무한대는 언제나 똑같은 무한대일까? 알고 보면 무한대도 속옷처럼 여러 가지 사이즈가 있는 건 아닐까? 신비주의자, 무당, 영매, 심지어 재단사에게 물어본다 한들 믿기지 않는 이 수수께끼를 속 시원히 파헤치는 데는 도움이 안 될 것이다. 우리가 믿을 거라고는, "같은 크기"란 "1 대 1 대응"을 뜻한다는 기본적인 개념 하나뿐이다.

〈파악할 수 없는 것을 파악하기〉 반직관적인 수수께끼는 많지만, 무한대에 대해 한 가지는 확실하다. 이제 우리는 좀 더 직접적인 방법으로 무한대를 다룰 수 있게 되었다는 것이다. 처음에 우리는 이해할 수 없는 것에 대한 막막한 느낌만으로 무한대의 세계를 탐험해서 구체적인 개념을 얻기에 이르렀다. 간단하고 익숙한 5라는 개념부터 시작한 우리는 이제 무한대를 다룰 수 있는 열쇠를 발견했다. 그 열쇠는 손가락 맞대기라는 아이들 놀이에 지나지 않는 것이었지만, 그것은 결정적인 열쇠이다. 1 대 1 대응을 시킨다는 간단한 개념의 쓰임새는 무궁무진하다. 우리는 모호한 세계에 바로 뛰어들어 탐구하고 싶은 충동을 누르고, 간단하고 익숙한 것을 깊이 이해하는 데 초점을 맞추는 것의 위력을 알게 되었다.

Chapter
더 큰 것을 찾아서

무한대 너머로의 여행

작은 것들 가운데 가장 작은 것은 없고
큰 것들 가운데 가장 큰 것은 없다.
그러나 더 작은 것, 더 큰 것은 언제나 있다.

— 아낙사고라스

'보나마나……' 아이가 "더 큰 수 대기" 놀이를 하며 공인회계사에게 문의할 일은 없다. 우리가 "십"을 대면, 아이는 자신 있게 "십일"을 댄다. 계속하자는 아이한테 들볶인 끝에 "이천 팔"을 대면, 아이는 전혀 뜸을 들이지 않고 대뜸 "이천 구!"하고 외친다. 새싹 수비학자數秘學者의 열정에 휘말려 머리가 지끈거릴 무렵, 마침내 우리는 이 축제를 끝낼 결정타를 날린다. "무한대" 하고 의기양양하게 말하는 것이다. 그러자 우리의 어린 적은 숨 돌릴 겨를도 없이 "무한대 더하기 일!" 하고 씩씩하게 외친다. 우리는 씩 웃으며, 무한대에 1을 더해 봐야 원래보다 눈곱만큼도 커지지 않는다고 설명해 준다. 사실 무한대에 무한대를 더한다 해도 크기가 늘어나지 않는다는 것을 우리는 알고 있다. 우리의 직관에 따르면, 무한대는 그 사이즈가 엑스엑스엑스……라지(XXX……L)이다. 게임 오버.

'놀랍게도……' 아이가 충분히 조숙했다면, 이 게임은 결코 끝나지 않았을 것이다. 사실 '영원히' 계속할 수 있다. 왜냐하면 자연수와 마찬가지로 무한대는 크기가 점점 커지기 때문이다. 무한대라고 다 같은 무한대가 아니다!

무한대 너머의 세계를 찾아서

일단 무한대에 이르면 볼 거 다 봤다고 생각할 사람이 있을지 모르겠다. 그보다 더 큰 것을 찾아봐야 헛일이라고 말이다. 무한대가 이해할 수 없는 것, 모든 것을 수용하는 모든 것이라고 생각할 때는 그럴 법도 하다. 무한한 것과 비교를 한다는 것은 터무니없는 짓이다. 무한대에는 모든 것을 담고 있으니까. 그저 모호하게 무한대를 "궁극의 크기"라고 볼 때에는, 그보다 더 큰 것은 없을까 하고 묻는다는 게 멋쩍은 노릇이다.

그러나 이제 우리는 무한대가 한결 익숙해졌다. 친해졌다고까지 말할 수도 있다. 무한대 집합이 이제는 수수께끼 같지만은 않다. 우리는 무한히 많은 탁구공을 단 하나도 빠뜨리지 않고 주물럭거려 보았고, 샴푸를 도난당할 걱정도 전혀 하지 않고 무한히 많은 객실을 운영해 보기까지 했다. 무한 집합들을 비교해 보았고, 그것들을 곰곰 음미해 보기도 했다. 어쩌면 이제 우리는 일견 불가능해 보이는 다음 질문에 답할 수 있을지도 모른다. 무한대보다 더 큰 것은 없을까? 즉, 모든 무한대 집합들은 크기가 같을까?

1 대 1 대응에 스포트라이트를

모든 무한대는 크기가 동일한가? 수학적으로 말해서, 모든 무한대는 농도가 같은가를 묻는다는 것은 실은 이런 뜻이다. "두 개의 무한집합이 있을 때, 그것들은 항상 1 대 1 대응을 시킬 수 있는가?"

이제까지 우리가 만난 무한대는 자연수 집합과 성공적으로 1 대 1 대응을 시킬 수 있었다. 그러나 이제 자연수 집합보다 '더 큰' 집합을 묘사해 보겠다. 즉, 새로운 이 집합의 원소는 자연수 집합의 원소와 1 대 1 대응을 시킬 수 없다는 것을 증명해 보겠다. 자연수 집합이 먼저 고갈될 것이다. 따라서 새로운 이 집합은 모든 자연수 집합이라는 무한대보다 사실상 더 크다!

자연수로는 새로운 이 집합과 1 대 1 대응을 시킬 수 없다는 것을 이해하기 위해 아주 간단한, 하지만 복잡한, 실은 무한히 복잡한 놀이 한 가지를 해 보자.

피구

두 사람이 필기구를 가지고 하는 피구 놀이가 있다. 갑돌이와 을숙이가 이 피구를 한다고 하자. 두 사람의 놀이판은 모양이 다르다(그림12.1). 둘이 번갈아 가며 여섯 번 맹렬히 머리를 굴려서 빈칸에 O나 X를 채우는데, 그 내용을 서로에게 항상 공개한다.

간단한 연습을 해 본 뒤, 갑돌이가 먼저 첫 줄 여섯 칸에 O나 X를 써넣는

그림12.1

피구 놀이
갑돌이의 피구판

1					
2					
3					
4					
5					
6					

을숙이의 피구판

1	2	3	4	5	6

다. 그러면 을숙이는 잘 헤아려 보고 첫 칸 하나에 O나 X를 써넣는다(그림 12.1a).

두 번째 차례가 되어 갑돌이는 뒷머리를 긁적거리다가, 자기가 생각한 O 와 X를 둘째 줄 여섯 칸에 써넣는다. 을숙이는 갑돌이의 수를 잘 읽고서 자 기 피구판의 두 번째 칸에 O나 X 중 하나를 써넣는다(그림12.1b). 갑돌이와 을숙이는 이렇게 번갈아 가며 계속한다. 매번 갑돌이는 한 줄 여섯 칸을 모 두 채우고, 을숙이는 한 칸만 채운다(그림12.1c~e). 두 사람은 각자 여섯 번 표기를 하는데, 갑돌이가 여섯 번째 줄을 채우고 을숙이가 한 줄을 다 채 우면 한 판이 끝난다(그림12.1f).

그런데 누가 이겼을까? 갑돌이가 이기려면 여섯 줄 가운데 한 줄이 을숙

그림12.1a

피구 놀이
갑돌이의 피구판

첫 줄 여섯 칸을 채운다.

을숙이의 피구판

O나 X 하나를 써넣는다.

이의 OX와 일치하면 된다. 즉, 일련의 OX 표기가 순서대로 일치하면 갑돌이가 이긴다. 갑돌이의 피구판 상하의 줄이나 대각선 줄은 아무런 의미도 없다. 을숙이는 자신의 OX표기가 갑돌이의 여섯 줄 가운데 어느 줄과도 일치하지 않게 만들어야 이긴다. 즉, 갑돌이의 표기를 피해야 이긴다.

이것을 아주 따분한 놀이라고 생각하는 사람도 있다. 묘수를 찾기 위해 체스 챔피언 바비 피셔에게 물어볼 일이 없기 때문이다. 하지만 이 피구가 체스보다 훨씬 더 단순하긴 하지만, 그래도 아주 오묘한 데가 있다. 이것은 우리를 다른 차원의 무한대로 이끌어 줄 것이다.

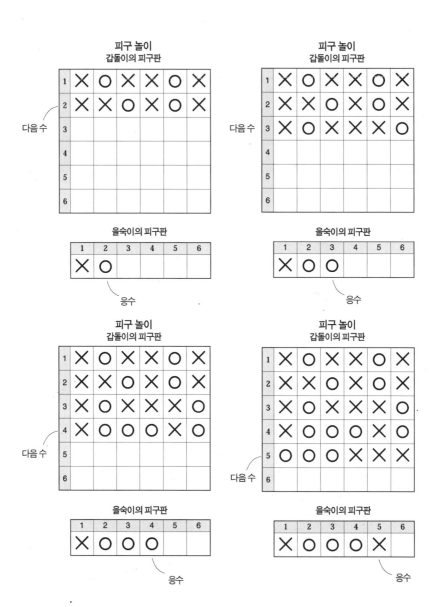

그림12.1b~e

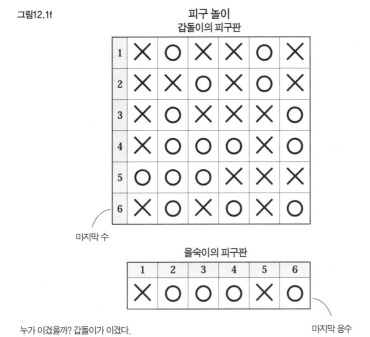

그림12.1f

피구 놀이

갑돌이의 피구판

1	X	O	X	X	O	X
2	X	X	O	X	O	X
3	X	O	X	X	X	O
4	X	O	O	O	X	O
5	O	O	O	X	X	X
6	X	O	X	O	X	O

마지막 수

을숙이의 피구판

1	2	3	4	5	6
X	O	O	O	X	O

마지막 응수

누가 이겼을까? 갑돌이가 이겼다.

을숙이가 항상 이길 수 있는 방법

을숙이가 이길 수 있는 전략을 알아차리는 데는 그리 오래 걸리지 않는다. 그저 갑돌이가 쓴 것과 반대되는 것을 쓰기만 하면 된다. 즉, 갑돌이가 첫 줄을 쓰면, 을숙이는 그것을 보고 나서, 갑돌이가 첫 칸에 O를 썼으면 X를, X를 썼으면 O를 쓴다. 그렇게 하면 갑돌이의 첫 줄은 을숙이의 것과 결코 일치하지 않게 된다. 일단 첫 칸부터 다르니까 말이다. 그런 다음 갑돌이가 두 번째 줄을 쓰면, 을숙이는 갑돌이가 두 번째 줄 두 번째 칸에 쓴 것을 보고, 그것과 반대되는 것을 두 번째 칸에 써넣는다. 이런 식으로 계속하면 을숙이가 반드시 이기게 된다.

이 놀이는 사실 너무 단순해서 재미와는 거리가 멀다. 모노폴리 게임(땅따먹기를 해서 상대를 파산시키면 이기는 게임 : 옮긴이) 판을 만들어서 떼돈을 번 파커 형제가 이 피구판도 만들겠다고 덤빌 것 같지는 않다. 그러나 우리 목적을 위해서는 이런 단순성이 여간 요긴한 게 아니다. 이 놀이에는 주목할 만한 특징이 한 가지 있다. 그건 을숙이의 승리 전략이 6×6 피구판에만 적용되는 게 아니라, 그 어떤 크기의 피구판에도 다 적용이 된다는 점이다. 8×8 피구판(그림12.2)의 경우에는 전략이 바뀌어야 할까? 그렇지 않다. 을숙이는 동일한 전략으로 승리를 거둘 수 있다. 그런데 이런 우스꽝스러운

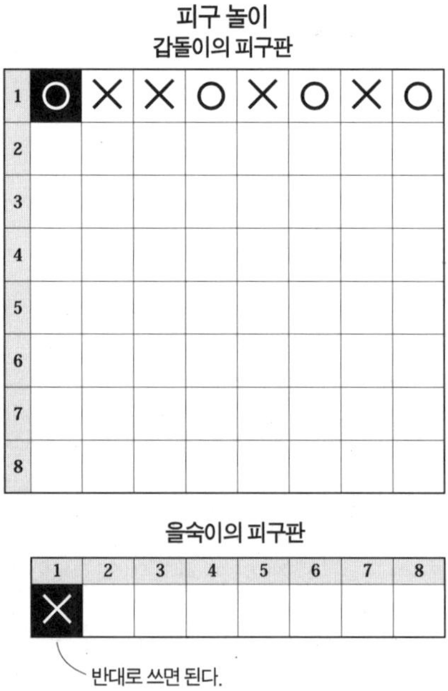

피구 놀이
갑돌이의 피구판

1	O	X	X	O	X	O	X	O
2								
3								
4								
5								
6								
7								
8								

을숙이의 피구판

1	2	3	4	5	6	7	8
X							

↖ 반대로 쓰면 된다.

그림12.2 을숙이는 앞서의 승리 전략을 그대로 사용하면 이길 수 있다.

놀이가 무한대의 크기와 무슨 관계가 있는 것일까?

무한대 피구

이제 이 피구판에서 추상의 세계로 장대높이뛰기를 할 때가 되었다. '무한한' 피구판에서 이 피구를 하면 어떻게 될까? 이 피구판에는 자연수만큼 무한히 많은 줄이 있고, 무한히 많은 칸이 있다(그림12.3).

이 피구를 영원히 계속한다고 상상해 보자. 처음에 갑돌이가 무한한 OX로 첫 줄을 채우면, 을숙이는 무한한 칸의 첫 칸 하나만 채운다. 갑돌이가

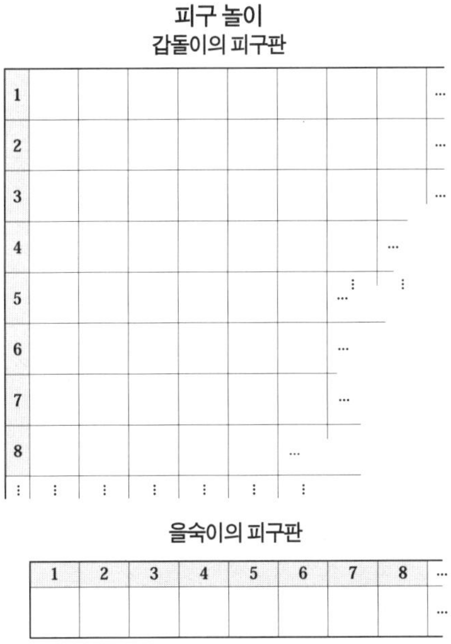

피구 놀이
갑돌이의 피구판

1							⋯	
2							⋯	
3							⋯	
4						⋯		
5					⋮ ⋯			
6					⋯			
7					⋯			
8				⋯				
⋮	⋮	⋮	⋮	⋮	⋮			

을숙이의 피구판

1	2	3	4	5	6	7	8	⋯
								⋯

그림12.3 무한한 피구판

두 번째 줄을 채우면 을숙이는 두 번째 칸을 채우고, 이런 식으로 영원히 계속한다.

을숙이가 6×6판에서 사용한 전략을 똑같이 사용할 경우 어떻게 될까? 무한히 많은 OX 표기가 끝나길 기다릴 수 있다면, 을숙이의 무한히 긴 한 줄 표기가 갑돌이의 어느 줄과도 일치하지 않는다는 것을 알 수 있을 것이다. 을숙이의 표기는 갑돌이의 첫째 줄과 같지 않다는 것을 금방 알 수 있다. 첫째 칸 표기부터 서로 다르기 때문이다. 마찬가지로 을숙이의 표기는 갑돌이의 둘째 줄과도 다를 것이다. 갑돌이의 둘째 줄 둘째 칸이 을숙이의 둘째 칸과 다르기 때문이다. 갑돌이의 여러 줄 가운데 을숙이의 것과 일치하는 것은 하나도 없다. 이렇게 을숙이는 갑돌이의 무한 공격을 모두 피했다(그림12.4).

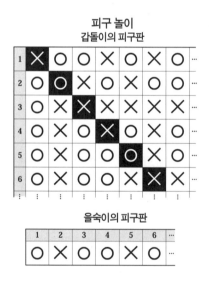

피구 놀이

그림12.4 을숙이가 모두 피해서 이겼다.

물론 이 놀이에는 끝이 없다고 말할 사람이 있을 것이다. 둘이 무한히 계속 표기를 해야 하니까 말이다. 그러나 탁구공 수수께끼의 경우와 마찬가지로, 초현실적인 속도로 60초 만에 무한 표기를 다 마친다고 하자. 그러면 1분 만에 놀이는 끝나고, 결국 승리를 거둔 을숙이는 재미를 붙여서 이제 어쩌면 돈 내기를 하자고 덤빌지도 모른다.

이 놀이는 너무 빤해 보이지만, 그 함축 의미는 놀랍도록 깊을 뿐만 아니라 대단히 반직관적이다. 이 놀이를 살짝 바꾸어 생각해 보자. 을숙이가 한 칸도 메우기 전에 갑돌이가 무한히 많은 모든 줄과 칸을 채워 버렸다고 하자. 그런 다음 을숙이는 갑돌이가 표기한 것을 보고 그것과 다른 표기를 하려고 한다. 물론 그것은 가능하다. 갑돌이의 피구판 대각선, 곧 첫 줄의 첫 칸, 둘째 줄의 둘째 칸, 셋째 줄의 셋째 칸……을 보고, 그것과 반대로 표기하는 앞서의 승리 전략은 여전히 유효하다. 을숙이는 이번에도 거뜬히 승리를 거둔다. 이 놀이가 갑돌이에게는 불공정해 보인다. 을숙이가 어떤 표기도 하기 전에 먼저 모든 표기를 다 해야 하기 때문이다. 갑돌이는 만년 패배만 해야 할까?

갑돌이의 유력한 승리 전략

딱한 갑돌이의 입장에서 생각해 보자. 갑돌이는 나중에 을숙이가 표기하게 될 것과 똑같은 줄을 만들려고 필사적으로 머리를 굴린다.

그래서 갑돌이는 다음 같은 흥미진진한 전략을 떠올렸다. "을숙이가 내

것과 똑같은 표기를 할 수밖에 없게 만드는 방법은 일련의 가능한 모든 OX를 미리 표기하는 것이다. 그러면 을숙이가 그 어떤 식으로 표기를 하든 반드시 내 것 하나와 일치하게 될 것이다." 바꿔 말하면, 수백만 달러를 들여서(한국에서라면 90억 원 가까이 들여서 : 옮긴이) 모든 번호의 로또복권을 다 사버리는 것과 같다. 그러면 무조건 하나는 1등 당첨이 될 수밖에 없다.

일견 이것은 필승 전략처럼 보인다. 어차피 갑돌이한테는 그 어떤 표기라도 할 수 있는 무한히 많은 줄과 칸이 있지 않은가. 그래서 갑돌이가 이 전략을 사용하면 마침내 승리를 거둘 수 있을까?

갑돌이가 배열 가능한 일련의 모든 OX를 표기할 수 있다고 하자. 그것이 정말 가능하다면, 을숙이는 피해 갈 길이 없을 것이다.

고갈 전략으로 고갈이 안 되는 이유

을숙이는 여유만만하다. 갑돌이가 어떻게 표기를 하든 을숙이의 반응은 한결같다. 을숙이는 갑돌이의 무한한 모든 줄의 표기를 피해 갈 수 있다. 사실 그렇게 피해 가기만 하면 된다. 그래서 갑돌이의 피구판을 쓱 보고, 그것도 대각선으로만 보고, 갑돌이의 표기와 반대로 써 주기만 하면 된다. 을숙이의 승리 전략은 갑돌이의 고갈 전략이 안 통한다는 것을 여실히 보여준다. 다시 말해서, 피구판은 끝이 없지만 그것으로 충분치가 않다.

갑돌이가 무한한 피구판을 다 채웠을 때, 그 OX 줄들은 어떤 집합일까? 각 줄의 번호 1, 2, 3, 4, 5……와 무한한 OX 목록은 서로 짝을 이룬다. 즉,

자연수 하나가 한 줄의 무한한 OX 목록과 짝을 이룬다.

무한대라고 다 같은 무한대가 아니다

을숙이의 승리 전략이 통한다는 것은, 배열 가능한 모든 OX 줄과 자연수를 1 대 1 대응시킬 방법이 없다는 것을 뜻한다. 다시 말하면, 배열 가능한 OX 목록의 집합은 줄 수의 집합(곧 자연수 집합)보다 '더 크다.' 그것을 명백히 증명하는 것이 바로 을숙이의 대각선 전략이다. 을숙이는 언제든 새로운 OX 목록을 추가할 수 있다.

무한대보다 더 큰 무한대가 있다는 이런 사실은 너무나 놀라워서 살짝 다른 각도에서 다시 살펴볼 필요가 있다. 배열 가능한 OX의 목록이라는 무한집합은 자연수의 무한집합보다 더 크다. 이러한 사실은 OX 집합이 자연수 집합과 1 대 1 대응을 하고도 남는다는 사실을 통해 앞서 증명이 되었다. 자연수 집합만큼 무한히 많은 그 어떤 OX 배열 목록을 만들어도, 대각선의 OX만 반대로 바꾸면 언제든 새로운 목록을 추가할 수 있고, 그렇게 추가한 목록은 자연수와 1 대 1 대응을 시킬 수 없다.

모든 무한집합들을 1 대 1 대응시킬 수는 없다. 특히 앞서 살펴본 두 무한집합(배열 가능한 모든 OX 목록 집합과 자연수 집합)의 크기는 서로 다르다. 무한대라고 해서 크기가 다 같은 것이 아니다. 수학적 어법으로 말하면, 배열 가능한 OX의 끝없는 목록 집합의 농도는 자연수 집합의 농도와 다르다. 무한대보다 더 큰 무한대가 있다!

잠깐 쉬면서

우리 저자는 이쯤에서 훤한 공란을 남겨 두려고 했다. 독자께서 잠깐 쉬면서 무한대 피구의 의미를 음미할 필요가 있을 것 같았기 때문이다. 논리의 각 단계는 어려운 데가 없지만, 그 결과는 너무 엄청나서 쉽게 삼킬 수가 없다. 우리는 승리 전략이 빤한 시시한 놀이로 시작해서, 몇 단계를 거친 후 우리는, 아니 이런, 무한대 너머로 훌쩍 날아갔다!

우리의 논리에는 잘못이 없고, 독자 누구나 쉽게 이해할 수 있는데, 그 결과는 받아들이기가 쉽지 않다. 무한대의 크기가 한 가지가 아니라는 것을 1800년대 후반에 게오르크 칸토어가 증명했을 때, 수학자들은 믿으려고 하지 않고 거센 논란에 휩싸였다(무한대 너머에 더 큰 무한대가 있다는 것을 알게 된 칸토어 자신도 친구에게 보낸 편지에서 "그것을 알지만 믿기지 않는다."고 실토했다 : 옮긴이). 결국 수학 전쟁이 일어날 정도였는데, 그런 전쟁이 이때가 처음은 아니었지만, 논쟁은 인신공격을 가할 정도까지 격화되었고, 칸토어는 미쳐서 정신병동에 수용되었다. 오늘날에는 다행히도 무한대의 크기가 다양하다는 것을 잘 이해할 수 있다. 하지만 그런 사실은 워낙 놀라워서 적어도 두어 가지는 더 살펴볼 가치가 있다.

자연수와 1 대 1 대응을 시키는 것이 불가능할 정도로 커다란 다른 무한 집합을 발견하기 위해, 무한 호텔을 청소한다는 뜨악한 일에 정면으로 맞부딪쳐서 죽어라고 시트를 세탁기에 던져 넣어 보자.

농도 클리너

이제 무한 호텔로 다시 돌아가서, 무한 호텔이라는 세계의 숱한 도전과 경이 가운데 하나를 발견해 보자. 우리의 무한 호텔에는 1, 2, 3, 4, 5……라는 객실 번호가 붙어 있다는 것을 기억할 것이다. 그렇게 방이 많으니 청소해야 할 방도 그만큼 많다. 그래서 무한 호텔은 청소대행 업체인 농도 클리너와 계약을 했다. 호텔 객실에 쉴 새 없이 손님이 드는 것은 아니니까, 호텔 지배인은 아침마다 농도 클리너에 청소해야 할 객실을 일러 준다. 예를 들어 어느 날은 짝수 방만 청소를 하고, 어느 날은 1, 2, 3, 17, 307호실만 청소를 한다.

충분히 짐작이 가겠지만, 무한 호텔을 청소하려면 고도로 숙달된 청소 전문가가 필요하다. 농도 클리너는 청소 전문가를 불렀다. 사실 그들은 특정 방 집합을 전담하고 있다. 모든 짝수 방을 청소할 때 부르는 사람이 있고, 2호실과 12호실만 제외한 모든 짝수 방을 청소할 때 부르는 사람이 따로 있다. 그리고 2, 4, 8, 16, 32, 64……호실을 청소할 때만 부르는 사람도 따로 있다. 1, 2, 6, 1007, 20149호실 등 다섯 객실을 청소할 때만 부르는 사람도 따로 있다. 최악의 일을 하는 사람은 '모든' 객실을 청소해야 할 때 호출당하는 사람이다. 그리고 어떤 방도 청소할 필요가 없을 때 호출되는 행운의 전문가도 따로 있다.

다시 말해서, 청소해야 할 특정 방들의 목록이 주어지면, 그 이상도 이하도 아닌 정확히 그 방들만 청소하기 위해 호출되는 사람이 한 명씩 있다. 청소를 하는 사람은 하루에 딱 한 명뿐이다. 농도 클리너의 각 청소 전문가는 청소해야 할 방들의 가능한 모든 조합을 하나씩 전담하고 있다. 청소 방식 치고는 좀 우스꽝스러워 보이긴 한다. 호텔 측에서는 각방마다 청소원을 한 명씩 두고, 그 방만 청소하게 하는 게 나을 거라고 생각하는 사람도 있을 것이다. 그러나 그게 더 나을지 나쁠지는 덮어 두고, 농도 클리너가 채택한 이 가상의 사업 방식—하루에 한 사람만 일한다는 것—을 그대로 수용하기로 하자.

연말 보너스

이 업무 부담은 너무나 불공정하다(23, 48, 102, 100034567호실만 청소하는 사람은 모든 홀수 방을 청소해야 하는 사람과 차마 눈을 마주치지 못한다). 그런데도 농도 클리너의 청소원들은 행복하다. 행복이 절정에 이르는 것은 12월 휴가철이다. 그때 농도 클리너 사주는 무한 호텔의 모든 방을 예약해서, 모든 청소원들에게 연말 보너스로 호텔에서 일주일 동안 묵게 한다. 이런 파격적인 보너스는 호텔 접대의 한계에 도전한다 — 모든 청소원이 각방을 써야 한다. 그들이 모두 호텔 행사장에 도착했고, 객실로 향하기 전에 달걀술을 한 잔씩 대접받았다. 그리고 호텔 접수계원에게 객실을 요구하자, 계원의 이마에서 구슬땀이 흐르기 시작한다. 이 많은 사람을 어디에 어떻게 투숙시킬 것인가?

어떤 청소원에게는 1호실을 주고, 어떤 이에게는 2호실, 또 다른 이에게는 3호실을 준다. 이렇게 계속하는데, 반드시 각방을 주어야 한다는 것을 잊으면 안 된다. 그러기로 다짐을 받았고, 충분히 각방을 쓸 자격도 있으니까. 그래서 접수계원은 각 청소원에게 객실을 하나씩 내주려고 하지만, 모든 사람을 투숙시키기 전에 객실이 다 차 버릴 것만 같다. 호텔에는 무한히 많은 방이 있기 때문에, 접수계원은 손님이 오는 족족 누구나 투숙을 시키는 데 익숙하지만, 이번에는 여간 곤혹스럽지 않다. 막상 방을 배정하면 어쩐지 방이 모자랄 것만 같은 것이다. 어째서 이런 일이? 뒤로 돌아가서 우리 청소원들에 대해 좀 더 알아보자.

청소원들과 피구하기

모든 청소원들에게는 물론 이름이 있고, 농도 클리너의 지배인은 이름을 다 알고 있다. 그러나 전형적인 미국 회사답게 각 청소원들에게는 식별 번호가 있다. 각 청소원이 담당하는 객실의 집합으로 식별 기호를 만들 수 있는데, 그 집합은 일련의 OX로 나타낼 수 있다. O든 X든, 첫 번째 기호는 1호실, 두 번째 기호는 2호실을 나타내고, 이것은 무한대까지 이어진다. 그 객실을 청소해야 한다면 O, 청소하지 않는다면 X로 나타낸다. 그래서 예를 들어 OXOXOXOXOXOXOXOX……라는 기호의 청소원은 모든 홀수 방을 청소한다. 또 OOXOXXOXXXXXXXX……라는 기호의 청소원은 1, 2, 4, 7호실만 청소한다.

이제 무한 호텔이 청소원으로 가득 찼다고 해 보자. 누가 어디에 묵었을까? 1, 2, 3, 4……등 자연수의 객실 번호를 아래로 먼저 기록하고, 각방에 누가 투숙했는지 각 청소원의 OX 기호를 앞서의 피구판처럼 기록해 보자. 을숙이가 무한대 피구에서 승리하기 위해 사용한 대각선 전략에 따르면, 어떤 방에도 투숙하지 못한 청소원의 기호를 알아낼 수 있다. 즉, 무한대 피구에서처럼 대각선의 각 OX 기호를 반대로 바꾸면 이 호텔에 투숙하지 못한 청소원의 기호가 되는 것이다. 이 청소원은 거리에서 떨고 있다. 딱한 이 사람을 그야말로 "거리의 청소원"이라고 불러야 할지도 모르겠다(그림 12.5).

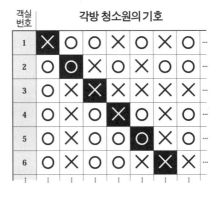

그림12.5

명백히 방을 얻지 못한 청소원의 "이름"

   피구 승리 전략에 따르면 접수계원이 어떻게 방을 배정하든 간에 방을 얻지 못한 청소원이 항상 한 명은 있다. 따라서 두 집합은 1 대 1 대응을 시키는 것이 불가능하므로, 농도 클리너의 청소원 집합이 자연수(객실 수) 집합보다 더 크다는 것을 알 수 있다. 접수계원은 모든 청소원에게 방을 배정하려는 어떤 시도를 해도 항상 실패할 수밖에 없다. 어떻게 방을 배정하든 최소한 한 명의 청소원은 거리에서 떨어야 한다. 즉, 무한 호텔의 객실 수보다 농도 클리너의 청소원 수가 더 많다는 냉혹한 결론에 이르게 되는 것이다.

이것을 좀 더 수학적으로 표현하면, 자연수의 가능한 모든 집합들의 집합(특정일에 청소해야 할 가능성이 있는 모든 객실의 집합)과 자연수(객실 수)의 집합은 1 대 1 대응을 하지 않는다.

또 다른 크기의 무한대

무한대라고 다 같은 무한대가 아니라는 사실을 이렇게 또 다시 발견하게 되었다. 그러니까, 농도 클리너의 청소원 집합은 무한 호텔의 객실 집합보다 확실히 더 크다. 객실 집합이 무한대인데도 말이다. 이 두 집합을 1 대 1 대응시키는 것은 불가능하다. 어떤 무한대들은 다른 무한대들보다 더 크다.

농도 클리너 회사에서 뭔가 속이는 게 있다고 생각할 사람이 있을지 모르겠다. 장담컨대 그렇지 않다. 이제까지의 아기자기한 이야기를 통해, 무한대라고 해서 그 크기가 다 동일한 게 아니라는 사실이 결정적으로, 명백히 증명되었다. 무한대에도 여러 가지 크기가 있다는 것은 극적이고 반직관적이고, 깊은 사고를 필요로 한다. (우리가 틀렸다는 것을 증명하려고 하는 것은 독자 마음이지만, 그래서는 결코 축배를 들지 못할 것이다.)

직선상의 수

무한대가 우글거리는 "실세계"를 생각해 내기도 어렵지는 않지만, 수학 세계에 무한대는 자연스럽게 늘 가까이 있다. 초등학교 시절의 수數직선만 돌이켜 봐도 무한대를 만날 수 있다. 어린 시절 수학의 기억(혹은 악몽)을 돌이키고 싶지 않은 독자라면 이번 단락은 읽지 않고 그냥 넘어가도 무방하다.

수직선상의 모든 수는 소수점으로 나타낼 수 있는데, 이 수들을 '실수real number'라고 부른다. 그중에서도 0과 1 사이의 수인 소수에 초점을 맞춰 보자. 0과 1 사이의 소수는 $0.50000\cdots\cdots$이나 $0.001237733\cdots\cdots$ 혹은 $0.1234678910111213141516\cdots\cdots$처럼 0으로 시작해서 소수점을 찍고 그 뒤에 무한히 긴 수가 이어진다. 소수점 다음의 무한히 긴 자리의 수는 0과 1 사이의 단 하나의 실수, 곧 수직선상의 단 하나의 점을 나타낸다.

소수decimal numbers와 자연수counting numbers는 1 대 1 대응을 할까? 그러니까, 자연수(1, 2, 3, 4……)가 기록된 탁구공이 한 통 있고, 소수($0.3456351\cdots\cdots$, $0.123123144\cdots\cdots$ 따위)가 기록된 골프공이 한 통 있다고 하면 질문은 이렇게 된다. "탁구공과 골프공을 1 대 1 대응시킬 수 있을까?"

대응시킬 수 없다. 그 이유는 피구 승리 전략의 경우와 같다. 모든 탁구공을 골프공과 짝지었다고 하자. 그래서 탁구공 1은 특정 소수와 짝을 짓고, 탁구공 2는 다른 소수와 짝을 짓는 식으로 계속한다. 이것을 표로 만들어 탁구공 번호는 왼쪽 칸에 쓰고, 골프공 번호는 오른쪽 칸에 써서 짝을 지을 수 있다(그림12.6).

이들 두 집합 간에 1 대 1 대응이 이루어졌다면, 모든 골프공이 사용되었

탁구공 자연수	골프공 소수
① ←————————→	0.3629417...
② ←————————→	0.5763129...
③ ←————————→	0.1588342...
④ ←————————→	0.0051062...
⋮	⋮

표12.6 1 대 1 대응 시도

을 것이다. 그러나 피구 전략의 관점에서 볼 때 그리기는 불가능하다. 아직도 짝짓기를 기다리는 골프공이 무한히 많이 남아 있다. 예를 들어 어떤 번호의 골프공이 남아 있는지 증명하는 것은 피구 승리 전략에 따르면 된다. 표12.6의 골프공 번호를 크기 순서대로 분류할 필요도 없이, 목록을 대각선으로 읽고 각 자리의 수를 다른 수로 바꾸어 주면 결코 목록에 존재하지 않는 수가 만들어진다. 소수(수직선상의 수)가 자연수보다 더 많다는 것은 이렇게 간단히 증명이 된다.

크기가 다른 무한대가 무한히 많다

일단 무한대의 크기가 다르다는 사실을 알고 난 뒤에는 이런 질문이 떠오른다. "그런 무한대가 더 있을까?" 우리는 자연수와 1 대 1 대응을 하지 않는 무한대들을 발견했다. 예를 들어 농도 클리너의 모든 청소원들 집합이 그것이다. 그런데 그보다 더 큰 무한 집합을 찾을 수 있을까? 농도 클리너의 청소원들 집합보다 더 큰 집합을 발견할 수 있을까?

그렇다. 농도 클리너의 청소원들은 무한 호텔이 그들에게 너무 작다는 것을 알고, 모두 짐을 챙겨 버스에 올랐다. 상상 가능한 막강한 크기의 버스를 타고, 그랜드 농도 호텔이라는 더 큰 호텔을 찾아 길을 떠났다. 웅장한 이 새 호텔에는 믿기지 않을 만큼 무한히 많은 청소원들과 정확히 똑같은 수의 객실이 있다. 청소원들은 이 호텔에서 휴일을 즐겼다. 그런데 객실 번호는 모두 소수(小數)로 되어 있다. 자연수보다 훨씬 더 많은 객실이 있었기 때문이다. 물론 이 호텔에는 룸서비스가 없다. 몇 호실인가를 한 번 말하는 데 영원한 시간이 걸리기 때문이다. "룸서비스인가요? 주문할 게 있는데, 여기가 몇 호실이냐 하면, 0.542333893736597222905765067444859587464845859595……." 투숙객은 정확한 객실 번호를 반의반도 다 말하기 전에 굶어 죽을 것이다.

농도 클리너의 청소원 가운데, 유난히 청소에 관심이 많은 사람이 지배인에게 묻는다. 그랜드 농도 호텔은 객실 청소를 어떻게 하느냐고. 매니저는 무한 호텔처럼 외주를 준다고 답한다. 즉, 무량 클리너라는 청소대행 업체에 청소를 맡긴다. 지배인은 매일 아침 전화를 해서 어느 방을 청소할 것인지만 말하면 된다(말할 수 있다고 하자). 그러면 무량 클리너에서 대단히 헌신적인 청소원 한 명을 보낸다. 그는 그 방들의 집합만을 청소하는 전문가다.

이쯤 되면 독자도 감을 잡을 것이다. 앞서 무한 호텔에 묵으려고 했던 농도 클리너의 청소원들 경우와 똑같은 과정을 거치면, 우리는 무량 클리너의 청소원들 수가 그랜드 농도 호텔의 객실 수보다 더 많다는 것을 알 수 있다. 이런 식으로 우리는 더욱 큰 호텔이 무한히 많다는 것을 알 수 있고, 청소를 맡은 호텔의 객실 수보다 더 많은 청소원 집합도 무한히 많다는 것을 알 수 있다. 이러한 사실을 통해 우리는 무한대 너머에 더 큰 무한대가 무한히 많다는 통찰을 얻을 수 있다.

가장 큰 무한대도 있을까? 우리는 모든 무한대들의 어머니 무한대, 말 그대로 모든 것을 포함하는 무한대에 이를 수 있을까?

"없다"는 것이 정답이다. 왜? 모든 무한대들의 어머니 무한대와 동일한 수의 객실이 있는 호텔을 앞서의 방식대로 청소한다고 생각해 보라. 그 청소원들은 너무 많아서 그 호텔에서 다 묵을 수가 없다. 그 어떤 무한대라도 그보다 더 큰 무한대가 있다.

새로운 아이디어를 얻는 전략

우리는 아주 간단한 개념으로 시작해서 가능한 한 마음을 활짝 열고 간단한 개념을 깊이 생각해 봄으로써 무한히 많은 무한대가 있다는 것을 알 수 있었다. 습관적으로 그런 식으로 생각하는 것은 주효했고, 새로운 아이디어를 얻는 데 강력한 힘을 발휘했다.

이번 경우, 우리는 1 대 1 대응을 시킴으로써 두 집합을 비교한다는 아이디어에 초점을 맞추었다. 그다음 그런 새로운 관점의 결과를 집요하게 파고들었다. 그래서 우리는 1 대 1 대응을 시킬 수 있는 여러 집합들을 탐구했다. 예를 들어 무한 호텔의 객실 수와, 그보다 크기가 두 배인 것처럼 보인 두 야구팀이 그것이다. 그런 다음 우리는 대응을 시킬 수 없는 집합들을 발견했다. 피구판에 배열 가능한 OX 목록 집합(자연수 1, 2, 3, 4……와 1 대 1 대응을 시킬 수 없는 집합)이 그것이다. 이런 결과는 사실인데도 처음에는 반직관적으로 보여서 받아들이기 어려웠다. 우리가 처음 추리한 것과 결과가 엇갈릴 때에는 올바른 결과라도 받아들이기가 쉽지 않다. 우리가 일상생활에서 허구한 날 맞닥뜨리는 최대의 도전이자 과제는 바로 이것이 아닐까? 언제나 열린 마음으로 산다는 것.

끝머리 생각

수학은 우리의 정신을 자유롭게 하는 오락이다. 우리는 현실의 제약을 훌훌 털어 버리고 수학 세계에서 자유롭게 노닐 수 있다. 수학은 사고 가능한 것, 상상 가능한 것, 꿈꿀 수 있는 것에 관한 것이다. 수학은 우리를 새로운 진실로 이끈다. 단순한 개념의 중요성을 깊이 음미함으로써 우리는 깜짝 놀랄 만한 세계를 여행할 수 있고 뜻밖의 통찰을 얻을 수 있다. 우리는 종이를 접어 패턴을 발견하고, 나선의 수를 헤아려서 패턴을 지닌 수를 발견하고, 모든 차원의 입방체를 펼쳐 봄으로써 실제의 두 발로 거닐어 볼 수는 없어도 정신만은 자유로이 뛰어놀 수 있는 4차원 세계를 발견한다.

수학은 갇혀서 억눌려 있는 사고가 용수철처럼 튀어 오르는 것에 관한 것이다. 수학의 세계는 경이로운 이야기로 가득 차 있다. 우리는 간단한 개념을 음미함으로써 이 세계에 접근한다는 원칙을 길잡이로 삼았다. 이러한 기본 전략은 수학적 사고에만 유용한 것이 아니라 일상생활에서도 우리를 올바르게 이끌어 줄 수 있다. 이 책을 통해 우리는 인간의 정신이 창조할 수 있는 광활하고 풍요로운 세계를 살짝 엿보았다. 수학과 우리의 상상력에는 한계가 없고, 끝이 없고, 종점이 없다. 지평선에 이르는 순간 우리 앞에는 더욱 빛나는 새 지평선이 열린다.

감사의 글

무엇보다 먼저, 우리 두 저자로 하여금 이 책을 완성하도록 집필 기간 내내 변함없는 열정으로 우리를 북돋아 준 세 사람에게 가장 깊은 감사의 말씀을 전하고 싶다. 리자 퀸, 마리아 과너셸리, 에릭 존슨이 그들이다. 리자, 마이라, 에릭은 우리의 집필 계획에 큰 기대를 보임으로써 우리에게 힘을 실어 주었고, 통찰력 있는 비평으로 이 책의 수준을 높여 주었다.

또한 W. W. 노턴 출판사의 일린 청, 줄리아 드러스킨, 스탈링 로렌스, 지니 루시아노, 드레이크 맥필리, 빌 러신, 에린 시네스키, 낸시 팜퀴스트 등 여러분이 창조적이고 예술적인 재능으로 우리를 도와준 것에 감사 드린다. 노턴을 떠나, 뛰어난 교열 편집 솜씨를 보여 준 캐티아 라이스, 아름다운 삽화를 그려 준 앨런 위, 멋진 표지 디자인을 해 준 순영 권, 프랙털 이미지를 만들어 준 제이미 킹스베리, 바람개비 타일 이미지를 만들어 준 찰스 래딘에게 감사 드린다.

마지막으로, 여러 해 동안 변함없이 즐거이 격려를 해 준 모든 가족, 친구, 동료, 학생들에게 고마움을 표하고 싶다. 마이크는 특히 아내 로버타와, 두 아이 탤리와 브린에게 고마운 마음을 전한다.

그림 출처

182쪽: NUL685 *St. Jerome*, c. 1480 by Leonardo da Vinci(1452~1519).
　　　 Vatican Museums and Galleries, Vatican City, Italy / Bridgeman Art Library

183쪽: *La Parade de Cirque (Invitation to the Side-Show)*, by Georges Seurat.
　　　 Image © Francis G. Mayer / CORBIS

196쪽: Le Corbusier, *Modular Man* © 2004 Artists Rights Society (ARS), New York
　　　 / ADAGP, Paris / FLC

222쪽~226쪽: Excerpts from *Jurassic Park* by Michael Crichton reproduced
　　　 courtesy of Random House Inc.

273쪽: Lines from "pity this busy monster, manunkind.". Copyright 1944, ©
　　　 1972, 1991 by the Trustees for the E. E. Cummings Trust, from *Complete
　　　 Poems*: 1904~1962 by E. E. Cummings, edited by George J. Firmage. Used
　　　 by permission of Liveright Publishing Corporation.

303쪽: Salvador Dali, *The Crucifixion*, © 2004 Salvador Dali, Gala Salvador Dali
　　　 Foundation/Artists Rights Society (ARS), New York

304쪽: *Nude Descending a Staircase #2*, 1912 (oil on canvas) by Marcel Duchamp
　　　 (1887~1968) Philadelphia Museum of Art, Philadelphia, PA, USA /
　　　 Bridgeman Art Library. © 2004 Artists Rights Society (ARS) / New York /
　　　 ADAGP, Paris / Succession Marcel Duchamp

305쪽: 1990.78.1./PA: Weber, Max, *Interior of the Fourth Dimension*, Gift of
　　　 Natalie David Springarn in memory of Linda R. Miller and in Honor of the
　　　 50th Anniversary of the National Gallery of Art, Image © 2004 Board of
　　　 Trustees, National Gallery of Art, Washington, 1913, oil on canvas. © 2004
　　　 Artists Rights Society (ARS), New York / VG Bild-Kunst, Bonn

찾 아 보 기

19세기 산업은 전기 기술 시대, 20세기는 전자 기술(반도체) 시대, 21세기는 양자 기술 시대입니다. 미래의 주역인 청소년들을 위해 21세기 **양자 기술**(양자 암호, 양자 컴퓨터, 양자 통신 같은 양자정보과학 분야, 양자 철학 등) 시대를 대비한 수학 및 양자 물리학 양서를 계속 출간하고 있습니다.

열정적인 천재, 마리 퀴리: 마리 퀴리의 내면세계와 업적

바바라 골드스미스 지음 | 김희원 옮김 | 296쪽 | 15,000원

수십 년 동안 공개되지 않았던 일기와 편지, 연구 기록, 그리고 가족과의 인터뷰 등을 통해 바바라 골드스미스는 신화에 가린 마리 퀴리를 드러낸다. 눈부신 연구 업적과 돌봐야 할 가족, 사회에 대한 편견, 그녀 자신의 열정적인 본성 사이에서 끊임없이 갈등을 느끼고 균형을 잡으려 애썼던 너무나 인간적인 여성의 모습이 그것이다. 이 책은 퀴리의 뛰어난 과학적 성과, 그리고 명성을 위해 치러야 했던 대가까지 눈부시게 그려 낸다.

갈릴레오가 들려주는 별 이야기: 시데레우스 눈치우스

갈릴레오 갈릴레이 지음 | 앨버트 반 헬덴 해설 | 장헌영 옮김 | 232쪽 | 12,000원

과학의 혁명을 일궈 낸 근대 과학의 아버지 갈릴레오 갈릴레이가 직접 기록한 별의 관찰일지. 1610년 베니스에서 초판 550권이 일주일 만에 모두 팔렸을 정도로 그 당시 독자들에게 놀라움과 경이로움을 안겨 준 이 책은 시대를 넘어 현대 독자들에게까지 위대한 과학자 갈릴레오 갈릴레이의 뛰어난 통찰력과 날카로운 지성을 느끼게 해 준다.

너무 많이 알았던 사람: 앨런 튜링과 컴퓨터의 발명
〈GREAT DISCOVERIES〉

데이비드 리비트 지음 | 고중숙 옮김 | 408쪽 | 18,000원

튜링은 제2차 세계대전 중에 독일군의 암호를 해독하기 위해 '튜링기계'를 성공적으로 설계하고 제작하여 연합군에게 승리를 보장해 주었고 컴퓨터 시대의 문을 열었다. 또한 반동성애법을 위반했다는 혐의로 체포되기도 했다. 저자는 소설가의 감성을 발휘하여 튜링의 세계와 특출한 이야기 속으로 들어가 인간적인 면에 대한 시각을 잃지 않으면서 그의 업적과 귀결을 우아하게 파헤친다.

신중한 다윈 씨: 찰스 다윈의 진면목과 진화론의 형성 과정
⟨GREAT DISCOVERIES⟩

데이비드 쾀멘 지음 | 이한음 옮김 | 352쪽 | 17,000원

찰스 다윈과 그의 경이롭고 두려운 생각에 관한 이야기. 데이비드 쾀멘은 다윈이 비글호 항해 직후부터 쓰기 시작한 비밀 '변형' 공책들과 사적인 편지들을 토대로 꼼꼼하게 인간적인 다윈의 초상을 그려 내는 한편, 그의 연구를 상세히 설명한다. 기존의 다윈 책들은 학자가 다른 학자들을 대상으로 쓴 것이 많았지만 이 책은 모든 이에게 다윈을 바로 알리기 위해 쓰였다. 역사상 가장 유명한 야외 생물학자였던 다윈의 삶을 읽고 나면 '다윈주의'라는 용어에 두 번 다시 두려움과 서늘함을 느끼지 않을 것이다.

한국간행물윤리위원회 선정 '2008년 12월 이달의 읽을 만한 책'

⟨KBS TV 책을 말하다⟩ 2009년 1월 테마북 선정

오일러상수 감마

줄리언 해빌 지음 | 프리먼 다이슨 서문 | 고중숙 옮김 | 416쪽 | 20,000원

수학의 중요한 상수 중 하나인 감마는 여전히 깊은 신비에 싸여 있다. 줄리언 해빌은 여러 나라와 세기를 넘나들며 수학에서 감마가 차지하는 위치를 설명하고, 독자들을 로그와 조화급수, 리만 가설과 소수정리의 세계로 끌어들인다.

2009 대한민국학술원 기초학문육성 '우수학술도서' 선정

초끈이론의 진실:
이론 입자물리학의 역사와 현주소

초끈이론은 탄생한 지 20년이 지난 지금까지도 아무런 실험적 증거를 내놓지 못하고 있다. 그 이유는 무엇일까? 입자물리학을 지배하고 있는 초끈이론을 논박하면서 (그 반대진영에 있는) 고리양자 중력, 트위스터 이론 등을 소개한다.

2009 대한민국학술원 기초학문육성 '우수학술도서' 선정

아이작 뉴턴

제임스 글릭 지음 | 김동광 옮김 | 320쪽 | 16,000원

'엄선된 자서전, 인간 뉴턴이 그늘에서 모습을 드러내다.'

'천재'와 '카오스'의 저자 제임스 글릭이 쓴 아이작 뉴턴의 삶과 업적! 과학에서 가장 난해한 뉴턴의 인생을 진지한 시선으로 풀어낸다.

파인만의 과학이란 무엇인가

리처드 파인만 강연 | 정무광, 정재승 옮김 | 192쪽 | 10,000원

'과학이란 무엇인가?' '과학적인 사유는 세상의 다른 많은 분야에 어떻게 영향을 미치는가?'에 대한 기지 넘치는 강연을 생생히 읽을 수 있다. 아인슈타인 이후 최고의 물리학자로 누구나 인정하는 리처드 파인만의 1963년 워싱턴대학교에서의 강연을 책으로 엮었다.

타이슨이 연주하는 우주 교향곡 1, 2권

닐 디그래스 타이슨 지음 | 박병철 옮김 | 1권 256쪽, 2권 264쪽 | 각권 10,000원

모두가 궁금해하는 우주의 수수께끼를 명쾌하게 풀어내는 책 10여 년 동안 미국 월간지 〈유니버스〉에 '우주'라는 제목으로 기고한 칼럼을 두 권으로 묶었다. 우주에 관한 다양한 주제를 골고루 배합하여 쉽고 재치 있게 설명해 준다.

아 · 태 이론물리센터 선정 '2008년 올해의 과학도서 10권'

안개 속의 고릴라

다이앤 포시 지음 | 최재천, 남현영 옮김 | 520쪽 | 20,000원

세 명의 여성 영장류 학자(다이앤 포시, 제인 구달, 비루테 갈디카스) 중 가장 열정적인 삶을 산 다이앤 포시. 이 책은 '산중의 제왕' 산악고릴라를 구하기 위해 투쟁하고 그 과정에서 목숨까지 버려야 했던 다이앤 포시가 우림지대에서 13년간 연구한 고릴라의 삶을 서술한 보고서이다. 영장류 야외 장기 생태 분야에서 값어치를 매길 수 없이 귀한 고전이다. 시고니 위버 주연의 영화 〈정글 속의 고릴라〉에서도 다이앤 포시의 삶이 조명되었다.

2008 대한민국학술원 기초학문육성 '우수학술도서' 선정

한국출판인회의 선정 '이 달의 책'(2007년 10월)

인류 시대 이후의 **미래 동물 이야기**

두걸 딕슨 지음 | 데스먼드 모리스 서문 | 이한음 옮김 | 240쪽 | 15,000원

인류 시대가 끝난 후의 지구는 어떻게 진화할까? 다윈도 예측하지 못한 신기한 미래 동물의 진화를 기후별, 지역별로 소개하여 우리의 상상력을 흥미롭게 자극한다. 책장을 넘기며 그림을 보는 것만으로도 이 책이 우리의 상상력을 얼마나 자극하는지 느낄 수 있을 것이다. 나아가 이 책은 단순히 호기심만 부추기는 데 그치지 않고, 진화 원리를 바탕으로 타당하고 예상 가능한 동물들을 제시하기에 설득력을 갖는다.

불완전성: 쿠르트 괴델의 증명과 역설
〈GREAT DISCOVERIES〉

레베카 골드스타인 지음 | 고중숙 옮김 | 352쪽 | 15,000원

독자적인 증명을 통해 괴델은 충분히 복잡한 체계, 요컨대 수학자들이 사용하고자 하는 체계라면 어떤 것이든 참이면서도 증명불가능한 명제가 반드시 존재한다는 사실을 밝혀냈다. 괴델이 보기에 이는 인간의 마음으로는 오직 불완전하게 헤아릴 수밖에 없는, 인간과 독립적으로 존재하는 영원불멸의 객관적인 진리에 대한 증거였다. 레베카 골드스타인은 소설가로서의 기교와 과학철학자로서의 통찰을 결합하여 괴델의 정리와 그 현란한 귀결들을 이해하기 쉽도록 펼쳐 보임은 물론 괴팍스럽고 처절한 천재의 삶을 생생히 그려 나간다.

간행물윤리위원회 선정 '청소년 권장 도서'

2008 과학기술부 인증 '우수과학도서' 선정

퀀트: 물리와 금융에 관한 회고

이매뉴얼 더만 지음 | 권루시안 옮김 | 472쪽 | 18,000원

'금융가의 리처드 파인만'으로 손꼽히는 금융가의 전설적인 더만! 그가 말하는 이공계생들의 금융계 진출과 성공을 향한 도전을 책으로 읽는다. 금융공학과 퀀트의 세계에 대한 다채롭고 흥미로운 회고. 수학자 제임스 시몬스는 70세의 나이에도 1조 5천억 원의 연봉을 받고 있다. 이공계생들이여, 금융공학에 도전하라!

허수: 시인의 마음으로 들여다본 수학적 상상의 세계

배리 마주르 지음 | 박병철 옮김 | 280쪽 | 12,000원

수학자들은 허수라는 상상하기 어려운 대상을 어떻게 수학에 도입하게 되었을까? 하버드대학교의 저명한 수학 교수인 배리 마주르는 우여곡절 많았던 그 수용과정을 추적하면서 수학에 친숙하지 않은 독자들을 수학적 상상의 세계로 안내한다. 이 책의 목적은 특정한 수학 지식을 설명하는 것이 아니라 수학에서 '상상력'이 필요한 이유를 제시하고 독자들을 상상하는 훈련에 끌어들임으로써 수학적 사고력을 확장시키는 것이다.

아인슈타인의 우주: 알베르트 아인슈타인의 시각은 시간과 공간에 대한 우리의 이해를 어떻게 바꾸었나
〈GREAT DISCOVERIES〉

미치오 카쿠 지음 | 고중숙 옮김 | 328쪽 | 15,000원

밀도 높은 과학적 개념을 일상의 언어로 풀어내는 카쿠는 이 책에서 인간 아인슈타인과 그의 유산을 수식 한 줄 없이 체계적으로 설명한다. 가장 최근의 끈이론에도 살아남아 있는 그의 사상을 통해 최첨단 물리학을 이해할 수 있는 친절한 안내서 역할을 할 것이다.

아인슈타인의 베일: 양자물리학의 새로운 세계

안톤 차일링거 지음 | 전대호 옮김 | 312쪽 | 15,000원

양자물리학의 전체적인 흐름을 심오한 질문들을 통해 설명하는 책. 세계의 비밀을 감추고 있는 거대한 '베일'을 양자이론으로 점차 들춰낸다. 고전물리학에서부터 최첨단의 실험 결과에 이르기까지, 일반 독자를 위해 쉽게 설명하고 있어 과학 논술을 준비하는 학생들에게 도움을 준다.

과학의 새로운 언어, 정보

한스 크리스천 폰 베이어 지음 | 전대호 옮김 | 352쪽 | 18,000원

양자역학이 보여 주는 '반직관적인' 세계관과 새로운 정보 개념의 소개. 눈에 보이는 것이 세상의 전부가 아님을 입증해 주는 '양자역학'의 세계와 현대 생활에서 점점 더 중요시하는 '정보'에 대해 친근하게 설명해 준다. IT산업에 밑바탕이 되는 개념들도 다룬다.

한국과학문화재단 출판지원 선정 도서

리만 가설: 베른하르트 리만과 소수의 비밀

존 더비셔 지음 | 박병철 옮김 | 560쪽 | 20,000원

수학의 역사와 구체적인 수학적 기술을 적절하게 배합시켜 '리만 가설'을 향한 인류의 도전사를 흥미진진하게 보여 준다. 일반 독자들도 명실공히 최고 수준이라 할 수 있는 난제를 해결하는 지적 성취감을 느낄 수 있을 것이다.

2007 대한민국학술원 기초학문육성 '우수학술도서' 선정

소수의 음악: 수학 최고의 신비를 찾아

마커스 드 사토이 지음 | 고중숙 옮김 | 560쪽 | 20,000원

소수, 수가 연주하는 가장 아름다운 음악! 이 책은 세계 최고의 수학자들이 혼돈 속에서 질서를 찾고 소수의 음악을 듣기 위해 기울인 힘겨운 노력에 대한 매혹적인 서술이다. 19세기 이후부터 현대 정수론의 모든 것을 다룬다. 일반인을 위한 '리만 가설', 최고의 안내서이다.

(저자 마커스 드 사토이는 180여 년 전통의 '영국왕립연구소 크리스마스 과학강연'을 한국에 옮겨 와 일산 킨텍스에서 열린 '대한민국 과학축전'에서 2007년 '8월의 크리스마스 과학강연'을 4회에 걸쳐 진행했으며 KBS TV에 방영되었다.)

제26회 한국과학기술도서상(번역부문), 2007 과학기술부 인증 '우수과학도서' 선정, 아 · 태 이론물리센터 선정 '2007년 올해의 과학도서 10권', 〈KBS 북 다이제스트〉 테마북 선정

평면기하학의 탐구문제들 제1권

프라소로프 지음 | 한인기 옮김 | 328쪽 | 값 20,000원

러시아의 저명한 기하학자 프라소로프 교수의 역작으로, 평면기하학을 정리나 문제해결을 통해 배울 수 있도록 체계적으로 기술한다. 이 책에 수록된 평면기하학의 정리들과 문제들은 문제해결자의 자기주도적인 탐구활동에 적합하도록 체계화했기 때문에 제시된 문제들을 스스로 해결하면서 평면기하학 지식의 확장과 문제해결 능력의 신장을 경험할 수 있을 것이다.

유추를 통한 수학탐구

P. M. 에르든예프, 한인기 공저 | 272쪽 | 18,000원

유추는 개념과 개념을, 생각과 생각을 연결하는 징검다리와 같다. 이 책을 통해 우리는 '내 힘으로' 수학하는 기쁨을 얻게 된다.

문제해결의 이론과 실제

한인기, 꼴랴긴 Yu. M. 공저 | 208쪽 | 15,000원

입시 위주의 수학교육에 지친 수학교사들에게는 '수학 문제해결의 가치'를 다시금 일깨워 주고, 수학 논술을 준비하는 중등학생들에게는 진정한 문제해결력을 길러 줄 수 있는 수학 탐구서.

엘러건트 유니버스

브라이언 그린 지음 | 박병철 옮김 | 592쪽 | 20,000원

초끈이론과 숨겨진 차원, 그리고 궁극의 이론을 향한 탐구 여행. 초끈이론의 권위자 브라이언 그린은 핵심을 비껴가지 않고도 가장 명쾌한 방법을 택한다.

〈KBS TV 책을 말하다〉와 〈동아일보〉〈조선일보〉〈한겨레〉 선정 '2002년 올해의 책'

우주의 구조

브라이언 그린 지음 | 박병철 옮김 | 747쪽 | 28,000원

'엘러건트 유니버스'에 이어 최첨단의 물리를 맛보고 싶은 독자들을 위한 브라이언 그린의 역작! 새로운 각도에서 우주의 본질에 관한 이해를 도모할 수 있을 것이다.

〈KBS TV 책을 말하다〉 테마북 선정, 제46회 한국출판문화상(번역부문, 한국일보사), 아 · 태 이론물리센터 선정 '2005년 올해의 과학도서 10권'

블랙홀을 향해 날아간 이카로스(가제)

브라이언 그린 지음 | 박병철 옮김 (근간)

'엘러건트 유니버스', '우주의 구조' 저자인 브라이언 그린이 그리스 신화의 틀을 빌려 새로이 들려주는 SF동화. 밀랍으로 만든 날개로 태양을 향해 날아올랐던 이카로스가 이번에는 소형 우주선을 타고 신비의 블랙홀을 향해 과감한 여행을 시도한다. 아인슈타인의 빛나는 아이디어를 허블 천체망원경이 잡아낸 생생한 우주의 풍경과 함께 소개하는 이 책은 자라나는 아이들에게 과학에 대한 열정을 심어 주는 가장 탁월한 선택이 될 것이다. 영어 원문이 함께 실려 있어 독해력 향상에도 도움이 된다.

파인만의 물리학 강의 I

리처드 파인만 강의 | 로버트 레이턴, 매슈 샌즈 엮음 | 박병철 옮김 | 736쪽 | 양장 38,000원 | 반양장 18,000원, 16,000원(I - I , I -II로 분권)

40년 동안 한 번도 절판되지 않았던, 전 세계 이공계생들의 필독서, 파인만의 빨간 책.

2006년 중3, 고1 대상 권장 도서 선정(서울시 교육청)

파인만의 물리학 강의 II

리처드 파인만 강의 | 로버트 레이턴, 매슈 샌즈 엮음 | 김인보, 박병철 외 6명 옮김 | 800쪽 | 40,000원

파인만의 물리학 강의 I에 이어 우리나라에서 처음으로 소개하는 파인만 물리학 강의의 완역본. 주로 전자기학과 물성에 관한 내용을 담고 있다.

파인만의 물리학 강의 III

리처드 파인만 강의 | 로버트 레이턴 , 매슈 샌즈 엮음 | 김충구, 정무광, 정재승 옮김

오래 기다려 온 파인만의 물리학 강의 3권 완역본.

양자역학의 중요한 기본 개념들을 파인만 특유의 참신한 방법으로 설명한다.

파인만은 양자전기역학에 대한 연구로 노벨상을 받았을 만큼 양자역학에 대한 이해가 깊었다.

파인만의 물리학 길라잡이: 강의록에 딸린 문제 풀이

리처드 파인만, 마이클 고틀리브, 랠프 레이턴 지음 | 박병철 옮김 | 304쪽 | 15,000원

파인만의 강의에 매료되었던 마이클 고틀리브와 랠프 레이턴이 강의록에 누락된 네 차례의 강의
와 음성 녹음, 그리고 사진 등을 찾아 복원하는 데 성공하여 탄생한 책으로, 기존의 전설적인 강
의록을 보충하기에 부족함이 없는 참고서이다.

파인만의 여섯 가지 물리 이야기

리처드 파인만 강의 | 박병철 옮김 | 246쪽 | 양장 13,000원, 반양장 9,800원

파인만의 강의록 중 일반인도 이해할 만한 '쉬운' 여섯 개 장을 선별하여 묶은 책. 미국 랜덤하우
스 선정 20세기 100대 비소설 가운데 물리학 책으로 유일하게 선정된 현대과학의 고전.

간행물윤리위원회 선정 '청소년 권장 도서'

파인만의 또 다른 물리 이야기

리처드 파인만 강의 | 박병철 옮김 | 238쪽 | 양장 13,000원, 반양장 9,800원

파인만의 강의록 중 상대성이론에 관한 '쉽지만은 않은' 여섯 개 장을 선별하여 묶은 책. 블랙홀
과 웜홀, 원자 에너지, 휘어진 공간 등 현대물리학의 분수령인 상대성이론을 군더더기 없는 접근
방식으로 흥미롭게 다룬다.

일반인을 위한 파인만의 QED 강의

리처드 파인만 강의 | 박병철 옮김 | 224쪽 | 9,800원

가장 복잡한 물리학 이론인 양자전기역학을 가장 평범한 일상의 언어로 풀어낸 나흘간의 여행.

최고의 물리학자 리처드 파인만이 복잡한 수식 하나 없이 설명해 간다.

발견하는 즐거움

리처드 파인만 지음 | 승영조, 김희봉 옮김 | 320쪽 | 9,800원

인간이 만든 이론 가운데 가장 정확한 이론이라는 '양자전기역학(QED)'의 완성자로 평가받는 파
인만. 그에게서 듣는 앎에 대한 열정.

문화관광부 선정 '우수학술도서', 간행물윤리위원회 선정 '청소년을 위한 좋은 책'

천재: 리처드 파인만의 삶과 과학

제임스 글릭 지음 | 황혁기 옮김 | 792쪽 | 28,000원

'카오스'의 저자 제임스 글릭이 쓴, 천재 과학자 리처드 파인만의 전기. 과학자라면, 특히 과학을 공부하는 학생이라면 꼭 읽어야 하는 책.

2006년 과학기술부인증 '우수과학도서', 아·태 이론물리센터 선정 '2006년 올해의 과학도서 10권'

영재들을 위한 365일 수학여행

시오니 파파스 지음 | 김홍규 옮김 | 280쪽 | 15,000원

재미있는 수학 문제와 수수께끼를 일기 쓰듯이 하루에 한 문제씩 풀어 가면서 논리적인 사고력과 문제해결능력을 키우고 수학언어에 친숙해지도록 하는 책. 더불어 수학사의 유익한 에피소드도 읽을 수 있다.

뷰티풀 마인드

실비아 네이사 지음 | 신현용, 승영조, 이종인 옮김 | 757쪽 | 18,000원

21세 때 MIT에서 27쪽짜리 게임이론의 수학 논문으로 46년 뒤 노벨경제학상을 수상한 존 내쉬의 영화 같았던 삶. 그의 삶 속에서 진정한 승리는 정신분열증을 극복하고 노벨상을 수상한 것이 아니라, 아내 앨리사와의 사랑으로 끝까지 살아남아 성장했다는 점이다.

간행물윤리위원회 선정 '우수도서', 영화 〈뷰티풀 마인드〉 오스카상 4개 부문 수상

우리 수학자 모두는 약간 미친 겁니다

폴 호프만 지음 | 신현용 옮김 | 376쪽 | 12,000원

83년간 살면서 하루 19시간씩 수학문제만 풀었고, 485명의 수학자들과 함께 1,475편의 수학 논문을 써낸 20세기 최고의 전설적인 수학자 폴 에어디쉬의 전기.

한국출판인회의 선정 '이달의 책', 론-풀랑 과학도서 저술상 수상

무한의 신비

애머 악첼 지음 | 신현용, 승영조 옮김 | 304쪽 | 12,000원

고대부터 현대에 이르기까지 수학자들이 이루어 낸 무한에 대한 도전과 좌절. 무한의 개념을 연구하다 정신병원에서 쓸쓸히 생을 마쳐야 했던 칸토어와 피타고라스에서 괴델에 이르는 '무한'의 역사.

볼츠만의 원자

데이비드 린들리 지음 | 이덕환 옮김 | 340쪽 | 15,000원

19세기 과학과 불화했던 비운의 천재. 루트비히 볼츠만의 생애. 그리고 그가 남긴 과학이론의 발자취.

간행물윤리위원회 선정 '청소년 권장 도서'

스트레인지 뷰티: 머리 겔만과 20세기 물리학의 혁명

조지 존슨 지음 | 고중숙 옮김 | 608쪽 | 20,000원

20여 년에 걸쳐 입자물리학을 지배했던 탁월하면서도 고뇌를 벗어나지 못했던 한 인간에 대한 다차원적인 조명. 노벨물리학상을 받은 머리 겔만의 삶과 학문.

교보문고 선정 '2004년 올해의 책'

THE ROAD TO REALITY:

A Complete Guide to the Laws of the Universe

로저 펜로즈 지음 | 박병철 옮김 (근간)

지금껏 출간된 책들 중 우주를 수학적으로 가장 완전하게 서술한 책. 수학과 물리적 세계 사이에 존재하는 우아한 연관관계를 복잡한 수학을 피해 가지 않으면서 정공법으로 설명한다. 우주의 실체를 이해하려는 독자들에게 놀라운 지적 보상을 제공한다.

THE ELEMENT:

How Finding Your Passion Changes Everything

켄 로빈슨 지음 | 승영조 옮김(근간)

인간 잠재력 계발 분야의 세계적 리더, 켄 로빈슨이 공개하는 성공의 비밀! 저자는 폴 매카트니, 〈심슨가족〉의 창시자 매트 그로닝 등 다양한 분야에서 성공한 사람들과의 인터뷰와 오랜 연구 끝에 성공의 비밀을 밝혀냈다. 인간은 누구나 천재적 재능을 가지고 있다고 주장하는 켄 로빈슨은 이 책에서 그 재능을 발견하고 성공으로 이르게 하는 해법을 제시한다.

수학 재즈

우연의 일치와 카오스 등 그 모든 수학 재즈

1판 1쇄 인쇄 2009년 7월 3일
1판 3쇄 펴냄 2018년 4월 10일

지은이 | 에드워드 B. 버거, 마이클 스타버드
옮긴이 | 승영조
펴낸이 | 황승기
마케팅 | 송선경
디자인 | 디자인 소울
펴낸곳 | 도서출판 승산
등록날짜 | 1998년 4월 2일
주 소 | 서울시 강남구 테헤란로34길 17 혜성빌딩 402호
전화번호 | 02-568-6111
팩시밀리 | 02-568-6118
이메일 | books@seungsan.com

ISBN 978-89-6139-026-2 03400

「이 도서의 국립중앙도서관 출판시도서목록(CIP)은 e-CIP 홈페이지(http://www.nl.go.kr/ecip)에서 이용하실 수 있습니다.
(CIP제어번호: CIP2009001907)」

■ 도서출판 승산은 좋은 책을 만들기 위해 언제나 독자의 소리에 귀를 기울이고 있습니다.